"十二五"国家重点图书出版规划项目

材料科学研究与工程技术系列

高分子化学

张小舟　王宇威　贾宏葛　主编

哈尔滨工业大学出版社

内容提要

本书共分 7 章,内容分别是绪论、自由基聚合、自由基共聚合、离子聚合、配位聚合、逐步聚合以及高分子的化学反应。本书按照自由基聚合、离子聚合、配位聚合以及逐步聚合的顺序,系统讲述了从小分子单体合成高分子化合物的重要聚合反应。每章的理论知识集中于前,聚合物品种论述紧跟理论在后,教师可以根据讲授的实际情况进行选择。书中在理论知识的编写中,插入了具有代表性的习题分析,并在每章的结束提供了有关高分子化学方面的趣味阅读。

本书可以作为高等院校高分子材料与工程专业本科生教材。

图书在版编目(CIP)数据

高分子化学/张小舟,王宇威,贾宏葛主编. —哈尔滨:哈尔滨工业大学出版社,2015.1

ISBN 978 - 7 - 5603 - 4830 - 8

Ⅰ.①高… Ⅱ.①张… ②王… ③贾… Ⅲ.①高分子化学-高等学校-教材 Ⅳ.①O63

中国版本图书馆 CIP 数据核字(2014)第 158027 号

材料科学与工程
图书工作室

责任编辑 何波玲
出版发行 哈尔滨工业大学出版社
社　　址 哈尔滨市南岗区复华四道街 10 号　邮编 150006
传　　真 0451 - 86414749
网　　址 http://hitpress.hit.edu.cn
印　　刷 黑龙江省地质测绘印制中心印刷厂
开　　本 787mm×1092mm 1/16 印张 14.75 字数 338 千字
版　　次 2015 年 1 月第 1 版 2015 年 1 月第 1 次印刷
书　　号 ISBN 978 - 7 - 5603 - 4830 - 8
定　　价 30.00 元

前　言

高分子化学是高分子材料与工程专业重要的专业基础理论课，又是该专业学生接触到的第一门专业基础课。高分子化学的主要任务是使学生掌握聚合物合成的基本理论和大分子反应理论，掌握高分子反应的实施方法，同时对高分子学科的新知识、新技术、新进展有个全面的认识和了解。

本书是为高等学校工科专业本科生学习高分子化学而编写的教学用书，特别是针对应用技术型高等院校高分子专业本科生，也可以作为从事高分子生产的技术人员以及其他涉及高分子科学领域的研究人员的参考用书。

作为一本应用技术型高等院校的工科专业教科书，在编写过程中，主要注重以下几个方面：一是理论知识的掌握。高分子化学是建立在有机化学、物理化学的基础上，本书各章按照聚合机理进行划分，从有机化学中学过的聚合反应的小分子单体特征入手，循序渐进地讨论聚合反应的机理、动力学以及聚合反应的实施方法，使学生在掌握了以前专业知识的基础上，更容易掌握高分子化学的理论知识。二是注意体现应用技术型高等院校的工科特色。在每章介绍的理论知识内容之后，增加了典型聚合物的聚合方法及工业合成路线的介绍。三是对于学生学习兴趣的培养。本书每章最后都附有趣味阅读，对高分子领域的杰出人物和重大事件进行介绍，激发学生学习高分子的热情和兴趣。四是强调学生学习能力的培养。本书中针对难理解和易混淆的理论，都进行了详细的说明，并插入了代表性习题的分析解答，便于学生提高自学能力。

自20世纪20年代Staudinger提出高分子学说以来，高分子科学已经经历了近百年的发展，其中内容不断丰富发展，本书只能以聚合反应为主线，围绕高分子化学中各部分的重点内容进行编写，对高分子化学领域的一些最新研究成果，如基团转移聚合、活性自由基聚合、新型功能高分子聚合等内容，由于篇幅有限，本书没有进一步涉及。

全书共分7章，其中第1～3章由张小舟编写，第4、5章由贾宏葛编写，第6、7章由王宇威编写。

本书是作者在多年的高分子化学教学经验的基础上编写而成，编者力求内容完整、结构严谨、层次清晰。但由于编者本身水平有限，不妥之处在所难免，衷心希望广大读者和专业人士不吝赐教。

作　者
2014 年 7 月

目　　录

第 1 章　绪　论

材料是人类赖以生存和发展的物质基础。人类社会的发展历程,是以材料为主要标志的。

20 世纪中叶以后,科学技术迅猛发展,首先是人工合成高分子材料问世,并得到广泛应用。先后出现尼龙、聚乙烯、聚丙烯、聚四氟乙烯等塑料,以及维尼纶、合成橡胶、新型工程塑料、高分子合金和功能高分子材料等。仅半个世纪时间,高分子材料已与有上千年历史的金属材料并驾齐驱,并在年产量上已超过了钢,成为国民经济、国防尖端科学和高科技领域不可缺少的材料。

高分子材料(macromolecular material)是指以高分子化合物为基础的材料,包括橡胶、塑料、纤维、涂料、胶黏剂和高分子基复合材料。高分子材料是材料领域里的新秀,它的出现带来了材料领域中的重大变革。

高分子材料的科学研究可以分为高分子化学、高分子物理和高分子工程学 3 部分。高分子化学的任务是通过化学合成或者改性来制备具有一定结构的聚合物,包括研究聚合反应和高分子化学反应的原理、确定聚合路线和实施方式、寻找催化剂、制定反应条件等。高分子物理的任务是研究高聚物的聚集态结构和本体性能的关系,成为沟通合成与应用的桥梁。高分子工程的任务是研究聚合反应工程和高分子的成型加工,使高分子化合物最终成为有应用价值的制品。

1.1　高分子科学的发展简史

高分子材料的发展大致经历了 3 个时期,即天然高分子的利用与加工、天然高分子的改性和合成、高分子的工业生产(高分子科学的建立)。

天然存在的高分子很多,例如,动物体细胞内的蛋白质、毛、角、革、胶,植物细胞壁的纤维素、淀粉,橡胶植物中的橡胶,凝结的桐油,某些昆虫分泌的虫胶,针叶树埋于地下数万年后形成的琥珀等,都是高分子化合物。人类很早就开始利用这些天然高分子了,特别是纤维、皮革和橡胶。例如,我国商朝时蚕丝业就已经极为发达,汉唐时代丝绸已行销国外,战国时代纺织业也很发达。至于用皮革、毛裘作为衣着和利用淀粉发酵的历史就更为久远了。

由于工业的发展,天然高分子已远远不能满足需要,19 世纪中叶以后,人们发明了加工和改性天然高分子的方法,如用天然橡胶经过硫化制成橡皮和硬质橡胶;用化学方法使纤维素改性为硝酸纤维,并用樟脑作为增塑剂制成赛璐珞、假象牙等,用乳酪蛋白经甲醛塑化制成酪素塑料。这些以天然高分子为基础的塑料在 19 世纪末,已经具有一定的工业价值。20 世纪初,又开始了醋酸纤维的生产。后来,合成纤维工业就在天然纤维改性的基础上建立和发展起来了。

　　高分子合成工业是在 20 世纪建立起来的。第一种工业合成的产品是酚醛树脂，它是在 1872 年用苯酚和甲醛合成的，1907 年开始小型工业生产，首先用作电绝缘材料，并随着电气工业的发展而迅速发展起来。20 世纪 30 年代开始进入合成高分子时期。第一种热塑性高分子——聚氯乙烯及继而出现的聚苯乙烯、聚甲基丙烯酸甲酯（有机玻璃）等，都是在这个时期相继开始进行工业生产的。20 世纪 30 年代到 40 年代，合成橡胶工业与合成纤维工业也发展起来了。20 世纪 50 年代到 60 年代，高分子工业的发展突飞猛进，几乎所有被称为大品种的高分子（包括有机硅等）都陆续投入了生产。

　　20 世纪 60 年代，高分子又出现了新的特征。为适应当时宇宙飞行和航空事业的发展需要，耐高温、耐低温、高强度的高分子研究出现了高潮，一类是芳香族的聚酰胺，一类是芳香族杂环高分子。20 世纪 70 年代中期，科学家又发现了导电高分子，改变了人们长期以来形成的高分子只能是绝缘体的概念，进而开发出具有光、电、磁性的高分子材料。

　　回顾高分子科学的发展历史，可以看到高分子科学和高分子工业发展一直是相互促进、密切相关的，它为现代工业、农业、交通运输、医疗卫生、国防尖端技术、航空航天以及人们的衣食住行提供了新型的高分子材料，因此它是现代材料科学的一个重要组成部分。高分子科学发展大事记见表 1.1。

表 1.1　高分子科学发展大事记

时间	大事记
15 世纪	美洲玛雅人用天然橡胶作容器、雨具等生活用品
1833 年	Berzelius 提出"Polymer"一词（包括以共价键、非共价键连接的聚集体）
1839 年	美国人 Charles Goodyear 发现天然橡胶与硫黄共热后明显地改变了性能，使它从硬度较低、遇热发黏软化、遇冷发脆断裂的不实用的性质，变为富有弹性、可塑性的材料
1869 年	美国人 John Wesley Hyatt 把硝化纤维、樟脑和乙醇的混合物在高压下共热，研制出了第一种人工合成塑料"赛璐珞"
1870 年	开始意识到纤维、淀粉和蛋白质是大分子
1887 年	法国人 Count Hilaire de Chardonnet 用硝化纤维素的溶液进行纺丝，制得了第一种人造丝
1892 年	确定天然橡胶干馏产物异戊二烯的结构式
1902 年	认识到蛋白质是由氨基酸残基组成的多肽结构
1904 年	确认纤维素和淀粉是由葡萄糖残基组成
1907 年	分子胶体概念的提出
1909 年	美国人 Leo Baekeland 用苯酚与甲醛反应制造出第一种完全人工合成的塑料——酚醛树脂
1920 年	德国人 Hermann Staudinger 发表了"关于聚合反应"的文章中提出：高分子物质是由具有相同化学结构的单体经过化学反应（聚合），通过化学键连接在一起的大分子化合物。高分子或聚合物一词即源于此
1926 年	瑞典化学家斯维德贝格等人设计出一种超离心机，用它测量出蛋白质的相对分子质量，证明高分子的相对分子质量的确是从几万到几百万
1927 年	美国化学家 Waldo Semon 合成了聚氯乙烯，实现了工业化生产

续表 1.1

时间	大事记
1930 年	纤维素相对分子质量测定研究,现代高分子概念获得公认,聚苯乙烯(PS)发明,德国人用金属钠作为催化剂,用丁二烯合成出丁钠橡胶和丁苯橡胶
1932 年	Hermann Staudinger 总结了自己的大分子理论,出版了划时代的巨著《高分子有机化合物》,成为高分子化学作为一门新兴学科建立的标志
1935 年	杜邦公司基础化学研究所有机化学部的 Wallace H. Carothers 合成出聚酰胺 66,即尼龙
1940 年	英国人 T. R. Whinfield 合成出聚酯纤维(PET)。Peter Debye 发明了通过光散射测定高分子物质相对分子质量的方法
1945 年	确定胰岛素一级结构,建立乳液聚合理论
1948 年	Paul Flory 建立了高分子长链结构的数学理论
1953 年	德国人 Karl Ziegler 与意大利人 Giulio Natta 分别用金属络合催化剂合成了聚乙烯与聚丙烯
1955 年	美国人利用齐格勒-纳塔催化剂聚合异戊二烯,首次用人工方法合成了结构与天然橡胶基本一样的合成天然橡胶
1956 年	Szwarc 提出活性聚合概念,高分子进入分子设计时代
1957 年	聚乙烯单晶的获得
1960~1969 年	结晶高分子、高分子黏弹性、流变学研究的进一步开展,各种近代研究方法在高分子结构研究中的应用和开发,如 NMR、GPC、IR、热谱、电镜等手段的应用,PVDF 的压电性的研究
1971 年	S. L. Wolek 发明可耐 300 ℃高温的 Kevlar,聚乙炔薄膜研制(白川英树)
1972 年	中子小角散射法应用
1973 年	纤维的开发,高分子共混理论的发展
1974 年	P. J. Flory 获诺贝尔化学奖
1977 年	A. J. Heeger 提出掺杂聚乙炔的金属导电性分子设计
1983 年	基团转移聚合

1.2 高分子的基本概念

1.2.1 聚合物的含义

聚合物(高分子)(high polymer macromolecule)是由大量一种或几种较简单结构单元组成的大型分子,其中每一结构单元都包含几个连接在一起的原子,整个高分子所含原子数目一般在几万以上,而且这些原子是通过共价键连接起来的。由于高分子多是由小分子通过聚合反应而制得的,因此也常被称为聚合物或高聚物,用于聚合的小分子则被称为单体。

1994,国际纯粹化学与应用化学联合会(International Union of Pure and Applied Chemistry, IUPAC)将大分子(macromolecule)与高分子(polymer molecule)认定为同义词(尽管尚有争议),并暂时定义高分子为"相对高分子质量的分子,其结构主要是由低相对分子质量的分子按实际上或概念上衍生的单元多重重复组成的"。至于相对分子质量达到何种程度才算是高分子，IUPAC 并无明确定义，传统观点是 10 000～100 000 之间。

1.2.2 几个重要概念

单体(monomer)是指能与同种或他种分子聚合的小分子的统称。它是能起聚合反应或缩聚反应等而成高分子化合物的简单化合物。它是合成聚合物所用的一类低分子的原料，一般是不饱和的、环状的或含有两个或多个官能团的低分子化合物。

结构单元是指构成高分子链并决定高分子结构以一定方式连接起来的原子组合。

重复单元又称重复结构单元、链节或恒等周期，是指在聚合物的大分子链上重复出现的、组成相同的最小基本单元。它是构成高分子链并决定高分子以一定方式连接起来的原子组合，其结构式代表高分子链的结构。

聚合度是指平均每个大分子的重复单元数。由于聚合过程中分子链端或活性链端的环境不同，不同的大分子的重复单元数不一定相同。聚合度是指平均聚合度，用 $\overline{DP}$ 表示。聚合物的结构用重复单元加方括号及下标 n 表示，例如，聚乙烯、聚己内酰胺和聚己二酰己二胺的结构如图 1.1 所示。

$$\left[\!\!\!-CH_2CH_2-\!\!\!\right]_n \qquad \left[\!\!\!-NHCH_2CH_2CH_2CH_2CH_2CO-\!\!\!\right]_n$$

(a)聚乙烯   (b)聚己内酰胺

$$\begin{matrix} & O & & O & & & \\ & \| & & \| & & & \\ \left[\!\!\!-C\right.&(CH_2)_4&C&-HN(CH_2)_6NH-\!\!\!\right]_n \end{matrix}$$

(c)聚己二酰己二胺

图 1.1 聚合物的结构

以上 3 种聚合物的聚合度 $\overline{DP}=n$，表示平均每个大分子是由 n 个重复单元或链节构成的。注意聚合度是平均每个大分子上具有的重复单元数，而不是聚合物整体中的重复单元数。

数均聚合度($\overline{X}_n$)(degree of polymerization)是指平均每个大分子的结构单元数，等于平均每个大分子中聚合的单体分子数。上述聚乙烯和聚己内酰胺的数均聚合度 $\overline{X}_n = n$；而聚己二酰己二胺的数均聚合度 $\overline{X}_n = 2n$，它是由 n 个己二酸单体和 n 个己二胺单体缩聚而成的。聚合度与数均聚合度是有关系的，一种单体聚合的产物，其结构单元与重复单元相同，聚合度等于数均聚合度；多于一种单体聚合的产物，其结构单元与重复单元不相同，聚合度不等于数均聚合度，如聚己二酰己二胺由两种单体聚合。

结构单元是指在聚合反应中键合到聚合物链中的原子团。键合的原子团来源于单体，它与单体的结构有关。有的结构单元的原子种类及数目与单体相同，这种结构单元也称为单体单元，如聚乙烯的结构单元是 $—CH_2CH_2—$ ；有的结构单元的原子种类及数目与单体不相同，这是因为在聚合反应中有小分子脱除，如用己二酸和己二胺制备的聚己二酰己二胺，其结构单元有两个，分别是 $—CO(CH_2)_4CO—$ 和 $—HN(CH_2)_6NH—$，前者来源于己二酸单体，后者来源于己二胺单体。

重复单元也称为链节，是指聚合物链中重复排列的结构，由一个结构单元或几个不同的结构单元构成。如聚乙烯的重复单元是 $—CH_2CH_2—$，聚己内酰胺的重复单元是 $—NHCH_2CH_2CH_2CH_2CH_2CO—$，它们都是由一种单体聚合得到的，其重复单元与结构单元相同。 $—CH_2—$ 不是聚乙烯的重复单元，因为它不是一个结构单元。聚己二酰己二胺的重复单元是 $—CO(CH_2)_4COHN(CH_2)_6NH—$，它是由两个结构单元构成的，来自于两种单体。由两种单体聚合得到的聚合物，其重复单元与结构单元不同。

对于由一种单体聚合形成的聚合物，其重复结构单元也就是结构单元，但是对于由两种或者两种以上单体聚合形成的聚合物，其重复结构单元不等于结构单元。下面以聚氯乙烯和尼龙-66 为例说明。

氯乙烯是由一种结构单元组成的高分子，如图 1.2 所示。

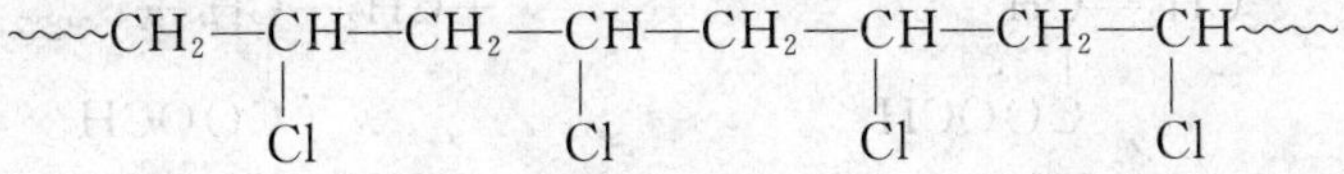

$$\sim\sim\sim CH_2—CH—CH_2—CH—CH_2—CH—CH_2—CH\sim\sim$$
$$\quad\qquad |\qquad\qquad |\qquad\qquad |\qquad\qquad |$$
$$\quad\qquad Cl\qquad\quad Cl\qquad\quad Cl\qquad\quad Cl$$

图 1.2　氯乙烯

对氯乙烯而言，$—CH_2CH—$ 称为结构单元或者重复结构单元。在这里：
$$\qquad\qquad\qquad\quad |$$
$$\qquad\qquad\qquad\quad Cl$$

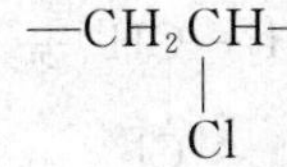

$$结构单元＝单体单元＝重复结构单元＝链节$$

n 表示重复单元数，也称为链节数，在此等于聚合度。在这里，两种聚合度相等，都等于 n，由聚合度可计算出高分子的相对分子质量为

$$\overline{X}_n = n, \quad \overline{M} = \overline{X}_n \cdot M_0$$

式中，$\overline{M}$ 为高分子的相对分子质量；M_0 为结构单元的相对分子质量。例如，聚氯乙烯链节的相对分子质量为 62.5，聚合度为 $800 \sim 2\,400$，则其相对分子质量为 $5\times10^4 \sim 1.5\times10^5$。

又如，合成尼龙-66，其反应式如下：

$$H_2N(CH_2)_6NH_2 + HOOC(CH_2)_4COOH \longrightarrow$$
$$H\text{\LARGE[}NH(CH_2)_6NH—CO(CH_2)_4CO\text{\LARGE]}_n OH + (2n-1)H_2O$$

单体在形成高分子的过程中要失去一些原子，所以

$$结构单元 \neq 重复单元 \neq 单体单元$$

高分子的相对分子质量为

$$\overline{X}_n = 2n, \quad \overline{M} = \overline{X}_n \cdot M_0 = 2nM_0$$

式中，M_0 是两种结构单元的平均相对分子质量。

1.3　高分子的命名

1.3.1　根据单体来源命名

聚合物的大分子往往由许多相同的、简单的结构单元通过共价键重复连接而成。贯穿于整个分子的链称为主链，主链边上如有短链称为侧链，如果带有基团称为侧基，主链两端的基团称为端基。

如图 1.3 所示，这类聚合物的命名方式为"聚"＋单体名称。

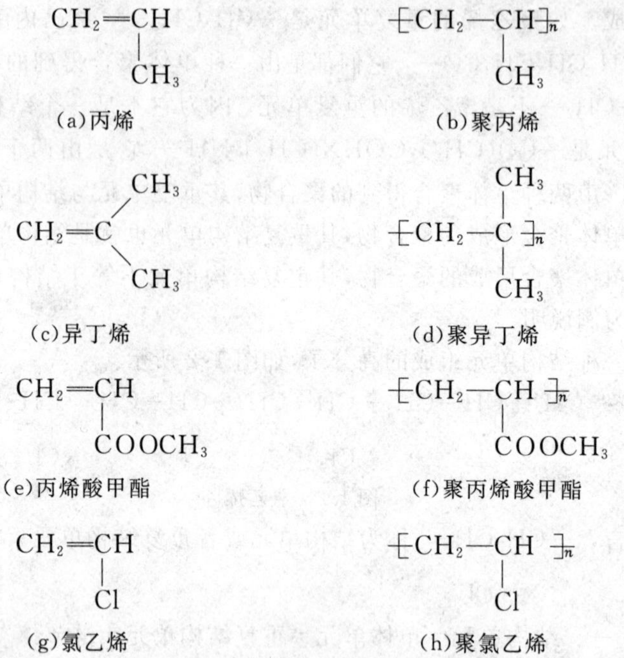

$$CH_2{=}CH$$
$$|$$
$$CH_3$$

$$\begin{array}{c} {\Large\left[\!\!\begin{array}{c}\end{array}\right.}CH_2{-}CH{\Large\left.\!\!\begin{array}{c}\end{array}\right]_n}\\ |\\ CH_3\end{array}$$

(a)丙烯　　　　　　　　　　　　(b)聚丙烯

$$\begin{array}{c} CH_3\\ |\\ CH_2{=}C\\ |\\ CH_3\end{array}$$

$$\begin{array}{c} CH_3\\ |\\ {\Large[\!}CH_2{-}C{\Large]_n}\\ |\\ CH_3\end{array}$$

(c)异丁烯　　　　　　　　　　　(d)聚异丁烯

$$\begin{array}{c} CH_2{=}CH\\ |\\ COOCH_3\end{array}$$

$$\begin{array}{c} {\Large[\!}CH_2{-}CH{\Large]_n}\\ |\\ COOCH_3\end{array}$$

(e)丙烯酸甲酯　　　　　　　　　(f)聚丙烯酸甲酯

$$\begin{array}{c} CH_2{=}CH\\ |\\ Cl\end{array}$$

$$\begin{array}{c} {\Large[\!}CH_2{-}CH{\Large]_n}\\ |\\ Cl\end{array}$$

(g)氯乙烯　　　　　　　　　　　(h)聚氯乙烯

图 1.3　聚合物的命名

很多缩聚物是由两种单体通过官能团间缩合反应制备的,在结构上与单体有差别,可根据结构单元的结构来命名,前面冠以"聚"字。一种表明产物类型,例如,对苯二甲酸和乙二醇制备的聚合物称为聚对苯二甲酸乙二醇酯,由癸二胺和癸二酸反应制备的聚合物称为聚癸二酰癸二胺。其聚合反应式如下:

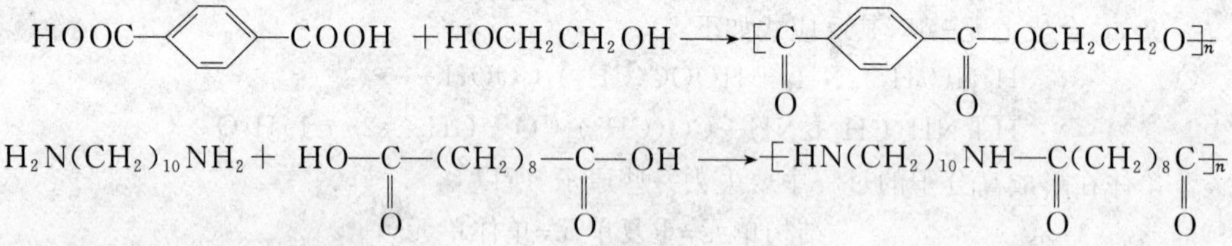

$$HOOC{-}\!\!\bigcirc\!\!{-}COOH + HOCH_2CH_2OH \longrightarrow {\Large[\!}\underset{O}{\overset{\parallel}{C}}{-}\!\!\bigcirc\!\!{-}\underset{O}{\overset{\parallel}{C}}{-}OCH_2CH_2O{\Large]_n}$$

$$H_2N(CH_2)_{10}NH_2 + HO{-}\underset{O}{\overset{\parallel}{C}}{-}(CH_2)_8{-}\underset{O}{\overset{\parallel}{C}}{-}OH \longrightarrow {\Large[\!}HN(CH_2)_{10}NH{-}\underset{O}{\overset{\parallel}{C}}(CH_2)_8\underset{O}{\overset{\parallel}{C}}{\Large]_n}$$

还有一种不表明产物类型,两单体名称或简称后缀"树脂",如苯酚和甲醛的缩聚产物称为酚醛树脂;尿素和甲醛的缩聚产物称为脲醛树脂;甘油和邻苯二甲酸酐的缩聚产物称为醇酸树脂。

两种单体通过链式聚合反应合成的共聚物,两单体名称或简称之间加"-"和"共聚物",例如乙烯和乙酸乙烯酯的共聚产物称为乙烯-乙酸乙烯酯共聚物。

1.3.2　根据商品命名

有机化合物的命名很复杂,聚合物就更复杂了。在商业生产和流通中,人们仍习惯用简单明了的称呼,并能与应用联系在一起。例如,聚甲基丙烯酸甲酯——有机玻璃,塑料类聚合物——酚醛树脂、脲醛树脂、醇酸树脂,有时也将聚氯乙烯俗称氯乙烯树脂。将橡胶类聚合物加上后缀"橡胶",例如,丁二烯和苯乙烯共聚物——丁苯橡胶,丁二烯和丙烯腈共聚物——丁腈橡胶,乙烯和丙烯共聚物——乙丙橡胶等。纤维类,在我国是用"纶"作后缀的,例如聚对苯二甲酸乙二酯——涤纶,聚 ω-己内酰胺——锦纶,聚乙烯醇缩醛——维尼纶,聚氯乙烯——氯纶,聚丙烯腈——腈纶,聚丙烯——丙纶。

还有直接引用国外商品名称音译,例如,聚酰胺又称为尼龙,聚己二酰己二胺——尼龙-66(nylon-66),聚癸二酰癸二胺——尼龙-1010。

1.3.3 IUPAC 的系统命名法

为避免聚合物命名中的多名或不确切,国际纯化学和应用化学联合会提出了以结构为基础的系统命名法,称为 IUPAC 命名法。IUPAC 命名程序如下:

①确定重复单元结构。

②排出次级单元的次序。

③给重复单元命名,在前面加"聚"字。

例如,苯乙烯:

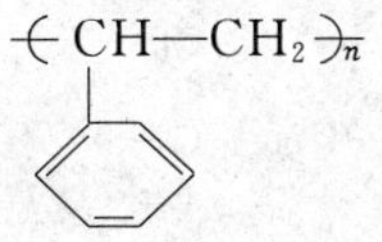

$$\{CH-CH_2\}_n$$

聚(1-苯基乙烯)

甲基丙烯酸甲酯:

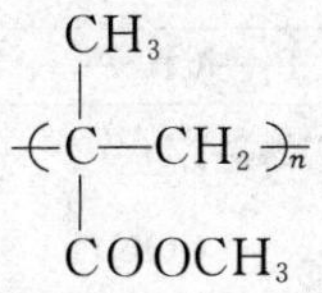

$$\begin{array}{c} CH_3 \\ | \\ \{C-CH_2\}_n \\ | \\ COOCH_3 \end{array}$$

聚[1-(甲氧基羰基)-1-甲基乙烯]

1.3.4 英文缩写

当聚合物结构较复杂时,聚合物名称往往较长,使用不方便,因此常用英文缩写表示。例如:

聚乙烯	PE—polyethylene
聚丙烯	PP—polypropylene
聚氯乙烯	PVC—poly(vinyl chloride)
聚苯乙烯	PS—polystyrene
聚乙烯醇	PVA—poly(vinyl alcohol)
聚碳酸酯	PC—polycarbonate
聚甲基丙烯酸甲酯	PMMA—poly(methyl methacrylate)
聚对苯二甲酸乙二醇酯	PET—poly(ethylene terephthalate)
聚酰胺	PA—polyamide
聚氨酯	PUR—polyurethane

常见高聚物的结构式与名称见表1.2。

表 1.2 常见高聚物的结构式与名称

聚合物	英文缩写	重复单元	单体
聚乙烯	PE	$-CH_2-CH_2-$	$CH_2=CH_2$
聚丙烯	PP	$-CH_2-CH-$ $\quad\quad\ \ \|$ $\quad\quad\ \ CH_3$	$CH_2=CH$ $\quad\quad\ \|$ $\quad\quad\ CH_3$
聚异丁烯	PIB	$\quad\quad\quad CH_3$ $\quad\quad\quad\ \|$ $-CH_2-C-$ $\quad\quad\quad\ \|$ $\quad\quad\quad CH_3$	$\quad\quad\ CH_3$ $\quad\quad\ \ \|$ $CH_2=C$ $\quad\quad\ \ \|$ $\quad\quad\ CH_3$
聚苯乙烯	PS	$-CH_2-CH-$ $\quad\quad\quad\ \|$ $\quad\quad\quad C_6H_5$	$CH_2=CH$ $\quad\quad\ \|$ $\quad\quad\ C_6H_5$
聚氯乙烯	PVC	$-CH_2-CH-$ $\quad\quad\quad\ \|$ $\quad\quad\quad Cl$	$CH_2=CH$ $\quad\quad\ \|$ $\quad\quad\ Cl$
聚偏二氯乙烯	PVDC	$\quad\quad\quad Cl$ $\quad\quad\quad\ \|$ $-CH_2-C-$ $\quad\quad\quad\ \|$ $\quad\quad\quad Cl$	$\quad\quad\ Cl$ $\quad\quad\ \|$ $CH_2=C$ $\quad\quad\ \|$ $\quad\quad\ Cl$
聚氟乙烯	PVF	$-CH_2-CH-$ $\quad\quad\quad\ \|$ $\quad\quad\quad F$	$CH_2=CH$ $\quad\quad\ \|$ $\quad\quad\ F$
聚四氟乙烯	PTFE	$-CF_2-CF_2-$	$CF_2=CF_2$
聚丙烯酸	PAA	$-CH_2-CH-$ $\quad\quad\quad\ \|$ $\quad\quad\quad COOH$	$CH_2=CH$ $\quad\quad\ \|$ $\quad\quad\ COOH$
聚丙烯酰胺	PAM	$-CH_2-CH-$ $\quad\quad\quad\ \|$ $\quad\quad\quad CONH_2$	$CH_2=CH$ $\quad\quad\ \|$ $\quad\quad\ CONH_2$
聚丙烯酸甲酯	PMA	$-CH_2-CH-$ $\quad\quad\quad\ \|$ $\quad\quad\quad COOCH_3$	$CH_2=CH$ $\quad\quad\ \|$ $\quad\quad\ COOCH_3$
聚甲基丙烯酸甲酯	PMMA	$\quad\quad\quad CH_3$ $\quad\quad\quad\ \|$ $-CH_2-C-$ $\quad\quad\quad\ \|$ $\quad\quad\quad COOCH_3$	$\quad\quad\ CH_3$ $\quad\quad\ \|$ $CH_2=C$ $\quad\quad\ \|$ $\quad\quad\ COOCH_3$
聚丙烯腈	PAN	$-CH_2-CH-$ $\quad\quad\quad\ \|$ $\quad\quad\quad CN$	$CH_2=CH$ $\quad\quad\ \|$ $\quad\quad\ CN$
聚醋酸乙烯酯	PVAC	$-CH_2-CH-$ $\quad\quad\quad\ \|$ $\quad\quad\quad COOCH_3$	$CH_2=CH$ $\quad\quad\ \|$ $\quad\quad\ COOCH_3$
聚乙烯醇	PVA	$-CH_2-CH-$ $\quad\quad\quad\ \|$ $\quad\quad\quad OH$	$CH_2=CH$ （假想） $\quad\quad\ \|$ $\quad\quad\ OH$

续表 1.2

聚合物	英文缩写	重复单元	单体
聚丁二烯	PB	$-CH_2-CH=CH-CH_2-$	$CH_2=CH-CH=CH_2$
聚异戊二烯	PIP	$-CH_2-\underset{CH_3}{C}=CH-CH_2-$	$CH_2=\underset{CH_3}{C}-CH=CH_2$
聚氯丁二烯	PCP	$-CH_2-\underset{Cl}{C}=CH-CH_2-$	$CH_2=\underset{Cl}{C}-CH=CH_2$
聚甲醛	POM	$-O-CH_2-$	$HCHO$ 或 $(CH_2O)_3$
聚环氧乙烷	PEO	$-O-CH_2CH_2-$	$\underset{O}{CH_2-CH_2}$
环氧树脂	EP	$-O-\phi-\underset{CH_3}{\overset{CH_3}{C}}-\phi-O-CH_2\underset{OH}{CHCH_2}-$	$HO-\phi-\underset{CH_3}{\overset{CH_3}{C}}-\phi-OH +$ $CH_2\underset{O}{CHCH_2}Cl$
涤纶	PETP	$-OCH_2CH_2O-\underset{O}{\overset{O}{C}}-\phi-\underset{O}{\overset{O}{C}}-$	$HOCH_2CH_2OH +$ $HOOC-\phi-COOH$
聚碳酸酯	PC	$-O-\phi-\underset{CH_3}{\overset{CH_3}{C}}-\phi-O-\underset{O}{\overset{}{C}}-$	$HO-\phi-\underset{CH_3}{\overset{CH_3}{C}}-\phi- +$ $COCl_2$
尼龙-66	PA-66	$-NH(CH_2)_6NH-CO(CH_2)_4CO-$	$NH_2(CH_2)_6NH_2 +$ $HOOC(CH_2)_4COOH$
尼龙-6	PA-6	$-NH(CH_2)_5CO-$	$\overline{NH(CH_2)_5CO}$
聚氨酯	PU	$-O(CH_2)_2O-\underset{O}{\overset{}{C}}NH(CH_2)_6NH\underset{O}{\overset{}{C}}-$	$HO(CH_2)_2OH +$ $OCN(CH_2)_6NCO$
聚脲	PUA	$-NH(CH_2)_6NH-\underset{O}{\overset{}{C}}NH(CH_2)_6-NHC\underset{O}{\overset{}{}}-$	$NH_2(CH_2)_6NH_2 +$ $OCN(CH_2)_6NCO$

续表 1.2

聚合物	英文缩写	重复单元	单体
聚砜	PSU		
酚醛	PF		$C_6H_5OH + HCHO$
脲醛	UF		$CO(NH_2)_2 + HCHO$
硅橡胶	SIR		

1.4　高分子的分类

1.4.1　根据高分子的来源分类

高分子按来源分类如图 1.4 所示。

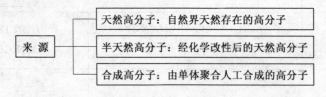

图 1.4　高分子按来源分类

1.4.2　根据高分子主链结构分类

根据高分子主链结构分类如图 1.5 所示。

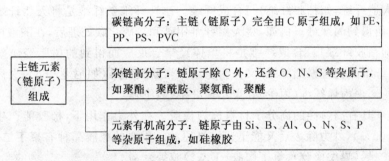

图 1.5 根据高分子主链结构分类

1.4.3 根据高分子的性质和用途分类

高分子按性质和用途分类如图 1.6 所示。

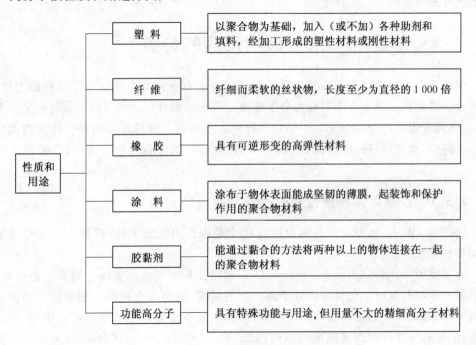

图 1.6 高分子按性质和用途分类

在一定条件下具有流动性、可塑性，并能加工成型，当恢复平常条件时（如除压和降温）则仍保持加工时形状的高分子材料称为塑料，塑料又分为热塑性塑料和热固性塑料两种。热塑性塑料可溶、可熔，并且在一定条件下可以反复加工成型，例如聚乙烯、聚氯乙烯、聚丙烯等；热固性塑料则不溶、不熔，并且在一定温度及压力下加工成型时会发生变化，这样形成的材料在再次受压、受热下不能反复加工成型，而具有固定的形状，例如酚醛树脂、脲醛树脂等。

具备或保持其本身长度大于直径 1 000 倍以上而又具有一定强度的线条或丝状高分子材料称为纤维。纤维的直径一般很小，受力后形变较小，在较宽的温度范围内（－50～＋150 ℃）机械性能变化不大。纤维分为天然纤维和化学纤维。化学纤维又分为改性纤维素纤维(人造纤维,如粘胶纤维)与合成纤维。改性纤维素纤维是将天然纤维经化学处理后再纺丝而得到的纤维。例如,将天然纤维用碱和二硫化碳处理后,在酸液中纺丝就得到人造丝(即粘胶纤维)。合成纤维是将单体经聚合反应而得到的树脂经纺丝而成的纤维。重要的纤维品种有聚酯纤维(又称为涤纶)、聚酰胺纤维(如尼龙-66)、聚丙烯腈纤维(又称为腈纶)、聚丙烯纤维(丙纶)和聚乙烯纤维(氯纶)等。

在室温下具有高弹性的高分子材料称为橡胶。在外力作用下,橡胶能产生很大的形变(可达1000%),外力除去后又能迅速恢复原状。重要的橡胶品种有聚丁二烯(顺丁橡胶)、聚异戊二烯(异戊橡胶)、氯丁橡胶、丁基橡胶等。

塑料、纤维和橡胶三大类聚合物之间并没有严格的界限。有的高分子可以做纤维,也可以做塑料,如聚氯乙烯是典型的塑料,又可做成纤维即氯纶;若将氯乙烯配入适量增塑剂,可制成类似橡胶的软制品。又如尼龙既可以用作纤维又可作工程塑料;橡胶在较低温度下也可做塑料使用。

1.5 聚合反应的分类

聚合反应是指由单体合成聚合物的反应过程。有聚合能力的低分子原料称为单体,相对分子质量较大的聚合原料称大分子单体。若单体聚合生成相对分子质量较低的低聚物,则称为齐聚反应(oligomerization),产物称为齐聚物。一种单体的聚合称为均聚合反应,产物称均聚物;两种或两种以上单体参加的聚合,则称为共聚合反应,产物称为共聚物。

1.5.1 按照单体和聚合物的组成分类

1929年,W. H. 卡罗瑟斯按照反应过程中是否析出低分子物,把聚合反应分为缩聚反应和加聚反应。

缩聚反应(condensation polymerization)通常是指多官能团单体之间发生多次缩合,同时放出水、醇、氨或氯化氢等低分子副产物的反应,所得聚合物称为缩聚物。缩聚反应的特征是:缩聚反应通常是官能团间的聚合反应;反应中有低分子副产物产生,如水、醇、胺等;缩聚物中往往留有官能团的结构特征,如—OCO—、—NHCO—,故大部分缩聚物都是杂链聚合物;缩聚物的结构单元比其单体少若干原子,故相对分子质量不再是单体相对分子质量的整数倍。用这类反应能制备很多品种的高分子材料,例如尼龙、聚酯、酚醛树脂、脲醛树脂等。

尼龙是二元胺和二元酸的缩聚物,其中尼龙-66则是己二胺和己二酸的缩聚产物,其反应式为

$$n\text{H}_2\text{N(CH}_2)_6\text{NH}_2 + n\text{HOOC(CH}_2)_4\text{COOH} \longrightarrow$$
$$\text{H}\text{[NH(CH}_2)_6\text{NH—CO(CH}_2)_4\text{CO]}_n\text{OH} + (2n-1)\text{H}_2\text{O}$$

聚酯是二元酸和二元醇的缩聚物,其中对苯二甲酸与乙二醇缩聚生成的是涤纶,其反应式为

$$n\ HO-\overset{\overset{\displaystyle O}{\|}}{C}-R-\overset{\overset{\displaystyle O}{\|}}{C}-OH\ +n\ HO-R'-OH\xrightarrow{-H_2O}$$

$$H\!\!\left[\!O-R'-O-\overset{\overset{\displaystyle O}{\|}}{C}-R-\overset{\overset{\displaystyle O}{\|}}{C}\right]_{\!n}\!\!OH+(2n-1)H_2O$$

加聚反应(Addition Polymerization)是指 α-烯烃、共轭双烯和乙烯类单体等通过相互加成形成聚合物的反应,所得聚合物称为加聚物,该反应过程中并不放出低分子副产物,因而加聚物的化学组成和起始的单体相同。加聚物相对分子质量是单体相对分子质量的整数倍。

一些烯类、炔类、醛类等化合物具有不饱和键的单体,能进行加成反应生成加聚物。例如:

$$n\ CH_2\!\!=\!\!\underset{\underset{\displaystyle X}{|}}{CH}\longrightarrow \left[\!CH_2-\underset{\underset{\displaystyle X}{|}}{CH}\right]_{\!n}$$

1.5.2 按反应机理分类

1953 年 P. J. 弗洛里按反应机理,把聚合反应分为逐步聚合和连锁聚合两大类。这两类反应的主要差别在于反应机理不同,其机理和动力学见表 1.3。

表 1.3 逐步聚合和连锁聚合的机理及动力学

	聚合反应	逐步聚合	连锁聚合(链式聚合)
机理	活性中心	无 通过单体官能团间反应	多种($R^·$,R^+,R^-) 与单体作用(单体之间不反应)
	基元反应	无	引发、增长、终止、转移
动力学	单体转化率与时间关系	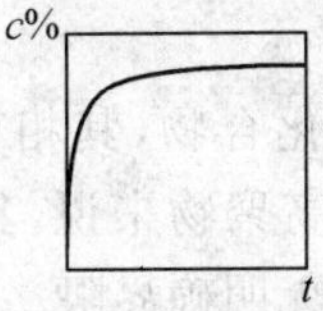	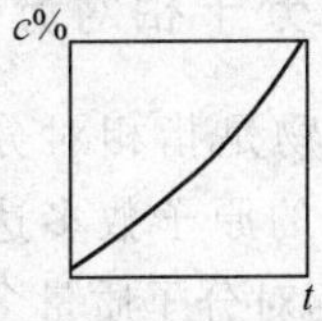
	相对分子质量与时间关系	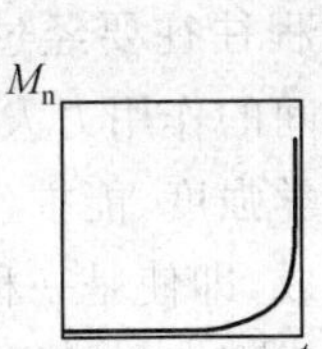	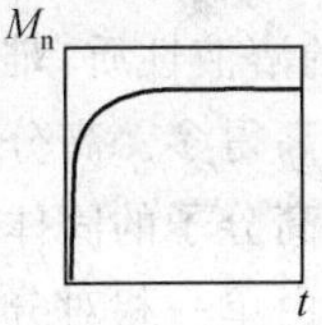 时间只与高分子材料的分子数有关而与相对分子质量无关
	任一瞬间组成	相对分子质量递增的一系列中间产物	单体、高分子、微量引发剂(中间产物不稳定)

逐步聚合反应(step polymerization)在低分子转变成聚合物的过程中反应是逐步进行的反应。逐步聚合反应没有活性中心,它每步的速率常数和活化能大致相同。反应初

期,大部分单体很快消失,聚合成 2～4 聚体等中间产物;低聚物继续反应,使产物的相对分子质量增大,聚合体系由单体和相对分子质量递增的中间产物所组成。因此,可认为单体转化率基本上不依赖于聚合时间的延长,但产物的相对分子质量随聚合时间的延长逐渐增大。绝大多数缩聚反应属于逐步聚合,例如,带官能团化合物之间的缩聚反应如乙二醇和对苯二甲酸形成聚对苯二甲酸乙二酯,由己二酸和己二胺合成聚己二酰胺己二胺的反应等。对于聚氨酯这样单体分子通过反复加成,使分子间形成共价键,逐步生成高分子的过程,其反应机理是逐步增长聚合,因此称为聚加成反应或者逐步加聚反应。从更广泛的意义上讲,2,6-二甲苯酚氧化偶合形成聚二甲基苯醚的氧化偶合聚合,生成酚醛树脂的加成缩合反应等都属于逐步聚合反应。

连锁聚合反应(chain polymerization)也称为链式反应,反应需要先形成活性中心,活性中心可以是自由基、阳离子、阴离子。反应中一旦形成单体活性中心,就能很快传递下去,瞬间形成高分子,平均每个大分子的生成时间很短(零点几秒到几秒)。

聚合反应一般包括引发、增长和终止等反应步骤。各步反应的速率常数和活化能差别很大,延长聚合时间可提高转化率,而相对分子质量不再变化。α-烯烃、共轭双烯和乙烯类单体的自由基聚合和正、负离子或配位聚合均属连锁聚合反应;环醚和内酰胺在选定条件下的离子型开环聚合,正离子聚合中某些单体的异构化聚合,以及苯乙烯或丁二烯在烷基锂存在下的负离子活性聚合,这些反应尽管各有特点,但一般也属于连锁聚合反应。

1.6 高分子的基本特征

1.6.1 高分子相对分子质量的特点

高分子化合物是指相对分子质量很大的一类化合物,其相对分子质量高达 $10^4 \sim 10^6$,构成大分子的原子数多达 $10^3 \sim 10^5$ 个。对于高聚物来说,其相对分子质量多数在 10^4 以上。对于相对分子质量多大才算是高分子,并无明确界限。

相对分子质量大是高分子的根本性质。高分子的许多特殊性质都与相对分子质量大有关,如高分子的溶液性质:难溶,甚至不溶,溶解过程往往要经过溶胀阶段;溶液黏度比同浓度的小分子高得多。高分子聚合物由于分子之间的作用力大,因此只有液态和固态,一般不能汽化。高分子的固体聚合物具有一定的力学强度,能抽丝、能制膜。

高分子不是由单一相对分子质量的化合物所组成,即使是一种"纯粹"的高分子,也是由化学组成相同、相对分子质量不等、结构不同的同系聚合物的混合物所组成。这种高分子的相对分子质量不均一(即相对分子质量大小不一、参差不齐)的特性,就称为相对分子质量的多分散性。

例如,通常说相对分子质量为 10 万的聚乙烯,可能是由相对分子质量为 2～20 万大小不同的聚乙烯分子组成的。分散程度主要受聚合物形成过程中的各种因素的影响,例如,聚合中的支化、交联、环化、立体异构、链转移等的影响。此外,高聚物相对分子质量的多分散性与试样处理、存放条件等外在因素也有关。

正因为高聚物相对分子质量的多分散性,所以其相对分子质量或聚合度只是一个平均值,也就是说只有统计意义。根据统计平均方法不同,其相对分子质量的表示也不同。如用分子的数量统计则有数均相对分子质量 $\overline{M}_n$,用分子的质量统计则有重均相对分子质量 $\overline{M}_w$,此外还有黏均相对分子质量 $\overline{M}_v$。

在高聚物的同系混合物中,有些分子比较小,有些分子比较大,而最大和最小的分子总是占少数,占优势的是中间大小的分子,高聚物相对分子质量的这种分布称为相对分子质量分布。聚合物中高分子大小的多分散性是用相对分子质量分布的宽窄来表示的,相对分子质量分布宽表示分子大小很不均一,即大小分子相差悬殊,相对分子质量分布窄则表示分子大小比较均一。

1. 数均相对分子质量

数均相对分子质量是按聚合物中含有的分子数目统计平均的相对分子质量,是指高分子样品中所有分子的总质量除以其分子(摩尔)总数。即

$$\overline{M}_n = \frac{W}{\sum N_i} = \frac{\sum N_i M_i}{\sum N_i} = \frac{\sum W_i}{\sum \left(\dfrac{W_i}{M_i}\right)} = \sum N_i M_i \tag{1.1}$$

式中,W_i,N_i,M_i 分别为 i 聚体的质量、分子数、相对分子质量,$i = 1 \sim \infty$。

数均相对分子质量是通过依数性方法(冰点降低法、沸点升高法、渗透压法、蒸汽压法)和端基滴定法测定。

2. 重均相对分子质量

重均相对分子质量是按聚合物的质量进行统计平均的相对分子质量,是 i 聚体的相对分子质量乘以其质量分数的加和。即

$$\overline{M}_w = \frac{\sum W_i M_i}{\sum W_i} = \frac{\sum N_i M_i^2}{\sum N_i M_i} = \sum W_i M_i \tag{1.2}$$

重均相对分子质量通常用光散射法测定。

3. 黏均相对分子质量

对于一定的聚合物-溶剂体系,其特性黏数 $[\eta]$ 和相对分子质量的关系为

$$[\eta] = K \overline{M}^\alpha$$

K、α 是与聚合物、溶剂有关的常数,则

$$\overline{M}_v = \left(\frac{\sum W_i M_i^\alpha}{\sum W_i}\right)^{\frac{1}{\alpha}} = \left(\frac{\sum N_i M_i^{1+\alpha}}{\sum N_i M_i}\right)^{\frac{1}{\alpha}} \tag{1.3}$$

一般 α 值为 $0.5 \sim 0.9$,故 $\overline{M}_v < \overline{M}_w$。

例如,设一聚合物样品,其中相对分子质量为 10^4 的分子有 10 mol,相对分子质量为 10^5 的分子有 5 mol,求其相对分子质量。

$$\overline{M}_n = \frac{\sum N_i M_i}{\sum N_i} = \frac{10 \times 10^4 + 5 \times 10^5}{10 + 5} = 40\,000$$

$$\overline{M}_w = \frac{\sum N_i M_i^2}{\sum N_i M_i} = \frac{10 \times (10^4)^2 + 5 \times (10^5)^2}{10 \times 10^4 + 5 \times 10^5} = 85\,000$$

$$\overline{M}_v = \left(\frac{10 \times (10^4)^{0.6+1} + 5 \times (10^5)^{0.6+1}}{10 \times 10^4 + 5 \times 10^5}\right)^{\frac{1}{0.6}} \approx 80\,000$$

一般 $\overline{M}_w > \overline{M}_v > \overline{M}_n$,$\overline{M}_n$ 靠近聚合物中低相对分子质量的部分,即低相对分子质量部

分对 $\overline{M}_n$ 影响较大；M_w 靠近聚合物中高相对分子质量的部分，即高相对分子质量部分对 $\overline{M}_w$ 影响较大。一般用 $\overline{M}_w$ 来表征聚合物比用 $\overline{M}_n$ 更恰当，因为聚合物的性能如强度、熔体黏度更多地依赖于样品中较大的分子。

若要确切地描绘高聚物试样的相对分子质量，除了给出相对分子质量的统计平均值外，还应给出试样的相对分子质量分布，最理想的是能知道该试样的相对分子质量分布曲线。

将高分子样品分成不同相对分子质量的级份，这一实验操作称为分级，以被分离的各级份的质量分率对平均相对分子质量作图，得到相对分子质量分布曲线。典型的聚合物样品的相对分子质量分布曲线如图 1.7 所示，可通过曲线形状，直观判断相对分子质量分布的宽窄。

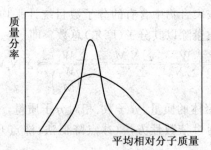

图 1.7　高聚物的相对分子质量分布曲线

还有一种方法就是以相对分子质量分布指数表示，即重均相对分子质量与数均相对分子质量的比值，$\overline{M}_w/\overline{M}_n$。$\overline{M}_w/\overline{M}_n$ 数值为 1，表示相对分子质量均一分布；$\overline{M}_w/\overline{M}_n$ 数值接近 1（1.5～2）表示相对分子质量分布较窄；$\overline{M}_w/\overline{M}_n$ 数值远离 1（20～50）则表示相对分子质量分布较宽。

1.6.2　高分子的结构复杂

所谓高分子的结构，是指组成高分子的不同尺寸的结构单元在空间的相对排列。它包括高分子的链结构和聚集态结构两个组成部分。

链结构是指单个分子的结构和形态，分为近程结构和远程结构。近程结构是指单个高分子内一个或几个结构单元的化学结构和立体化学结构。近程结构包括构造与构型。构造是指链中原子的种类和排列、取代基和端基的种类、单体单元的排列顺序、支链的类型和长度等。构型是指某一原子的取代基在空间的排列。近程结构属于化学结构，又称为一级结构。远程结构是指单个高分子的大小和在空间所存在的各种形状，包括分子的大小与形态、链的柔顺性及分子在各种环境中所采取的构象。远程结构又称为二级结构。

聚集态结构是指高分子材料整体的内部结构，包括晶态结构、非晶态结构、取向态结构、液晶态结构以及织态结构。前 4 种是描述高分子聚集体中的分子之间是如何堆砌的，又称为第三级结构。织态结构和高分子在生物体中的结构则属于高级结构，是不同高分子间或者高分子与添加剂间的排列或堆砌结构。高分子的链结构是反映高分子各种特性的最主要的结构层次。聚集态结构则是决定聚合物制品使用性能的主要因素。

高分子链的几何形状大致有 3 种：线形、支链形和体形，如图 1.8 所示。

  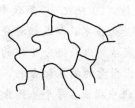

(a)线形高分子　　　　(b)支链形高分子　　　　(c)体形高分子

图1.8　高分子链的几何形状

线形高分子其长链可能比较伸展，也可能卷曲成团，取决于链的柔顺性和外部条件。它一般为无规线团，适当溶剂可溶解，加热可以熔融，即可溶可熔。

支链形高分子是线形高分子上带有侧枝，侧枝的长短和数量可不同。高分子上的支链，有的是聚合中自然形成的，有的则是人为的通过反应接枝上去的。它可溶解在适当溶剂中，加热可以熔融，即可溶可熔。

体形高分子可看成是线形或支链形大分子间以化学键交联而成，许多大分子键合成一个整体，已无单个大分子可言。交联程度浅的，受热可软化，适当溶剂可溶胀；交联程度深的，既不溶解又不熔融，即不溶不熔。

趣味阅读

赫尔曼·施陶丁格（Hermann Staudinger），1881年3月23日生于德国沃尔姆斯（Worms）。由于对植物学和显微镜工作感兴趣，1899年中学毕业后，施陶丁格入哈雷大学跟随克里比教授攻读植物学。1899年秋，其父移居达姆斯特，施陶丁格转学到达姆斯特技术大学，跟随科尔贝（Kolb）教授学习了两个学期的分析化学课程，随后又到慕尼黑大学拜尔实验室学习了两个学期的有机化学。1901年，施陶丁格返回哈雷大学，在弗兰德教授的指导下，从事丙二酸酯加成产物的研究。1903年夏，施陶丁格获博士学位，距他进入大学仅4年时间。1905年，他发现一类新的化学物质烯酮，他用锌处理二苯氯乙酰氯，成功地分离和鉴别出二苯乙烯酮。1907年春，他向斯特拉斯堡大学提交了有关烯酮化学的任职资格论文，获得在大学授课的资格。1907年10月，他被卡尔斯鲁厄技术大学聘为副教授，年仅26岁。在极短的时间内，他作为从事小分子有机化学研究的化学家，获得了令人瞩目的国际声誉。1912年夏，31岁的施陶丁格任著名的苏黎世联邦技术大学教授，直到1926年。

1926年，移居弗赖堡大学时，他以极大的勇气，放弃从前的研究领域，全力转向聚合物的研究。他遭到了束胶理论拥护者的激烈反对，他们认为，没有必要提出大分子假说，因为不可能存在大分子。施陶丁格的高分子量聚合物理论，还遭受到结晶学领域的许多权威科学家的激烈反对。他们坚信，整个聚合物分子，必须与晶胞大小相一致，而晶胞太小了，无法容纳下这样巨大的分子。

施陶丁格一直试图为长链高分子的存在找到一种更直观有力的证明。他让他的学生辛格测定溶液中大分子的形状。辛格设计了一个简单的仪器，使用流动双折射技术，成功地测量出一个长链分子的长度与宽度的近似比。施陶丁格的长链大分子学说，得到进一步的支持。20 世纪 30 年代中，美国杜邦公司的化学家卡罗泽斯按照缩聚反应原理，利用分子蒸馏技术，合成相对分子质量超过 20 000 的超聚物，通过定量测定反应中消去的水，还能估算出长链分子中的链节数。1934~1937 年，庞默拉从天然橡胶的降解产物中，分离出微量的端基化合物，直接证实了橡胶的线形长链分子结构。1936 年，他在慕尼黑的演讲中指出：每个基因大分子都具有一种十分明确的结构图，决定了它在生命中的功能。施陶丁格为了获得生物大分子存在的直观证据，使用了紫外相衬显微镜和电子显微镜。1942 年，施陶丁格和两位同事，获得了直径 10 nm 糖原粒子的电子显微图谱，根据渗透压法，测算出它的相对分子质量为 150 万。

施陶丁格的大分子概念，最终为化学家所接受。他对聚合物的性质、聚合物的合成法、结构分析、聚合机理和聚合物的分析化学，进行了广泛的研究。在高分子化学领域，他共发表论文 640 余篇。他的基础研究，对高分子工业的发展，产生了重大的影响。

为了促进大分子化学和聚合物科学新领域的发展，施陶丁格费尽心血。1940 年，他在弗赖堡大学创立高分子化学研究所，它是欧洲第一个完全致力于聚合物研究的科研机构。1943 年，他创办第一份聚合物期刊《高分子化学学报》，为这一新领域的研究者搭建了交流研究成果的平台，二战后，该期刊更名为《高分子化学》，最后改名为《高分子化学与物理》。施陶丁格还编写出版数部高分子化学著作，如《高分子有机化合物》《橡胶和纤维素》《高分子化学、物理与技术进展》《高分子化学》和《高分子化学与生物学》等。施陶丁格清楚地意识到，技术的突破与社会的重大变化是密切相关的，特别是化学的划时代进步，会对人类生活产生重要影响。1944 年 11 月 27 日，弗赖堡城遭受盟军持续大轰炸，施陶丁格的高分子化学研究所被夷为平地。许多与研究相关的有价值的手稿，遭受到不可弥补的损失。所幸的是，他的一些重要的实验记录保存在他的私人住宅中，躲过了战火的浩劫。经过艰难的重建，1947 年，他的高分子化学研究所才恢复正常工作。

1951 年，施陶丁格任弗赖堡大学荣誉教授和高分子化学研究所荣誉所长，直到 1956 年正式退休。由于在高分子化学领域的杰出成就，他获得欧洲多所著名大学的荣誉博士学位，还获得过费歇尔奖、康尼查罗奖和米希尔里希奖，1953 年获诺贝尔化学奖，达到一生荣誉的顶峰。在经受长期的病痛折磨之后，1965 年 9 月 8 日，施陶丁格在弗赖堡的家中与世长辞，享年 84 岁。

习 题

一、名词解释

(1)单体、重复单元、结构单元、单体单元、聚合度

(2)逐步聚合、连锁聚合

(3)相对分子质量分布

二、简答题

(1)$\overline{DP}$、$\overline{X}_n$ 各代表什么含义？

(2)论述聚合反应的分类情况。

(3)高分子链结构形状有几种？它们的物理化学性质有什么特点？

(4)根据主链结构,可将聚合物分成哪几类,并说明其特征,各举一例。

(5)相对分子质量分布有哪几种表示方法?

(6)说明逐步聚合的特点。

(7)聚合物的平均相对分子质量有几种表示方法?写出其数学表达式及大小关系。

(8)重均相对分子质量与数均相对分子质量之比值有何意义?什么是相对分子质量分布指数?

(9)氯丁橡胶是氯乙烯与丁二烯的共聚产物,对吗?

(10)举例说明橡胶、纤维、塑料间结构与性能的差别和联系。

(11)尼龙-66 的单体单元为—NH$(CH_2)_6$NH—和—CO$(CH_2)_4$CO—,而无结构单元,对吗?

(12)试以聚氯乙烯、尼龙-66 为例,说明聚合物的重复单元、结构单元、单体单元。

三、写出合成下列聚合物的单体和反应式,说明各个聚合反应的类型,指出各种聚合物(塑料、橡胶、纤维等)的主要应用类型。

聚氯乙烯、聚苯乙烯、涤纶、尼龙-66、聚丁二烯、酚醛树脂、脲醛树脂、尼龙-610、腈纶、维纶(聚乙烯醇缩甲醛)、聚甲醛、聚苯醚、聚四氟乙烯、聚二甲基硅氧烷、聚氨酯、天然橡胶、丁苯橡胶、顺丁橡胶、氯丁橡胶、丁基橡胶、乙丙橡胶、丁腈橡胶

四、写出下列单体的聚合反应方程式,并注明单体、聚合物名称及聚合反应类型。

(1) $CH_2{=}\underset{\underset{COOCH_3}{|}}{\overset{\overset{CH_3}{|}}{C}}$

(2) $CF_2{=}CF_2$

(3) $CH_2{=}CCl_2$

(4)

(5)$NH_2(CH_2)_{10}NH_2 + HOOC(CH_2)_8COOH$

(6) HO—⟨ ⟩—COOH

(7) CH_3OCO—⟨ ⟩—$COOCH_3 + HO{\left(CH_2\right)_4}OH$

(8) Cl—⟨ ⟩—SO_2—⟨ ⟩—Cl + HO—⟨ ⟩—$(CH_2)_2$—⟨ ⟩—OH

(9) ⟨ ⟩—O—$\overset{\overset{O}{\|}}{C}$—O—⟨ ⟩ (或 $COCl_2$)+ HO—⟨ ⟩—$\underset{\underset{CH_3}{|}}{\overset{\overset{CH_3}{|}}{C}}$—⟨ ⟩—OH

(10) HO—$(CH_2)_5$—COOH

五、写出下列聚合物的一般名称、聚合反应,指出重复单元、结构单元、单体单元。

$$(1) \begin{array}{c} CH_3 \\ | \\ \end{array}$$
$$(1) \quad \begin{array}{c} CH_3 \\ | \\ \dashv CH_2-C \vdash_n \\ | \\ COOCH_3 \end{array}$$

$$(2) \quad \begin{array}{c} \dashv CH_2-CH \vdash_n \\ | \\ OCOCH_3 \end{array}$$

$(3) \dashv CH(CH_2)_6 NHCO(CH_2)_4 CO \vdash_n$

$(4) \dashv NH(CH_2)_5 CO \vdash$

$$(5) \quad \begin{array}{c} \dashv CH_2-C=CH-CH_2 \vdash_n \\ | \\ CH_3 \end{array}$$

六、写出下列单体的聚合物反应式。

(1) $H_2 N(CH_2)_6 NH_2 + nHOOC(CH_2)_4 COOH$

(2) $nCH_2=C(CH_3)_2$

(3) $nCF_2=CHF$

(4) $NH_2(CH_2)_{10} NH_2 + nHOOC(CH_2)_8 COOH$

(5) $CH_3 OOC-C_6 H_5-COOCH_3 + nHO(CH_2)_2 OH$

(6) $nCH_2=CHCl$

(7) $nNH_2(CH_2)_5 COOH$

(8) $nCH_2=CHC(CH_3)=CH_2$

(9) $nCH_2=CHOR$

(10) $H_2 N-C_6 H_4-NH_2 + nClOC-C_6 H_4-COCl$

(11) $nCH_3-CH=CH_2$

(12) $nHOROH + nOCNR'NCO$

(13) $nCH_2=CHCN$

(14) $nCH=CHOCOCH_3$

(15) $OCN(CH_2)_6 NCO + HO(CH_2)_4 OH$

七、有下列所示三成分组成的混合体系:

(1) 成分 1:质量分数为 0.5,相对分子质量为 1×10^4;

(2) 成分 2:质量分数为 0.4,相对分子质量为 1×10^5;

(3) 成分 3:质量分数为 0.1,相对分子质量为 1×10^6。

求这个混合体系的数均相对分子质量和重均相对分子质量及相对分子质量分布宽度指数。

八、根据表 1.4 所列的数据,试计算聚氯乙烯(PVC)、聚苯乙烯(PS)、涤纶、尼龙-66、聚丁二烯及天然橡胶的聚合度。根据这几种聚合物的相对分子质量和聚合度分析塑料、纤维和橡胶的差别。

表 1.4 常用聚合物相对分子质量

塑料	相对分子质量/10^4	纤维	相对分子质量/10^4	橡胶	相对分子质量/10^4
低压聚乙烯	6～30	涤纶	1.8～2.3	天然橡胶	20～40
聚氯乙烯	5～10	尼龙-66	1.2～1.3	丁苯橡胶	15～20
聚苯乙烯	10～30	维尼龙	6～7.5	顺丁橡胶	25～30
聚碳酸酯	2～8	纤维素	50～100	氯丁橡胶	10～12

第 2 章　自由基聚合

自由基聚合是指用自由基引发,使链和自由基不断增长的聚合反应,又称为游离基聚合。自由基聚合绝大多数是由含不饱和双键的烯类单体作为原料,通过打开单体分子中的双键,在分子间进行重复多次的加成反应,把许多单体连接起来,形成大分子。最常用的产生自由基的方法是引发剂的受热分解或两组分引发剂的氧化还原分解反应,也可以用加热、紫外线辐照、高能辐照、电解和等离子体引发等方法产生自由基。

自由基聚合在高分子化学中占有极其重要的地位,是人类开发最早、研究最为透彻的一种聚合反应历程。它具有操作简单,易于控制,重现性好等优点,目前世界上三大合成材料一半以上是用自由基聚合方法生产的,例如,塑料中的聚乙烯、聚氯乙烯、聚苯乙烯、聚甲基丙烯酸甲酯、聚醋酸乙烯酯,合成橡胶中的丁苯橡胶、丁腈橡胶、氯丁橡胶,合成纤维中的聚丙烯腈等。

自由基聚合在理论上发展也是比较完善的,自由基活性中心的产生和性质、各基元反应和反应机理、聚合反应动力学、相对分子质量及影响相对分子质量的因素以及聚合反应热力学理论都较为成熟。

2.1　连锁聚合反应的特征

连锁聚合反应(chain reaction)的聚合过程主要由链引发(chain initiation)、链增长(chain propagation)、链终止(chain termination)3个基元反应组成。所谓连锁性就是活性中心一旦产生,反应就会很快进行,单体一个接一个地加成到活性中心去,活性中心就像链子一样传递下去,在几秒甚至几分之一秒的反应时间内就有成千上万个单体加成上去,直至活性中心消失。各基元反应可简示如下:

$$\text{链引发}\longrightarrow \begin{cases} I \longrightarrow R\cdot \\ R\cdot + M \longrightarrow RM\cdot \end{cases}$$

$$\text{链增长}\longrightarrow \begin{cases} RM\cdot + M \longrightarrow RM_2\cdot \\ RM_2\cdot + M \longrightarrow RM_3\cdot \\ RM_{(n-1)}\cdot + M \longrightarrow RM_n\cdot \end{cases}$$

$$\text{链终止}\longrightarrow RM_n\cdot \longrightarrow \text{死聚合物}$$

其活性中心可以是自由基、阳离子和阴离子,它进攻单体的双键,使单体 M 的 π 键打开,与之加成,形成单体活性种,然后进一步与单体加成,促使链增长。

以苯乙烯为例各步基元反应如下所示。

链引发反应:

$$I \longrightarrow 2R\cdot$$

$$R\cdot + H_2C\!=\!CH \longrightarrow R\!-\!CH_2\!-\!CH\cdot$$
$$\quad\quad C_6H_5 \quad\quad\quad C_6H_5$$

链增长反应：

$$R\!-\!CH_2\!-\!CH\cdot + nH_2C\!=\!CH \longrightarrow R\!\left(\!CH_2\!-\!CH\!\right)_n\!CH_2\!-\!CH\cdot$$
$$\quad\quad C_6H_5 \quad\quad\quad C_6H_5 \quad\quad\quad\quad C_6H_5 \quad\quad C_6H_5$$

链终止反应：

$$R\!\left(\!CH_2\!-\!CH\!\right)_m\!CH_2\!-\!CH\cdot + R\!\left(\!CH_2\!-\!CH\!\right)_n\!CH_2\!-\!CH\cdot \longrightarrow$$
$$\quad\quad\quad C_6H_5 \quad\quad\quad C_6H_5 \quad\quad\quad\quad C_6H_5 \quad\quad\quad C_6H_5$$

$$R\!\left(\!CH_2\!-\!CH\!\right)_m\!CH_2\!-\!\overset{\cdot}{C}H\!-\!CH\!-\!CH_2\!\left(\!CH\!-\!CH_2\!\right)_n\!R$$
$$\quad\quad\quad C_6H_5 \quad\quad\quad C_6H_5\ C_6H_5 \quad\quad C_6H_5$$

依据活性种的不同,可将烯类单体的聚合反应分为自由基聚合、阳离子聚合和阴离子聚合。化合物的价键在适当条件下有均裂和异裂两种形式。均裂时,共价键上一对电子分属于两个基团,这种带独电子的基团呈中性,称为自由基或游离基;异裂时,共价键上一对电子全部归属于某一基团,形成阴离子或负离子,另一缺电子的基团称为阳离子或正离子。

均裂:$R\cdot\,|\,\cdot R \longrightarrow 2R\cdot$

异裂:$A\,|\,:B \longrightarrow A^+(阳离子) + B^-(阴离子)$

自由基聚合反应是连锁聚合反应的一种,遵循连锁反应机理,通过 3 个基元反应,即链引发、链增长和链终止使小分子聚合成大分子。在聚合过程中也可能存在另一个基元反应——链转移反应(chain transfer reaction),对聚合物的相对分子质量、结构和聚合速率产生影响。

2.2　单体的聚合能力

一种化合物能否用作单体进行聚合反应形成聚合物,需从化学结构、热力学和动力学等方面进行分析。

从化学结构看,单体必须具有两个可互相反应的官能团才有可能发生聚合反应形成聚合物。逐步聚合中发生反应的官能团通常是一些典型的有机基团。连锁聚合的单体主要有烯烃(包括共轭烯烃)、炔烃、羰基化合物和一些杂环化合物。烯烃发生聚合反应的官能团主要是碳-碳双键,一个 π 键相当于两个官能团,而羰基化合物中的碳-氧双键、不稳定杂环化合物中的碳-杂环原子键等均可视为双官能团。

在考虑某一化合物能否聚合时,需要先做热力学分析。在热力学上必须保证单体和聚合物的自由焓差 ΔG 应小于零。热力学研究表明,不可能的反应就没必要进行动力学的研究。因为一个没有推动力的反应,就算是阻力再小也是不可能进行的。例如,甲醛很容易聚合,而乙醛在常温常压下却不能聚合,三、四元环单体容易聚合,五、六元环化合物则很难聚合,这都属于热力学问题。动力学主要研究反应的速度、机理等问题。热力学上可行的反应,动力学上不一定可行。例如,常温常压下,如果没有特殊的引发剂,乙烯、丙烯就不能聚合;异丁烯只能通过阳离子聚合得到聚合物;苯乙烯却可以通过多种途径获得聚合物,这都属于动力学问题。对于热力学可行的反应,可通过动力学研究获得一个最佳的反应途径,以降低反应的活化能,控制反应速率和反应时间。

2.2.1　聚合热力学

聚合热力学主要研究聚合过程中的能量变化、反应的可能性、反应进行的方向以及平衡方面的问题。例如,α-甲基苯乙烯在 0 ℃常压下能聚合,但在 61 ℃以上不加压就无法聚合,这属于热力学范畴。而利用单体结构来判断聚合可能性,这对探索新聚合物的合成很重要。

单体能否转变为聚合物,可由自由焓变化来判断。对于聚合反应,单体是初态,聚合物是终态:

$$单体(m) \longrightarrow 聚合物(p)$$

根据热力学第二定律,自由能、焓和熵的表达式为

$$\Delta G = \Delta H - T\Delta S = (H_p - H_m) - T(S_p - S_m) \tag{2.1}$$

式中　ΔG——聚合时自由能的变化,kJ/mol;

ΔH——聚合时的焓变,kJ/mol;

ΔS——聚合时的熵变,J·mol·K^{-1};

T——热力学温度,K。

由式(2.1)可知,如果 $\Delta G = G_p - G_m < 0$,自由能 ΔG 为负值,聚合反应中聚合物的自由能比初态的单体自由能低,聚合反应就可以发生;如果 $\Delta G = G_p - G_m > 0$,也就是聚合物的自由能大于起始单体的自由能,那么聚合物将降解为单体,发生解聚反应。当 $\Delta G = 0$ 时,聚合和解聚处于可逆平衡状态。

以 ΔG 作为聚合反应能否进行的判断,有以下几种情况:

①$\Delta H < 0$,$\Delta S > 0$,此时 ΔG 总是负值,聚合反应在任何温度下都能发生。这类例子很少,如结晶四聚甲醛聚合为晶态聚甲醛($\Delta H = -3.32$ kJ/mol,$\Delta S = 3.41$ kJ/mol)。

②$\Delta H > 0$,$\Delta S < 0$,此时 ΔG 总是正值,在任何情况下都不能形成聚合物。最典型的例子就是丙酮($\Delta H = 24$ kJ/mol,$\Delta S = -111$ kJ/mol)。

③$\Delta H < 0$,$\Delta S < 0$,大多数单体的聚合反应都属于这一类,此类聚合反应受反应温度影响很大,存在一个热力学最高聚合温度。

④$\Delta H > 0$,$\Delta S > 0$,这种情况极少,如 S_8 环的聚合反应($\Delta H = 31.8$ kJ/mol,$\Delta S = 13.8$ kJ/mol)。与前一类相反,聚合体系存在一个热力学最低聚合温度。

1. 聚合热

在聚合反应中的热效应称为聚合反应热,即聚合焓变 ΔH。单体转变为聚合物的过程,一般为放热反应($\Delta H < 0$)。根据热力学定律:$\Delta H = \Delta U + P\Delta V$,对于多数聚合反应来说,尽管在聚合过程中有少量的体积收缩,但总体看可以忽略不计,即 $\Delta V \approx 0$。因此聚合

热相当于分子内能的变化，$\Delta H = \Delta U$。内能的变化可由 3 部分组成：键能的变化、共轭效应和空间张力。由于键能的变化在内能的变化中起主要作用，因此，就可以用聚合反应前后键能变化的理论计算值来估算聚合热。

不饱和单体如烯类单体的聚合包含一个 π 键的断裂、两个 σ 键的生成。打开一个双键所需要的能量为 609.2 kJ/mol，形成一个单键放出的能量为 -351.7 kJ/mol，总能量变化为

$$\Delta H/(\text{kg} \cdot \text{mol}^{-1}) = 2E_\sigma - E_\pi = 2 \times (-351.7) - (-609.2) = -94.2$$

乙烯的 $\Delta H = -88.8$ kJ/mol，与 -94.2 kJ/mol 相差不大。但乙烯衍生物烯类单体的 ΔH 却在 $-30 \sim -160$ kJ/mol 之间波动。这些差异主要是由下述原因引起的：

（1）取代基的位阻效应

聚合物链上取代基之间的空间张力使聚合热降低。这是由于取代基的空间效应对聚合物的影响程度大于单体，但单体转变为聚合物后，原本可以在空间自由排布的取代基在聚合物中受主链化学键的约束而挤在一起，键角的变化、键长的伸缩、非键合原子间的相互作用等因素，从而储藏了部分内能，使聚合热有较为明显的下降。

事实证明，取代基的空间位阻张力能与取代基的范德华半径有关，与原子半径无关。取代基数量的多少比其位置重要，如 α, β-二取代基之间的斥力不比 α, α-二取代基大，前者不易聚合主要是由于动力学原因，即单体分子接近活性中心遇到了位阻障碍。另外，取代基对羰基的影响比碳碳双键大。

（2）共轭效应

许多不饱和单体的取代基由于与不饱和键形成共轭或者超共轭而对单体有稳定作用，但形成聚合物后，不饱和键消失使共轭作用下降，导致由共轭产生的稳定作用明显下降。由共轭和超共轭造成稳定能的不同使聚合热降低，降低的程度相当于单体的共振能。

苯乙烯为单取代乙烯，苯环与碳碳双键有共轭效应，因此苯乙烯聚合热（-69.9 kJ/mol）较计算值低。对于 α-甲基苯乙烯来说，苯基的共轭效应、甲基的超共轭效应、两个取代基的位阻效应对聚合热的影响，方向一致，三者叠加，使聚合热大大降低（-35.2 kJ/mol）。

2. 聚合熵

某个体系的熵是该体系的统计概率或无序程度的量度。体系中分子、原子的排列和混合程度的无序程度变大，熵值增加；反之，熵值降低。聚合反应是许多小分子单体通过共价键结合成大分子的过程，体系无序程度下降，因而聚合反应是熵减过程，即 $\Delta S < 0$。相反，由一个大分子降解为单体或者低聚物的过程是熵增过程。

从实验数据看，单体的结构，如共轭作用的大小、取代基的体积和数量等对单体的熵值影响不大，可以认为熵值是一个与结构无关的热力学函数，对烯类单体来说，熵值一般为 $-100 \sim -125$ kJ/mol。

3. 聚合上限温度

聚合反应一般是放热反应，ΔH 为负值，要想使聚合反应正常进行，焓变 ΔH 绝对值必须大于 $-T\Delta S$ 时，ΔG 就为负值，聚合反应在热力学上是可能的。对于大多数单体的聚合反应，单体的聚合熵波动不大，ΔS 为负值，那么反应温度 T 的作用就非常重要了。

当聚合和解聚处于平衡状态时，$\Delta G = 0$，则 $\Delta H = T\Delta S$，这时的反应温度称为聚合上限温度(ceiling temperature)，记为 T_c。高于这一温度，聚合反应无法进行。

严格来讲，任何聚合反应都是平衡反应，当温度达到 T_c 时，链增长与解聚达到平衡，即

$$M_n \cdot + M \underset{k_{dp}}{\overset{k_p}{\rightleftharpoons}} M_{n+1} \cdot$$

两个反应的速率方程为

$$R_p = k_p[M_n \cdot][M] \tag{2.2}$$

$$R_{dp} = k_{dp}[M_{n+1} \cdot] \tag{2.3}$$

达到平衡时两个反应速率相等，即

$$k_p[M_n \cdot][M] = k_{dp}[M_{n+1} \cdot] \tag{2.4}$$

聚合度很大，则

$$[M_n \cdot] = [M_{n+1} \cdot] \tag{2.5}$$

此时平衡常数与平衡单体浓度之间的关系为

$$K_e = \frac{k_p}{k_{dp}} = \frac{1}{[M]_e} \tag{2.6}$$

热力学研究时，选取一标准状态，对于固体或液体，规定纯粹物质，处于 1 个大气压下，活度等于 1 的条件为标准状态，在热力学函数的右上角标以"$\ominus$"。

$$\Delta G^{\ominus} = \Delta H^{\ominus} - T\Delta S^{\ominus} = -RT\ln K_e = RT\ln [M]_e \tag{2.7}$$

$$T_e = \frac{\Delta H^{\ominus}}{\Delta S^{\ominus} + R\ln [M]_e} \tag{2.8}$$

规定平衡单体浓度 $[M]_e = 1$ mol/L 时的平衡温度为聚合上限温度，有

$$T_c = \frac{\Delta H^{\ominus}}{\Delta S^{\ominus}} \tag{2.9}$$

$$\ln [M]_e = \frac{1}{R}\left(\frac{\Delta H^{\ominus}}{T_e} - \Delta S^{\ominus}\right) \tag{2.10}$$

式(2.10)表明，平衡单体浓度与聚合上限温度有关，即每一个聚合上限温度都有一相对应的聚合平衡浓度。式(2.10)不仅反映了某一单体在什么温度下可以聚合，也表明了在一定温度下达到聚合终点时体系中必然留有一定量的单体。对于绝大多数单体来说，在通常温度下，$[M]_e$ 很低，可以忽略不计。如 25 ℃ 时，酯酸乙烯 $[M]_e = 1.4 \times 10^{-11}$ mol/L，苯乙烯 $[M]_e = 2 \times 10^{-8}$ mol/L，甲基丙烯酸甲酯 $[M]_e = 2.86 \times 10^{-5}$ mol/L。但 α-甲基苯乙烯 $[M]_e = 2.6$ mol/L，因此室温时总有相当一部分单体不能完全聚合。

在聚合温度以上，单体难以聚合。从理论上讲，能形成大分子的聚合反应都可能有逆反应。但当聚合物形成以后，有时在聚合上限温度以上也较稳定，并未发生解聚反应。这主要是由于解聚中心难以形成，体系处于一种假稳定平衡。在适当情况下，仍能解聚，尤其当聚合物中残留引发剂时，在一定的条件下可以形成解聚中心，引起解聚反应。

对某些聚合物，在 T_c 以上可以解聚为单体，如聚甲基丙烯酸甲酯；而某些聚合物却只能得到聚合度不等的一系列低聚物，如聚乙烯；聚乙烯醇、聚丙烯腈一类的聚合物在到

达解聚温度以前,早已分解,没有单体产生。

2.2.2 单体的聚合能力

通过上面聚合热力学的介绍我们知道,聚合热主要取决于单体的性质,与聚合方式无关。但热力学可行的单体,对不同的反应历程却表现出不同的反应活性,这就涉及单体的聚合能力的分析。

1. 连锁聚合的单体

对于连锁聚合的单体,主要有乙烯基单体,如苯乙烯、氯乙烯等;羰基化合物,如醛、酮、酸、酯;杂环化合物,如环醚、环酰胺、环酯等。含有碳氧双键的羰基化合物,—C=O—双键具有极性,羰基的 π 键异裂后具有类似离子的特性,可由阴离子或阳离子引发剂来引发聚合,不能进行自由基聚合。—C=C—双键既可均裂也可异裂,可以进行自由基聚合或离子聚合。

2. 乙烯基单体对聚合机理的选择性

烯类单体聚合能力的差异和聚合机理的不同主要取决于双键碳原子上取代基的种类、数量和位置,也就是取代基的电子效应(诱导效应、共轭效应)和空间位阻效应。例如,氯乙烯只能进行自由基聚合;异丁烯只能进行阳离子聚合;甲基丙烯酸甲酯可进行自由基和阴离子聚合;苯乙烯却可以进行自由基、阴离子、阳离子聚合和配位聚合等。

上述差异,主要取决于碳碳双键上取代基的结构,即取代基的电子效应和空间位阻效应。

(1)取代基的电子效应

取代基的电子效应包括诱导效应和共轭效应。共轭效应能改变双键的电子云密度,对所形成的活性中心的稳定性有影响;诱导效应决定着单体对自由基、阴离子或阳离子活性中心的选择性。对于单取代乙烯类单体 ,$CH_2=CH—X$,X 为 H,即乙烯,热力学分析表明可以发生聚合反应($\Delta G = -58.6$ kJ/mol),但乙烯没有取代基,无电子效应,结构对称,偶极矩为零,因此聚合困难。目前,乙烯在高压下,碳-碳 π 键既可以均裂也可以异裂,进行自由基聚合或在特殊的引发体系下进行配位聚合。

当 X 为推电子基团时,双键电子云密度增大,有利于阳离子进攻与结合;推电子基团可使阳离子的活性中心稳定,使反应的活化能降低。因此,推电子基团使乙烯类单体容易进行阳离子聚合。烷基、烷氧基、苯基、乙烯基为推电子基团。

$$R^{\oplus} \quad + \quad \overset{\delta^-}{CH_2}=\overset{\delta^+}{CH} \longrightarrow R—CH_2—\overset{\oplus}{CH}$$
$$\qquad\qquad\qquad | \qquad\qquad\qquad\qquad |$$
$$\qquad\qquad\qquad X \qquad\qquad\qquad\qquad X$$

实际上烷基的推电子能力不强,对于丙烯,由于只有一个推电子基团,作用弱,不能进行阳离子聚合。但从聚合热来看,丙烯应该有较强的聚合能力,其聚合热高达85.8 kJ/mol,仅比乙烯的聚合热低 9.2 kJ/mol,乙烯可以在高温高压下进行自由基聚合,但是丙烯不可以。这是因为丙烯是一种烯丙基单体,通过自由基反应生成的自由基十分活泼,但连接在双键 α 位置上的—C—H键很弱,因此容易发生向单体的转移。

$$\sim\sim CH_2-\underset{\underset{CH_3}{|}}{\overset{\overset{H}{|}}{C}}\cdot \ + \ CH_2=CH-\underset{\underset{H}{|}}{\overset{\overset{H}{|}}{C}}-H \longrightarrow \sim\sim CH_2-CH_2 \ + \ CH_2=CH-\underset{\underset{H}{|}}{\overset{\overset{H}{|}}{C}}\cdot$$

$$CH_2=CH-\underset{\underset{H}{|}}{\overset{\overset{H}{|}}{C}}\cdot \ \longleftrightarrow \ CH_3-CH=CH_2$$

链转移所形成的烯丙基自由基有高度的共振稳定性，不能再引发其他丙烯单体聚合，而是相互偶合或与其他增长自由基发生偶合而终止。因此所得到的产物聚合度不高，聚合度仅为几至十几，外观为油状物，无实际用途。因此只有异丁烯这样的 1,1 -双烷基烯烃才能进行阳离子聚合。

对 $CH_2=CH-X$ ，当 X 为吸电子基团时，将使双键的电子云密度减少，并使形成的负离子活性中心共轭稳定，因此有利于阴离子聚合。

$$R^{\ominus} \ + \ \underset{\underset{X}{|}}{\overset{\overset{\delta^+ \quad \delta^-}{}}{CH_2=CH}} \longrightarrow R-CH_2-\underset{\underset{X}{|}}{\overset{}{CH}}{}^{\ominus}$$

腈基和羰基(醛、酮、酸、酯)为吸电子基团，可以进行阴离子聚合。如有吸电子基团存在，使乙烯类单体双键的电子云密度降低，易与含有独电子的自由基结合，该吸电子基团又能与形成的自由基的独电子构成共轭，使体系能量降低而使自由基稳定性增加，因此还可以进行自由基聚合。

许多带吸电子基团的烯类单体，如丙烯腈、丙烯酸酯类能同时进行阴离子聚合和自由基聚合。若基团吸电子倾向过强，如硝基乙烯、偏二腈乙烯等，只能进行阴离子聚合而难以进行自由基聚合。

卤原子的诱导效应是吸电子，而共轭效应却有供电性，但两者均较弱，因此，氯乙烯只能进行自由基聚合 。

苯乙烯、丁二烯和异戊二烯等共轭烯烃，由于 π 电子的离域性较大，易诱导极化，可以很容易按自由基、阳离子、阴离子机理进行聚合。

依据单烯 $CH_2=CH-X$ 中取代基 X 电负性次序和聚合倾向的关系排列如下：

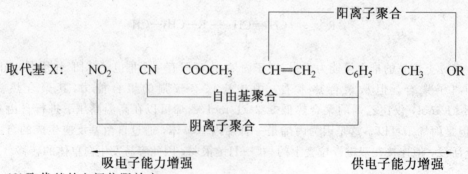

(2)取代基的空间位阻效应

取代基的体积、数量和位置都对聚合能力有很大影响，但一般不涉及对不同活性中心的选择性单取代基。由于只有一个取代基，空间位阻小，体积效应不明显，即使取代基体积较大，仍可按照相应机理聚合。1,1-双取代的烯类单体，当取代基体积不大时，一般仍不考虑体积效应，只是综合两个取代基的电子效应决定单体的活性和选择性。由于单取代的烯类单体，结构不对称，极化程度上升，比单取代单体更易聚合。例如，甲基丙烯酸甲酯和偏二氯乙烯除了可以进行自由基聚合外，还可以进行阴离子聚合。但两个取代基都是苯基时，由于苯基体积大，聚合所形成的 4 个相邻大体积苯环的空间阻力和张力可使碳碳键断裂，因此只能形成二聚体而不能进一步聚合。

1,2-双取代单体的结构对称，空间位阻大，尽管热力学可行，但反应中单体分子接近活性中心时会遇到大的位阻障碍，阻碍了聚合的进行。另一方面，这类单体的电子效应往往互抵，降低了极化程度。因此，这类单体都难以均聚。选择空间位阻小的单体与这类单体共聚，是充分利用这类单体的一个有效途径。如马来酸酐难以均聚，但能和苯乙烯或醋酸乙烯酯进行交替共聚。

三或四取代乙烯单体，取代基过多，空间位阻大，一般都不能聚合。但取代基为氟原子的例外，氟原子半径很小，故氟代乙烯即使是四氟乙烯都能很好地聚合。

以上只是从热力学和单体结构两方面对单体聚合能力定性地进行分析，由于多种因素同时存在，相互影响，因此，实际应用中一般需要通过实验来判断和验证单体能否进行聚合。表 2.1 列出了常用烯类单体对聚合类型的选择。

表 2.1　常用烯类单体对聚合类型的选择

烯类单体	聚合类型			
	自由基	阴离子	阳离子	配位
$CH_2{=}CH_2$	⊕			⊕
$CH_2{=}CHCH_3$				⊕
$CH_2{=}CHCH_2CH_3$				⊕
$CH_2{=}CHC(CH_3)_2$			⊕	+
$CH_2{=}CH{-}CH{=}CH_2$	⊕	⊕		⊕
$CH_2{=}C(CH_3){-}CH{=}CH_2$	+	⊕	+	⊕
$CH_2{=}CHCl{-}CH{=}CH_2$　$CH_2{=}CHC_6H_5$	⊕	⊕	+	+
$CH_2{=}CHCl$	⊕			
$CH_2{=}CCl_2$	⊕	+		
$CH_2{=}CHF$	⊕			
$CF_2{=}CF_2$	⊕			
$CF_2{=}CFCF_3$	⊕			
$CH_2{=}CH{-}OR$				+
$CH_2{=}CHOCOCH_3$	⊕			
$CH_2{=}CHCOOCH_3$	⊕			+
$CH_2{=}C(CH_3)COOCH_3$	⊕	+		+
$CH_2{=}CHCN$	⊕			+

注："⊕"表示已经工业化产品 ；"＋"表示可以聚合

2.3　自由基聚合的基元反应

1935 年，Staudinger 提出正常的聚合反应含有 3 个基元反应：链引发、链增长和链终止，后来研究表明还存在链转移反应。

2.3.1　链引发

链引发反应是形成单体自由基活性种的反应。在实现自由基聚合时，首先要求在适宜的条件下以适当的速率生成有足够活性的自由基。目前，常用的形成自由基的方法主要是采用引发剂引发，此外，还有热引发、光引发和辐射引发。

对常用的引发剂引发来讲，链引发反应分为两步：初级自由基（primary radical）的形成和单体自由基（monomer radical）的形成。

初级自由基的形成：引发剂的分解

$$I \longrightarrow 2R \cdot$$

引发剂分解为吸热反应，反应的活化能较高，为 $100 \sim 170$ kJ/mol，反应速率较慢，分解速率常数一般为 $10^{-4} \sim 10^{-6}$ s^{-1}。

单体自由基的形成：初级自由基与单体加成

$$R \cdot + M \longrightarrow RM \cdot$$

初级自由基与单体加成，生成单体自由基，自由基打开烯类单体的 π 键，生成 σ 键的过程是放热反应，其反应活化能较低，为 $20 \sim 34$ kJ/mol，反应速率常数很大，是非常快的反应。因此，对于链引发反应，引发剂分解一步是控制整个链引发反应速率的关键步骤。

2.3.2　链增长

链增长反应是在链引发阶段形成的单体自由基不断地和单体分子结合生成链自由基的过程，实际上是加成反应。

$$RM \cdot + M \longrightarrow RM_2 \cdot$$
$$RM_2 \cdot + M \longrightarrow RM_3 \cdot$$
$$\vdots$$
$$RM_{(n-1)} \cdot + M \longrightarrow RM_n \cdot$$

链增长反应是放热反应，烯类单体聚合热为 $55 \sim 95$ kJ/mol，增长活化能低，为 $20 \sim 34$ kJ/mol，因此链增长反应的增长速率极高，增长速率常数为 $10^2 \sim 10^4$ L/(mol·s)，在 0.01 s 至几秒钟内，就可以使聚合度达到数千甚至上万。在反应的任何瞬间，体系中只存在未分解的引发剂、未反应的单体和已经形成的大分子，不存在聚合度不等的中间产物。

链增长反应是形成大分子链的主要反应，因此分子链上每个重复单元的排列方向也由这一步决定。在链增长反应中，链自由基与单体的结合方式主要有头-尾结构、头-头结构和尾-尾结构。

$$\sim\!\!\sim\!\!CH_2CH\cdot + CH_2\!=\!CH\!-\!\!\left[\begin{array}{l}\sim\!\!\sim\!\!CH_2CHCH_2CH \quad \text{头-尾}\\[2mm] \sim\!\!\sim\!\!CH_2CHCHCH_2 \quad \text{头-头}\end{array}\right.$$

2.3.3 链终止

链终止反应是在一定条件下，增长链自由基失去活性形成稳定聚合物分子的反应。

$$RM_n\cdot \longrightarrow 死聚合物$$

自由基本身活性很高，终止反应绝大多数为两个链自由基之间的反应，反应的结果是两个自由基同时失去活性，因此也称为双基终止。双基终止反应有偶合终止和歧化终止两种方式。

偶合终止（coupling）：两链自由基的独电子相互作用结合成共价键的终止反应。

$$\sim\!\!\sim\!\!CH_2CH\cdot + \cdot CHCH_2\!\sim\!\!\sim \longrightarrow \sim\!\!\sim\!\!CH_2CH\!-\!CHCH_2\!\sim\!\!\sim$$

偶合终止所得大分子的特征是大分子的聚合度为链自由基重复单元数的两倍。若由引发剂引发聚合，大分子两端均为引发剂残基。

歧化终止（disproportionation）：某链自由基夺取另一链自由基相邻碳原子上的氢原子或其他原子的终止反应。

$$\sim\!\!\sim\!\!CH_2CH\cdot + \cdot CHCH_2\!\sim\!\!\sim \longrightarrow \sim\!\!\sim\!\!CH_2CH_2 + CH\!=\!CH\!\sim\!\!\sim$$

歧化终止所得大分子的特征是：大分子的聚合度与链自由基中单元数相同；每个大分子只有一端为引发剂残基，其中，一个大分子的另一端为饱和，而另一个大分子的另一端为不饱和。

表 2.2 为几种单体自由基聚合的终止方式。从表中可以看出，终止方式的不同主要与单体结构和聚合温度有关。偶合终止时，两个自由基的独电子相互结合成键，由于自由基不稳定，易与另一个自由基结合，因此反应活化能低。歧化反应涉及共价键的断裂，反应活化能高。从能量角度看，偶合反应易于发生，特别是在反应温度低的时候。而甲基丙烯酸甲酯和醋酸乙烯酯要从结构对终止方式的影响分析。对于醋酸乙烯酯，链自由基没有共轭取代基或者弱的共轭效应，这样就容易发生歧化终止。而甲基丙烯酸甲酯的空间位阻大，也容易发生歧化终止。

链终止反应的活化能很低，只有 $8\sim21$ kJ/mol，甚至为零，终止速率常数极高，为 $10^4\sim10^6$ L/(mol·s)。而链增长和链终止是一对竞争反应，这样看起来似乎无法形成大分子，但反应速率主要受反应速率常数和反应物浓度的大小影响。而链双基终止受扩散控制，体系中单体浓度远大于自由基的浓度，因此总体看，聚合反应速率要比终止速率大。在自由基聚合的三步基元反应中，由于引发速率最小，它是控制整个聚合速率的关键。

表 2.2　几种单体自由基聚合的终止方式

单体	温度/℃	偶合终止/%	歧化终止/%
S	0	100	0
	25	100	0
	60	100	0
MMA	0	40	60
	25	32	68
	60	15	85
	40	53	47
	80	28	72
MA	90	歧化终止为主	
AN	60	92	8

2.3.4　链转移

对链自由基来说,除了与单体进行正常的聚合反应或发生终止反应外,还可以与体系中的一些分子作用发生链转移反应。链转移反应是在自由基聚合过程中,增长链自由基从其他分子上夺取一个原子而终止成为稳定的大分子,并使失去原子的分子又成为一个新的自由基,再引发单体继续新的链增长,使聚合反应继续下去。

对发生链转移的自由基,反应结果是本身失去活性,因此也是一种终止反应,称为链转移终止,为单基终止。

链转移反应有以下 4 种形式:

1. 向溶剂或链转移剂转移

$$M_x \cdot + YS \xrightarrow{k_{tr,S}} M_x Y + S \cdot$$

例如:

$$\sim\!\!\sim\!\!CH_2\!-\!\!\underset{\underset{X}{|}}{C}H\cdot + CCl_4 \longrightarrow \sim\!\!\sim\!\!CH_2\!-\!\!\underset{\underset{X}{|}}{C}HCl + \cdot CCl_3$$

链自由基向溶剂分子转移的结果,使聚合度降低,聚合速率不变或稍有降低,视新生自由基的活性而定。

2. 向单体转移

$$M_x \cdot + M \xrightarrow{k_{tr,M}} M_x + M \cdot$$

例如:

$$\sim\!\!\sim\!\!CH_2\!-\!\!\underset{\underset{X}{|}}{C}H\cdot + CH_2\!=\!\!\underset{\underset{X}{|}}{C}H \longrightarrow \sim\!\!\sim\!\!CH_2\!=\!\!\underset{\underset{X}{|}}{C}H + CH_2\!-\!\!\underset{\underset{X}{|}}{C}H\cdot$$

链自由基将独电子转移到单体上,产生的单体自由基开始新的链增长,而链自由基本身因链转移提前终止,结果使聚合度降低,但转移后自由基数目并未减少,活性也未减弱,故聚合速率并不降低。向单体转移的速率与单体结构有关,如氯乙烯单体因 C—Cl 键能较弱而易于链转移。

3. 向引发剂转移

$$M_x \cdot + I \xrightarrow{k_{tr,1}} M_x R + R \cdot$$

例如：

$$\sim\sim CH_2 - \underset{\underset{X}{|}}{CH} \cdot + C_6H_5\underset{\underset{O}{\|}}{C} - O - O - \underset{\underset{O}{\|}}{C}C_6H_5 \longrightarrow$$

$$\sim\sim CH_2 - \underset{\underset{X}{|}}{CH} - C_6H_5 + C_6H_5 \cdot + 2CO_2$$

链自由基向引发剂转移，自由基数目并无增减，只是损失了一个引发剂分子，结果是反应体系中自由基浓度不变，聚合物相对分子质量降低，引发剂效率下降。

以上所有链自由基向低分子物质转移的结果，都使聚合物的相对分子质量降低。若新生自由基的活性不衰减，则不降低聚合速率。

4. 向大分子转移

$$M_n \cdot + \sim\sim CH_2 - \underset{\underset{X}{|}}{CH} \sim\sim \longrightarrow M_n H + \sim\sim CH_2 - \underset{\underset{X}{|}}{\overset{\cdot}{C}} \sim\sim$$

链自由基可能从已经终止的"死"大分子上夺取原子而转移。向大分子转移一般发生在叔氢原子或氯原子上，结果使叔碳原子上带有独电子，形成大自由基，又进行链增长，形成支链高分子，或相互偶合成交联高分子。转化率高，聚合物浓度大时，容易发生这种转移。例如：

交联：

$$2 \sim\sim CH_2 - \underset{\underset{X}{|}}{C} \sim\sim \longrightarrow \begin{matrix} & \overset{X}{|} & \\ \sim\sim CH_2 - C \sim\sim \\ | \\ \sim\sim CH_2 - C \sim\sim \\ \underset{X}{|} \end{matrix}$$

支化：

$$\sim\sim CH_2 - \underset{\underset{X}{|}}{\overset{\cdot}{C}} \sim\sim + M \longrightarrow \sim\sim CH_2 - \underset{\underset{X}{|}}{\overset{\overset{\cdot}{M}}{C}} \sim\sim$$

$$\cdots$$

$$\longrightarrow \sim\sim CH_2 - \underset{\underset{X}{|}}{\overset{|}{C}} \sim\sim$$

2.4　链引发反应

2.4.1　引发剂和引发作用

引发剂(initiator)是分子结构上有弱键,容易分解成自由基的化合物。引发剂中弱键的离解能一般要求为 $100\sim170$ kJ/mol,按这一要求,常用的引发剂有偶氮化合物、有机过氧化合物等。

在这里要区分引发剂和催化剂的区别,引发剂在聚合过程中逐渐被消耗,残基成为大分子末端,不能再还原成原来的物质;催化剂(catalyst)仅在反应中起催化作用,加快反应速度,不参与反应,反应结束仍以原状态存在于体系中的物质。

1. 偶氮类引发剂

偶氮类引发剂一般通式为 $R-N=N-R$,分解反应几乎全部为一级反应,只形成一种自由基,无诱导分解,比较稳定,能单独安全保存,因此广泛用于科学研究和工业生产。在分解时有 N_2 逸出,可以用于泡沫塑料发泡剂及通过氮气排除速率测定引发剂分解速率。偶氮化合物易于离解的动力正是在于生成了高度稳定的 N_2,而非由于存在弱键。

典型的偶氮类引发剂有以下几种:

(1)偶氮二异丁腈(AIBN)

$$(CH_3)_2C-N=N-C(CH_3)_2 \xrightarrow{\triangle} N_2 + 2(CH_3)_2C\cdot$$
$$\overset{|}{CN} \qquad\qquad\qquad \overset{|}{CN}$$

AIBN 一般在 $45\sim65$ ℃下使用,它分解后形成的异丁腈自由基是碳自由基,缺乏脱氢能力,故不能作接枝聚合的引发剂。

(2)偶氮二异庚腈(ABVN)

$$(CH_3)_2CHCH_2C-N=N-CCH_2CH(CH_3)_2 \xrightarrow{\triangle} N_2 + 2(CH_3)_2CHCH_2C\cdot$$

与 AIBN 相比,ABVN 的取代基体积大,空间张力大,断链成自由基后,利于张力的消除,所以活性更大。

偶氮类引发剂的不足是有一定的毒性,由于未分解的引发剂会残留在聚合物中,因而限制其使用范围。

2. 过氧类引发剂

过氧类引发剂一般通式为 $R-O-O-R$,其中 $O-O$ 键为弱键,分解温度与两边的取代基都有关。最简单的形式是 $H-O-O-H$,由于分解活化能高,一般不单独用作引发剂。

过氧类引发剂又分为有机过氧类引发剂和无机过氧类引发剂。典型的引发剂是过氧化二苯甲酰(BPO)。

BPO 中 O—O 键部分的电子云密度大而相互排斥，容易断裂，通常在 $45\sim65$ ℃ 分解。如果没有单体存在，苯甲酸基自由基可进一步分解成苯基自由基，并放出二氧化碳，反应式如下：

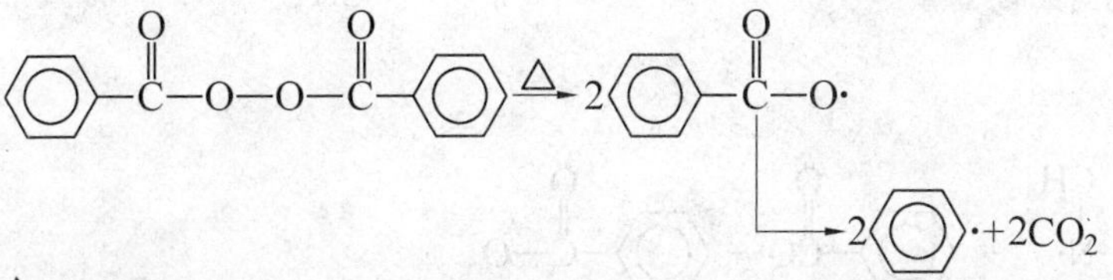

有机过氧类引发剂一般为油溶性引发剂，应用场合与偶氮类引发剂相同，分解时有副反应存在，且可形成多种自由基。由于氧化性强，残留在聚合物中的引发剂会进一步与聚合物反应使制品性能变坏，在生产、运输与储存时需要注意安全。

无机过氧类引发剂，代表物有无机过硫酸盐，如过硫酸钾 $K_2S_2O_8$ 和 $(NH_4)_2S_2O_8$，这类引发剂能溶于水，多用于乳液聚合和水溶液聚合。

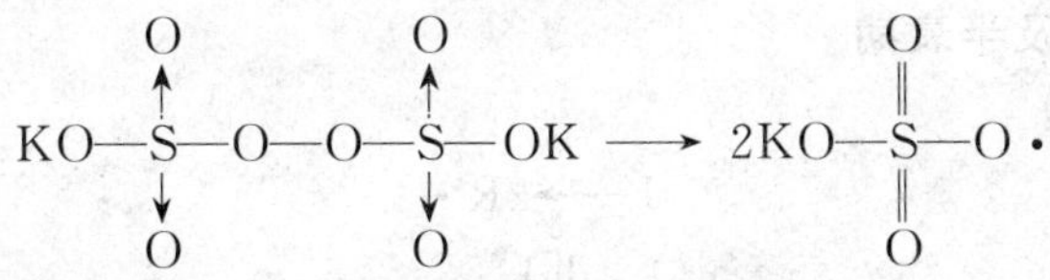

3. 氧化-还原引发体系

氧化还原引发剂是过氧类引发剂加入适量还原剂，通过氧化还原反应，生成自由基而引发聚合的氧化还原体系。其特点是活化能较低（$40\sim60$ kJ/mol），可在较低温度（$0\sim50$ ℃）下引发聚合，具有较快的聚合速率，多用于乳液聚合。

对于水溶性氧化-还原引发体系，常用的氧化剂有过氧化氢、过硫酸盐、氢过氧化物等，常用的还原剂是无机还原剂（Fe^{2+}、Cu^+、$NaHSO_3$、NaS_2O_3 等）和有机还原剂（醇、胺、草酸等）。

例如，过氧化氢与 Fe^{2+} 体系：

$$HO{-}OH+Fe^{2+}\longrightarrow OH^-+HO\cdot+Fe^{3+}$$

亚硫酸盐和硫代硫酸盐与过硫酸盐构成氧化还原体系，形成两个自由基油溶性氧化-还原引发体系：

$$S_2O_8^{2-}+SO_3^{2-}\longrightarrow SO_4^{2-}+SO_4^-\cdot+SO_3^-\cdot$$

$$S_2O_8^{2-}+S_2O_3^{2-}\longrightarrow SO_4^{2-}+SO_4^-\cdot+S_2O_3^-\cdot$$

常用的氧化剂有氢过氧化物、过氧化二烷基和过氧化二酰基，常用的还原剂是叔胺、环烷酸盐、硫醇和有机金属化合物（$Al(C_2H_5)_3$、$B(C_2H_5)_3$ 等）。

例如 BPO 与 N，N-二甲基苯胺引发体系，该氧化-还原引发体系较单纯的 BPO 引发剂具有大得多的分解速率常数。采用氧化-还原引发体系时，应注意还原剂用量一般要少于氧化剂的用量，因为过量的还原剂可以进一步和生成的自由基反应，使自由基失去活性。

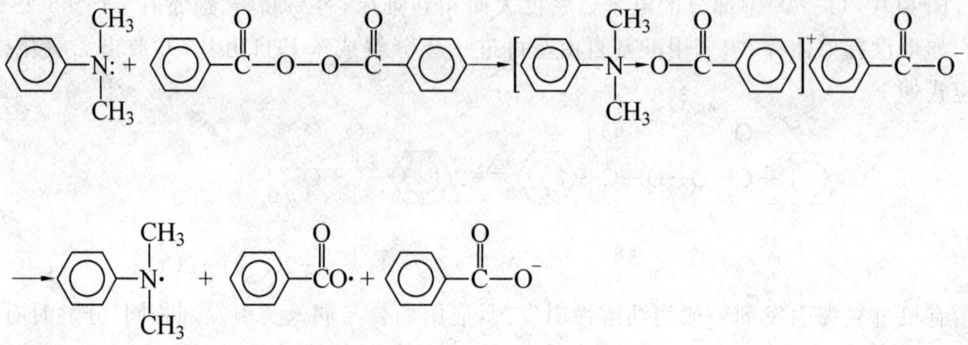

2.4.2 引发剂分解动力学

引发反应是整个自由基聚合的关键一步。在引发反应中,初级自由基形成的一步又是决定引发速率的一步。因此,研究引发剂分解速率对控制聚合反应有重要意义。

1. 分解速率常数及半衰期

(1)分解速率常数

$$I \longrightarrow 2R \cdot$$

$$R_d = -\frac{d[I]}{dt} = k_d[I] \tag{2.11}$$

式中,R_d 为引发剂的分解速率;$[I]$ 为引发剂的浓度;k_d 为分解速率常数,单位为 s^{-1}、min^{-1} 或 h^{-1}。

这是一级反应,R_d 与 $[I]$ 的一次方成正比,负号代表 $[I]$ 随时间 t 的增加而减少。将式(2.11)积分,得

$$\ln \frac{[I]}{[I]_0} = -k_d t \tag{2.12}$$

$$\frac{[I]}{[I]_0} = e^{-k_d t} \tag{2.13}$$

上式代表引发剂浓度随时间变化的定量关系。

固定温度,测定不同时间 t 下的引发剂浓度变化,以 $\ln([I]/[I]_0)$ 对 t 作图,由斜率可求出引发剂的分解速率常数 k_d。

(2)半衰期

在一定温度下,引发剂分解至起始浓度一半所需的时间称为半衰期,以 $t_{1/2}$ 表示,单位通常为 h^{-1}。

对应半衰期时

$$[I] = \frac{1}{2}[I]_0$$

由前面的推导有

半衰期: $$t_{\frac{1}{2}} = \frac{\ln 2}{k_d} = \frac{0.693}{k_d} \tag{2.14}$$

分解速率常数和半衰期是表示引发剂活性的两个物理量,分解速率常数越大,或半衰期越短,引发剂的活性越高。

2. 分解速率常数与温度间的关系

引发剂的分解速率常数与温度关系遵循 Arrhenius 经验公式：

$$k_d = A_d e^{-E_d/RT} \tag{2.15}$$

$$\ln k_d = \ln A_d - E_d/RT \tag{2.16}$$

式中，A_d 为指前因子；E_d 为分解活化能。

在不同温度下，测得某一引发剂的多个分解速率常数，作 $\ln k_d$-$1/T$ 图，得一直线，由截距求得 A_d，由斜率求出 E_d。表 2.3 是几种典型的引发剂的动力学参数。

表 2.3　几种典型的引发剂的动力学参数

引发剂	溶剂	温度/℃	k_d/s^{-1}	$t_{1/2}/h$	$E_d/(kJ \cdot mol^{-1})$
偶氮二异丁腈	甲苯	50	2.64×10^{-6}	73	128.4
		60.5	1.16×10^{-5}	16.6	
		69.5	3.78×10^{-5}	5.1	
过氧二苯甲酰	苯	60	2.0×10^{-6}	96	124.3
		80	2.5×10^{-5}		7.7
异丙苯过氧化氢	甲苯	125	9×10^{-6}	21.4	170
		139	3×10^{-5}	6.4	
过硫酸钾	0.1 mol/L	60	3.16×10^{-6}	61	140.2
	KOH	70	2.33×10^{-5}	8.3	

3. 引发剂效率

引发剂分解后产生的初级自由基，只有一部分用于引发单体，还有一部分由各种原因不能用于聚合反应。引发聚合的部分引发剂占引发剂分解或消耗总量的分数称为引发剂效率，用 f 表示，f 一般为 0.5～0.8。造成引发剂效率低的原因，主要有诱导分解和笼蔽效应。

（1）诱导分解（induced decomposition）

由于自由基很活泼，在聚合体系中，有可能与引发剂发生向引发剂转移的反应，使原自由基失活为稳定分子，产生新的带引发剂碎片的自由基，自由基浓度未变，消耗了引发剂，降低了引发剂的效率，称为诱导分解。例如，BPO 的诱导分解为

$$M_x \cdot + C_6H_5\overset{O}{\overset{\|}{C}}O—O\overset{O}{\overset{\|}{C}}C_6H_5 \longrightarrow M_xO—\overset{O}{\overset{\|}{C}}C_6H_5 + C_6H_5\overset{O}{\overset{\|}{C}}O \cdot$$

诱导分解实质上是自由基向引发剂的转移反应。自由基向引发剂转移的结果是自由基数没有增减，徒然消耗引发剂分子，使得引发剂效率降低。

产生诱导分解的因素很多，对于 AIBN 就无诱导分解，而 ROOH 特别容易诱导分解；当引发剂浓度大时就易产生诱导分解；另外单体的相对活性也对诱导分解有影响。苯乙烯、丙烯腈等活性较高的单体，能迅速与引发剂作用引发增长，引发效率高，而醋酸乙烯酯等低活性的单体，对自由基的捕捉能力较弱，使引发效率降低。

（2）笼蔽效应（cage effect）

笼蔽效应是指引发剂分解产生的初级自由基，被单体分子、溶剂分子所包围，在未扩散出来时，发生结合，形成稳定分子，使引发剂效率降低的现象。

聚合体系中引发剂浓度很低,初级自由基常被溶剂分子所形成的"笼子"包围着,初级自由基必须扩散出笼子,才能避免相互再反应。自由基在笼子内的平均寿命为 $10^{-11}\sim10^{-9}$ s,如 AIBN 分解产生的异丁腈自由基的再结合反应:

$$(CH_3)_2CN=NC(CH_3)_2 \longrightarrow [2(CH_3)_2C\cdot+N_2] \longrightarrow \begin{array}{l} [(CH_3)_2C-C(CH_3)_2+N_2] \\ \quad CN\ CN \\ [(CH_3)_2C=C=N-C(CH_3)_2]+N_2 \\ \hspace{5em} CN \end{array}$$
$$\hspace{5em} CN \quad CN$$

如 BPO 两步分解反应产生的自由基的再结合反应:

$$\phi COO{-}OOC\phi \rightleftharpoons [2\phi COO\cdot] \longrightarrow [\phi COO\cdot + \phi\cdot + CO_2] \longrightarrow [2\phi\cdot\ + 2CO_2]$$
$$\downarrow \hspace{6em} \downarrow \hspace{6em} \downarrow$$
$$[\phi COO\phi + CO_2] \hspace{3em} [2\phi{-}\phi+2CO_2]$$

笼蔽效应所引起的引发剂效率降低的程度取决于自由基的扩散、引发、副反应三者的相对速率。

影响引发剂效率的因素很多,除了上述两个因素外,向溶剂和链转移剂的转移反应也会使引发剂的效率下降。此外,引发剂、单体种类、浓度、溶剂的种类、体系黏度、反应方法、反应温度等都会影响引发剂效率。

2.4.3　引发剂的合理选择

引发剂的选择十分关键,往往决定一个聚合反应的成败,一般可以考虑以下几个方面。

1. 溶解性

溶解性主要涉及采用什么聚合方法,本体、悬浮和溶液聚合一般选用偶氮类和过氧类油溶性有机引发剂;乳液聚合和水溶液聚合就选用过硫酸盐类水溶性引发剂或氧化-还原引发体系。

2. 聚合温度

为了使整个聚合阶段反应速率均匀,通常选择 $t_{1/2}$ 与聚合时间同数量级或相当的引发剂。聚合温度高,选用低活性或中等活性的引发剂;聚合温度低,则选用高活性的引发剂。常用引发剂的使用温度见表 2.4。

表 2.4　常用引发剂的使用温度

引发剂使用温度范围/℃	$E_d/(kJ\cdot mol^{-1})$	引发剂举例
>100	138~188	异丙苯过氧化氢叔丁基过氧化氢,过氧化二异丙苯,过氧化二叔丁基
30~100	110~138	过氧化二苯甲酰,过氧化十二酰,偶氮二异丁腈过硫酸盐
−10~30	63~110	氧化还原体系,过氧化氢-亚铁盐,过硫酸盐-亚硫酸氢钠,异丙苯过氧化氢-亚铁盐,过氧化二苯甲酰-二甲基苯胺
<−10	<63	过氧化物-烷基金属(三乙基铝、三乙基硼、二乙基铅),氧-烷基金属

3. 其他因素

除了以上因素以外,还要考虑引发剂对聚合物有无影响、有无毒性、使用储存时是否安全等问题。

除了理论分析以外，引发剂选择和用量的确定需经过大量的试验，总的原则为：低活性用量多，高活性用量少，一般为单体量的 $0.01\%\sim0.1\%$。

2.4.4 其他引发反应

1. 热引发聚合

热引发聚合就是不加引发剂，某些烯类单体在热的作用下直接发生的自身聚合反应。只靠热能打开乙烯类单体的双键形成自由基需要 210 kJ/mol 以上的热能，因而引发效率低，反应复杂。能进行热引发的单体很少，比较典型的有苯乙烯、甲基丙烯酸甲酯的热聚合等。

苯乙烯在加热时(120 ℃)或常温下会发生自身引发的聚合反应。由于可能存在热聚合反应，市售烯类单体一般要加阻聚剂，纯化后的单体要置于冰箱中保存。

2. 光引发聚合

光引发聚合通常指烯类单体在汞灯的紫外光的激发下形成的自由基引发单体聚合的反应。光引发聚合一般可分为直接光引发和光敏聚合。直接光引发的机理尚不清楚，一般的解释是单体吸收一定波长的光量子后，先形成激发态，而后裂解成自由基。比较容易直接光引发聚合的单体有丙烯酰胺、丙烯腈、丙烯酸等。加入光敏剂，引发聚合可以克服直接光引发聚合速率低的不足。应用广泛的光引发剂是安息香及其脂肪醚。

3. 辐射聚合

在高能射线辐照下引发单体聚合，称为辐射引发。所用的高能射线有 γ 射线、X 射线、α 射线、β 射线和中子射线。因为高能辐射不仅可以使单体激发产生自由基，也能使之电离成阴阳离子或者离子自由基等，因此这个反应极为复发。不过烯类单体辐射聚合一般以自由基聚合为主。

辐射引发聚合的优点：可在较低温度下进行，温度对聚合速率影响较小，聚合物中无引发剂残基；吸收无选择性，穿透力强，可以进行固相聚合。辐射聚合常用于一般方法难实现天然和合成聚合物的接枝共聚合或交联反应。

2.5 聚合反应动力学

2.5.1 概　述

聚合反应动力学主要研究聚合速率、相对分子质量、引发剂浓度、单体浓度、聚合温度等因素之间的定量关系。

图 2.1 是烯类单体自由基聚合过程中典型的转化率与时间曲线，表示聚合速率的变化趋势。

聚合过程一般分为诱导期、聚合初期、聚合中期和聚合后期几个阶段。聚合刚开始的一段时间，引发剂分解生成初级自由基被体系中存在的阻聚杂质所终止，没有聚合物形成，聚合速率为零，这一阶段称为诱导期。

诱导期过后，单体开始正常聚合。这一阶段的特点是聚合反应速率不随反应时间变

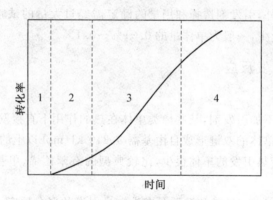

图 2.1 自由基聚合过程中典型的转化率与时间曲线
1—诱导期；2—聚合初期；3—聚合中期；4—聚合后期

化,为恒速聚合,称为聚合初期。这一阶段的长短随单体种类和聚合方法而变,一般转化率为 10%~20%。由于恒速反应,利于微观动力学和反应机理的研究。

随着转化率的提高,聚合反应速率逐步增大,出现自动加速现象,这种现象有时可以延续到转化率达 50%~70%,这一阶段称为聚合中期。

聚合中期以后,单体浓度逐渐减少,聚合速率下降,为了提高转化率,常需要延长反应时间,这一阶段称为聚合后期。

2.5.2 聚合动力学研究方法

聚合动力学主要研究引发剂浓度、单体浓度、聚合温度、聚合时间等因素影响聚合速率、聚合物的相对分子质量的定量的关系式。聚合速率是指单位时间内消耗的单体量或生成的聚合量,可以用单体浓度随着反应时间的减少来表示。

聚合速率的测定方法一般分为直接法和间接法,对于能测定未反应单体量或生成聚合物量的方法,均可被用来测定聚合速率。

直接法是加入沉淀剂使聚合物沉淀,或蒸馏出单体,使聚合中断,然后经分离、精制、干燥、称重等程序,求出聚合物的质量。

间接法主要是测定聚合过程中比容、黏度、折光率、吸收光谱等物理性质的变化,间接求出聚合物量,从而可得到聚合速率。最常用的是比容的测定方法,也称为膨胀计法。

随着聚合反应发生,分子间形成了键。虽然从 π 键转变为 σ 键,键长有所增加,但比未成键前,单体分子间距离要短得多。因此,随聚合反应进行,体系体积出现收缩。当一定量单体聚合时,实验证明体系体积收缩与单体转化率呈正比,所以利用膨胀计测定不同聚合时间的体积(尤其是聚合初期),进而推算出聚合反应速率。

下面介绍以用膨胀计法测定苯乙烯自由基聚合反应动力学。

单体全部转化为聚合物($c=100\%$)时,其体积变化率 K 为

$$K = \frac{V_m - V_p}{V_m} \times 100\% \tag{2.17}$$

式中,V_m 和 V_p 分别为单体和聚合物的密度。

苯乙烯在一定聚合条件下随聚合时间的增加而密度加大,体积收缩。利用膨胀计可

测出聚合反应时体积变化,从而得到反应速率常数。当转化率较低时,有

$$R = R_p = \frac{-d[M]}{dt} = K_p \left[\frac{fK_d}{K_t} \right]^{\frac{1}{2}} [I]^{\frac{1}{2}} [M] \qquad (2.18)$$

反应开始时,引发剂浓度[I]不大,可视为常数,并入速率常数中,令

$$K = K_p \left[\frac{fK_d}{K_t} \right]^{\frac{1}{2}} [I]^{\frac{1}{2}} \qquad (2.19)$$

则

$$\frac{-d[M]}{dt} = K[M] \qquad (2.20)$$

则有

$$\int_{[M]_0}^{[M]} \frac{-d[M]}{[M]} = \int_0^t K[M]dt \qquad (2.21)$$

积分得

$$\ln \frac{[M]_0}{[M]} = Kt \quad (为一级反应) \qquad (2.22)$$

式中,$[M]_0$ 为单体的初始浓度;$[M]$ 为 t 时刻时单体的浓度。

t 时的反应速率常数 K 为

$$K = \frac{1}{t} \ln \frac{[M]_0}{[M]} \qquad (2.23)$$

苯乙烯聚合时,体积随聚合百分率增大而减小,体积收缩率与聚合百分率呈直线关系,则

$$c_0 \infty [M]_0 ; \quad (c_0 - c_t) \infty [M]$$

$$K = \frac{1}{t} \ln \frac{c_0}{c_0 - c_t} \qquad (2.24)$$

式中,c_0 为全部聚合后的收缩率;c_t 为 t 时间内的收缩率。

通过膨胀计可测得不同时间的收缩率,可计算出

$$聚合百分率(\%) = \left(\frac{c_0}{c_t} \right) \times 100\% \qquad (2.25)$$

反应开始时,引发剂浓度[I]不大,可视为常数,并入速率常数中。苯乙烯聚合时,体积随聚合百分率增大而减小,体积收缩率与聚合百分率呈正比,通过测定不同时间的体积收速率,画图获得聚合速率常数。

膨胀计的结构主要由两部分组成,下部为聚合容器,上部为带有刻度的毛细管。将加有定量引发剂的单体充满膨胀计至一定刻度,在恒温水浴中聚合。聚合开始后,体积收缩,毛细管液面下降,根据下降值绘出曲线,从而获得聚合速率常数。

2.5.3 自由基聚合微观动力学

一个自由基聚合物大分子的生成或者说单体按自由基聚合转化为聚合物大分子要按顺序经历链引发、链增长、链终止 3 个基元反应以及可能伴有的链转移反应。3 个基元反应的划分是从一个大分子的生成角度来划分的,而不是对聚合体系的宏观聚合过程的划

分；恰恰相反，在整个聚合过程中，每时每刻这些基元反应都是同时发生的，这些随机进行的基元反应构成了整个聚合过程。典型的自由基聚合一般可分为诱导期、聚合初期、聚合中期、聚合后期等几个阶段，各个时期有不同的动力学特征。聚合微观动力学主要研究单体转化率低于 $5\% \sim 10\%$ 的聚合初期阶段聚合速率（以及聚合度）与引发剂、单体浓度和温度等参数的定量关系。自由基聚合反应历程决定了聚合微观动力学研究的基本思路为从 3 个基元反应的动力学方程入手，根据聚合反应速率与基元反应速率之间的关系，推导出聚合速率与单体和引发剂浓度之间的关系。

从反应历程来看，自由基聚合是一个相当复杂的反应过程，为了研究方便，需要建立一个相对简单的自由基聚合动力学模型，或者说需要对自由基聚合动力学提出研究简化条件，这是科学研究中的常用方法。在此为了方便建立动力学方程，首先做了以下 3 个简化：①链转移不影响聚合速率；②在链引发阶段单体自由基形成速率对引发速率没有显著影响（链引发包括引发剂分解形成初级自由基和初级自由基与单体加成生成单体自由基两个反应）；③链终止阶段所有的活性增长链以双基终止形成大分子（不考虑链自由基单分子链终止、初级自由基终止以及与反应器壁碰撞终止等几种终止形式）。

基于以上的条件，对于热分解型引发剂进行微观动力学的研究。

对于引发剂引发的链引发反应由以下两个基元反应组成：

$$I \xrightarrow{k_d} 2R\cdot$$

$$R\cdot + M \xrightarrow{k_i} RM\cdot$$

式中，R^* 为初级自由基；$RM\cdot$ 为单体自由基。

第一步是引发剂分解，形成初级自由基 $R\cdot$，第二步是初级自由基和单体加成，形成单体自由基。在上述两步反应中，根据简化条件，初级自由基的形成速率远小于单体自由基的形成速率，为控制反应速率的关键一步。因此，可以认为引发速率与单体浓度无关，仅取决于初级自由基的生成速率。

$$\frac{d[RM\cdot]}{dt} = 2k_d[I] \tag{2.26}$$

由于引发阶段体系中存在一些副反应及诱导分解，初级自由基并不全部参与引发反应，因此还引入了引发剂的效率 f。这样总的引发反应速率可写成

$$R_i = 2fk_d[I] \tag{2.27}$$

链增长反应如下：

$$RM\cdot \xrightarrow[k_{p1}]{+M} RM_2\cdot \xrightarrow[k_{p2},k_{p3}]{+M} RM_3\cdot \xrightarrow[k_{p_2},k_{p_3}]{+M} \cdots RM_x\cdot$$

一般用单体的消失速率来表示链增长速率，即

$$R_p = -\left(\frac{d[M]}{dt}\right)_p \tag{2.28}$$

在每一步增长反应中，链自由基的活性端基结构相同，仅仅链长不同。为了便于进行动力学处理，引入自由基聚合动力学中的第一个假定——等活性理论，即链自由基的活性与链长基本无关，也就是各步速率常数相等：

$$k_{p1} = k_{p2} = k_{p3} = \cdots = k_{px} = k_p \tag{2.29}$$

令自由基浓度[M·]代表大小不等的自由基[RM$_1$·]、[RM$_2$·]、[RM$_3$·]、…、[RM$_x$]·浓度的总和,则链增长速率方程为

$$R_p = -\left(\frac{d[M]}{dt}\right)_p = k_p[M]\sum[RM_x·] = k_p[M][M·] \tag{2.30}$$

自由基聚合一般以双基终止为主要的终止方式,在不考虑链转移反应的情况下,终止反应方程式如下:

偶合终止:$\qquad M_x· + M_y· \xrightarrow{k_{tc}} M_{x+y}, R_{tc} = 2k_{tc}[M·]^2 \tag{2.31}$

歧化终止:$\qquad M_x· + M_y· \xrightarrow{k_{td}} M_x + M_y, R_{td} = 2k_{td}[M·]^2 \tag{2.32}$

终止总速率:

$$R_t = -\frac{d[M·]}{dt} = 2k_t[M·]^2 \tag{2.33}$$

式中,R_{tc} 为偶合终止速率;R_{td} 为歧化终止速率;R_t 为总终止速率;k_{tc},k_{td},k_t 为相应的速率常数。

在上面公式中,对终止速率常数 k_{tc}、k_{td} 和 k_t 是作了限定条件的,即是以每一次终止形成一个大分子为基础计算 k_{tc}、k_{td} 和 k_t 的。我们知道,动力学方程可以以反应物的消失速率来表述,也可以以生成物的增加速率来表述,因此,终止反应速率方程中的 2 加还是不加要看是按反应物的消失还是按生成物的增加来写动力学方程式。具体来说,偶合终止每次终止反应生成一个大分子,因此系数为 1;而当歧化终止时,每一次终止反应生成两个大分子,因此系数为 2。而当以反应物的消失速率来写动力学方程式时,由于每次终止消失两个自由基,因此每次消失自由基的速率为生成大分子速率的 2 倍,系数为 2。

自由基浓度较难测定,也很难定量化,因而无实用价值,引入处理自由基动力学的第二个假定——稳态假定:假定聚合反应经过很短一段时间后,体系中自由基浓度保持一个恒定值,此时自由基的生成速率与消失速率相等,或者说引发速率和终止速率相等。

$$R_i = R_t$$

即

$$R_i = 2fk_d[I], R_t = 2k_t[M·]^2 \tag{2.34}$$

解出

$$[M·] = \left(\frac{R_i}{2k_t}\right)^{\frac{1}{2}} \tag{2.35}$$

聚合反应速率可以用单体消失的速率表示。在整个聚合反应中,链引发和链增长这两步都消耗单体。相对于大量消耗单体的链增长一步而言,链引发一步消耗的单体可以忽略不计。引入处理自由基动力学的第三个假定:大分子的聚合度很大,用于引发的单体远少于增长消耗的单体,这就是聚合度很大的假定。

$R_i \ll R_p$,由此用单体消失速率来表示的聚合总速率就等于链增长速率

$$R = R_p = k_p[M][M·] = k_p[M]\left(\frac{R_i}{2k_t}\right)^{\frac{1}{2}} \tag{2.36}$$

代入引发速率的表达式 $R_i = 2fk_d[I]$,得

$$R=-\frac{\mathrm{d}[\mathrm{M}]}{\mathrm{d}f}=R_\mathrm{p}=k_\mathrm{p}\left(\frac{fk_\mathrm{d}}{k_\mathrm{t}}\right)^{\frac{1}{2}}[\mathrm{I}]^{\frac{1}{2}}[\mathrm{M}] \tag{2.37}$$

聚合速率与引发剂浓度平方根呈正比，与单体浓度一次方呈正比。

总聚合速率常数 k 为

$$k=k_\mathrm{p}\left(\frac{k_\mathrm{d}}{k_\mathrm{t}}\right)^{1/2} \tag{2.38}$$

在聚合初期各速率常数可视为恒定；引发剂浓度变化不大也视为常数；引发剂效率和单体浓度无关，总聚合总速率只随单体浓度的改变而变化。因此可以对式（2.37）进行积分可得

$$\ln\frac{[\mathrm{M}]_0}{[\mathrm{M}]}=k_\mathrm{p}\left(\frac{fk_\mathrm{d}}{k_\mathrm{t}}\right)^{\frac{1}{2}}[\mathrm{I}]^{\frac{1}{2}}t \tag{2.39}$$

在已知各常数和引发剂浓度的条件下，根据初始单体浓度和 t 时的单体浓度就可以计算反应时间 t。

上述微观动力学方程是在 3 个假定下推导出来的：①等活性理论，即链自由基的活性与链长无关；②稳态假定，即体系中自由基浓度为一个恒定值；③聚合度很大假定，即单体主要消耗于链的进一步增长，引发反应所消耗的单体可以忽略不计。还是在满足以下 3 个条件的前提下提出来的：①链转移反应对聚合速率没有影响；②在链引发阶段，单体自由基形成速率对引发速率没有显著影响（链引发包括引发剂分解形成初级自由基和初级自由基与单体加成生成单体自由基两个反应）；③链终止阶段所有的活性增长链以双基终止形成大分子。

2.5.4 动力学方程的偏离

1. 对引发剂浓度 1/2 次方的偏离

推导动力学方程时认定链终止均为双基终止，因而聚合反应速率与引发剂浓度呈1/2次方关系。但是很多时候，如沉淀聚合，链自由基末端受到包围，难以双基终止，往往是单基终止和双基终止并存。如果仅是单基终止，则

$$R_\mathrm{t}\equiv\frac{\mathrm{d}[\mathrm{M}\cdot]}{\mathrm{d}t}=k_\mathrm{t}[\mathrm{M}\cdot] \qquad R\propto[\mathrm{I}]$$

双基、单基终止并存：

$$R_\mathrm{p}=A[\mathrm{I}]^{\frac{1}{2}}+B[\mathrm{I}] \tag{2.40}$$

0.5 级是双基终止时的引发剂浓度的反应级数；1 级是单基终止时的引发剂浓度的反应级数。实际反应中，许多体系同时存在多种终止反应，使引发剂浓度的反应级数介于 0.5~1 之间。

2. 对单体浓度 1 次方的偏离

若初级自由基与单体的引发反应较慢，与引发剂的分解速率相当，链引发速率则与单体浓度有关，应表示为

$$R_\mathrm{i}=2fk_\mathrm{d}[\mathrm{I}][\mathrm{M}] \tag{2.41}$$

代入

$$R = R_p = k_p [M] \left(\frac{R_i}{2k_t} \right)^{\frac{1}{2}}$$

得到

$$R_p = k_p \left(\frac{k f_d}{k_t} \right)^{\frac{1}{2}} [I]^{\frac{1}{2}} [M]^{\frac{3}{2}} \tag{2.42}$$

则聚合速率与单体浓度呈 1.5 级关系。

适合于各种情况的聚合速率表达式：

$$R_p = K [I]^n [M]^m \tag{2.43}$$

式中，$n = 0.5 \sim 1.0$；$m = 1 \sim 1.5$（个别可达 2）。

2.5.5　自由基聚合基元反应速率常数

自由基聚合中的链引发、链增长、链终止等基元反应均有各自相应的反应速率常数。从理论上讲都可以通过实验测出，如链引发反应速率常数 k_i 可通过引发速率和引发效率与引发剂浓度的关系式测定。但链增长反应速率 k_p 和链终止速率常数 k_t 由于与自由基浓度有关，无法测出。

为了测定 k_p 和 k_t 的绝对值，需要引入一个新的概念——自由基寿命（radical life），指平均一个自由基从生成到真正终止所经历的时间，常用 τ 表示。所谓真正终止，一是指正常的双基终止，活性中心真正消失；二是指如发生转移终止，而转移后新形成的自由基如果还有活性，则一直延续到失去活性为止。自由基寿命可由稳态时的自由基浓度与自由基的消失速率之比求出。

$$\tau = \frac{[M \cdot]_s}{R_t} = \frac{[M \cdot]_s}{2k_t [M \cdot]_s^2} = \frac{1}{2k_t [M \cdot]_s} \tag{2.44}$$

由于

$$R_p = k_p [M][M \cdot]_s$$

自由基寿命又可写为

$$\tau = \frac{k_p}{2k_t} \frac{[M]}{R_p} \tag{2.45}$$

自由基寿命测定多采用光聚合，使用旋转光屏测定。

根据

$$R = -\frac{d[M]}{dt} = R_p = k_f \left(\frac{f k_d}{k_t} \right)^{\frac{1}{2}} [I]^{\frac{1}{2}} [M] \tag{2.46}$$

可以导出

$$\frac{k_p^2}{k_t} = \frac{2R_p^2}{R_i [M]^2} \tag{2.47}$$

这样联立可以求出链增长反应速率常数和链终止速率常数的绝对值。

2.5.6　自动加速现象

典型的自由基本体聚合或溶液聚合转化率-时间关系曲线呈 S 形曲线，按照不同时间段的动力学特征将聚合反应过程划分为诱导期、聚合初期、聚合中期、聚合后期。在聚合初期,由于单体转化率低(5%～10%),单体浓度[M]、引发剂浓度[I]变化不大,因此聚合速率变化较小,单体转化率与时间呈线性关系,聚合反应匀速进行。随着反应时间的延长,进入聚合中期,引发剂和单体浓度随着转化率的提高而降低,聚合速率 R_p 应降低,但是许多单体在转化率达到一定值后呈现速率增加的现象,这种未受外界影响而随着单体转化率的提高,聚合速率迅速增加的现象称为自动加速效应,或自动加速现象。自动加速效应出现后,体系的温度和黏度迅速升高。反应温度升高,促使聚合速率和黏度进一步升高,而较高的黏度不利于聚合反应热排出,又促使温度升高,如此不断形成正反馈,能够使转化率在很短时间内达到 50%～70%。

甲基丙烯酸甲酯聚合转化率-时间曲线如图 2.2 所示,其中引发剂为 BPO,溶剂为苯,温度为 50 ℃,曲线上数字为单体浓度(质量分数)。

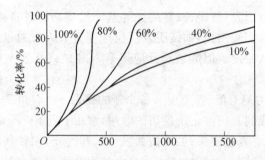

图 2.2　甲基丙烯酸甲酯聚合转化率-时间曲线

对于本体聚合体系,当转化率低于 10% 时,转化率与时间呈线性关系,聚合以恒速进行;当转化率大于 15% 后,聚合反应速率自动加快,直到转化率超过 80% 后,聚合反应速率才逐步变小,整个过程中转化率与反应时间的关系曲线呈 S 形。对于苯溶液聚合体系,从图 2.2 中可见单体浓度 40%(质量分数)以下基本没有自动加速现象;当单体浓度大于60%(质量分数)以后,自动加速明显加大。

1. 自动加速现象产生的原因

一般单体的聚合体系都会存在自动加速现象,差别是体系不同,出现的早晚和程度不同。关于自动加速效应产生的原因,目前主要有两种观点:一是认为体系黏度随转化率增加是产生自动加速的根本原因或主要原因;二是认为自动加速产生的根本或主要原因是由于链自由基的终止速率受到了抑制。实际上,这两种观点是对同一个问题两种不同角度的表述:前一种观点是从宏观聚合过程对产生自动加速效应原因的分析,而后一种观点则是从自由基聚合反应微观机理对产生自动加速现象原因的分析。从自由基聚合的微观反应历程考虑,链自由基与单体连续加成反应的链增长是单体消耗的主要步骤,其反应速率决定了自由基聚合反应的总速率。随着聚合反应的进行,单体浓度逐渐降低,反应总速率理应降低,只有体系中自由基浓度增大,才有可能使链增长反应速率提高,从而引起自动加速现象。在自由基聚合的链引发、链增长、链终止和链转移 4 个基元反应中,链增长反应和链转移反应对自由基浓度无影响;链引发反应使体系中的自由基浓度增加;链终止反应导致自由基消失,体系中的自由基浓度降低。稳态时,链引发速率 R_i 和链终止速率 R_t 相等,体系中的自由基浓度保持恒定值;而链终止反应受阻时,R_t 低于 R_i 时,自由基平均寿命延长,自由基浓度升高,升高到足以弥补单体浓度降低引起的链增长速率降低,微观上链增长基元反应速率增大,宏观上表现出单体消耗速率增加,即自动加速效应。自由基聚合的链终止反应主要以双基终止形式进行,因此自由基聚合出现自动加速效应的根本原因是双基链终止反应受阻,链终止速率下降。双基终止需经历双基平移扩散(使两链自由基相互靠近)、链段重排(又称链段扩散,使活性中心相互靠近)和双基相互反应 3 个步骤;自由基能量高,电子又不饱和,反应活性高,双基相互反应速率极快,因此双基终止过程受平移扩散或链段扩散控制。任何对上述 3 个步骤产生抑制的因素都会引起链终止反应速率的降低,不同的反应体系导致链终止速率下降的主要因素有凝胶效应和沉淀效应。

2. 凝胶效应

凝胶效应主要出现在单体-聚合物或溶剂-单体、聚合物互溶的均相体系中,如甲基丙烯酸甲酯、苯乙烯、醋酸乙烯酯等单体的聚合体系。

对于这样的聚合体系,终止反应是一个扩散控制的反应。对于正常的双基终止而言,链自由基双基终止过程可以分为 3 步:链自由基的平移、链段重排和双基碰撞发生反应。随反应进行,一方面体系黏度加大,妨碍了大分子链自由基的扩散运动,降低了两个链自由基相遇的概率,导致链终止反应速率常数随黏度的不断增加而逐步下降;另一方面,体系黏度的增加对小分子单体的扩散影响不大,链增长反应速率常数基本不变。黏度增加总的结果是 $(k_p/k_t^{1/2})$ 值加大,由于聚合反应速率与 $(k_p/k_t^{1/2})$ 值成正比,因而出现了自动加速现象。这种自动加速现象主要是因体系黏度增加引起的,因此又称为凝胶效应(gel effect)。

3. 沉淀效应

当反应为不互溶的非均相体系时,整个聚合反应是在异相体系中进行,自动加速现象在反应一开始就会出现,称为沉淀效应(precipitating effect),如丙烯腈、氯乙烯、偏氯乙烯、三氟氯乙烯等单体的聚合反应均属于这种情况。在非均相体系中,反应形成的聚合物一开始就从体系中沉析出来,链自由基被埋在长链形成的无规线团内部,阻碍了双基终止。这种包裹的效果远大于凝胶效应,以致在低温时自由基活性可以保持很长时间。例如,四氟乙烯在 50 ℃水中聚合时,自由基寿命可达 1 000 s,40 ℃聚合时高达 2 000 s 以上,[M·]可达 10^{-5} mol/L。

4. 自动加速效应的影响因素

从前面的介绍可以知道,自由基聚合产生自动加速效应后,活性链自由基的寿命变长,浓度增大,动力学链长增大,聚合体系黏度增大,温度升高,聚合产物相对分子质量增大,相对分子质量分布变宽。自动加速现象导致大量聚合热迅速逸出,如果不及时移除,将导致反应失控、爆聚、喷料等严重事故。因此必须设法推迟或避免自动加速现象的产生,使聚合反应以平稳可控的速度进行。但也可利用自动加速效应能够使单体聚合速率提高、产物相对分子质量增大的特点,在单体中溶解少量聚合物增大体系黏度,使自动加速现象提前出现,以较高的反应速率获得较高相对分子质量的聚合产物。

对很多聚合体系而言,大部分聚合物是在聚合中期形成的,因此研究聚合中期聚合反应速率十分重要,自动加速现象的出现有利于提高反应速率,但应避免失去控制产生爆聚。

前面已述及,产生自动加速效应的微观机理是由凝胶效应或沉淀效应引起的链终止反应受阻,凡是对这一机制有影响的因素都可能对自动加速现象的出现产生影响,这些因素包括链式聚合机理、聚合反应实施方法、聚合物在反应体系中的溶解性和聚合物的溶解性等。

(1)聚合机理

链终止受阻是产生自动加速现象的根本原因,不同类型的链式聚合的链终止反应机理不同,离子聚合以单基终止为主要终止方式,只有自由基聚合则以双基偶合或双基歧化方式进行双基终止,沉淀效应和凝胶效应对双基终止产生影响,而不会对离子聚合中的单基终止产生影响或者影响不大,因此离子聚合不会产生自动加速现象,自动加速效应是自由基链式聚合的基本特征之一。

(2)聚合方法

自由基聚合的实施方法有本体聚合、溶液聚合、悬浮聚合和乳液聚合等。本体聚合和溶液聚合较容易产生自动加速效应。对于同种单体的均相本体聚合和均相溶液聚合,本体聚合的黏度大,溶液聚合的黏度小,本体聚合出现自动加速现象较早、程度较严重。悬浮聚合体系中的单体小液滴聚合相当于小的本体聚合,因此仍会出现凝胶效应。对于乳液聚合而言,也因链终止速率受阻而降低使聚合速率提高,出现自动加速现象。而沉淀聚合、气相聚合、交联聚合、固相聚合等都对链自由基有包埋作用,自动加速效应较为显著。

(3)聚合物在聚合体系中的溶解性

在本体聚合或溶液聚合体系中,单体或溶剂对聚合物的溶解性的好坏,会影响自动加速现象出现的早晚。当单体或溶剂对聚合产物具有良好溶解性时,链自由基较为舒展,相互缠结少,活性端基被包埋的程度浅,双基终止受到的抑制程度较轻,自动加速现象出现的较晚;反之,不良溶剂使链自由基卷曲缠绕,不利于链段重排,使自动加速效应较早出现或加重自动加速效应。

例如,苯乙烯、醋酸乙烯分别是聚苯乙烯、聚醋酸乙烯的良溶剂,两者本体聚合分别在转化率达 30%、40%时出现自动加速现象;而丙烯酸甲酯是聚甲基丙烯酸甲酯的不良溶剂,该单体本体聚合在转化率为 10%~15%时出现自动加速现象;而丙烯腈、氯乙烯分别是各自聚合物的非溶剂,自动加速效应在聚合开始阶段就可能出现,如图 2.3 所示。

(4)其他因素

引发剂、链转移剂的活性与用量等对聚合产物的相对分子质量有影响,而聚合物的相对分子质量与体系的黏度密切相关,因而会对自动加速现象出现的早晚和程度产生影响:引发剂、链转移剂活性高,用量增大,均会使产物相对分子质量降低、体系黏度降低,有利于推迟自动加速现象的发生。聚合温度升高,体系黏度降低,使得聚合产物相对分子质量减小,有利于自动加速现象在较高转化率出现;反之,聚合温度降低,则会使自动加速效应在较低转化率出现。

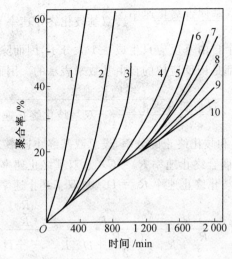

图 2.3 溶剂对 MMA 聚合时自动加速效应的影响
1～3—采用非溶剂;4～5—采用不良溶剂;8～10—采用良溶剂

2.6 动力学链长、聚合度和链转移反应

2.6.1 动力学链长和聚合度

1. 动力学链长

在自由基聚合中,将平均一个活性种从引发阶段到终止阶段所消耗的单体分子数定义为动力学链长,记为 υ。无链转移时,动力学链长为增长速率和引发速率的比。依据稳态时引发速率等于终止速率,则动力学链长可表示为增长速率与终止速率的比:

$$\upsilon = \frac{R_p}{R_i} = \frac{R_p}{R_t} = \frac{k_p[M]}{2k_t[M\cdot]} \tag{2.48}$$

将链增长速率

$$R_p = k_p \left(\frac{fk_d}{k_t}\right)^{\frac{1}{2}} [I]^{\frac{1}{2}} [M] \tag{2.49}$$

及链引发速率 $R_i = 2fk_d[I]$ 代入式(2.48),得

$$\upsilon = \frac{R_p}{R_i} = \frac{k_p \left(\frac{fk_d}{k_t}\right)^{\frac{1}{2}} [I]^{\frac{1}{2}} [M]}{2fk_d[I]} = \frac{k_p[M]}{2(fk_tk_d)^{\frac{1}{2}}[I]^{\frac{1}{2}}} \tag{2.50}$$

从式(2.50)可知动力学链长与引发速率存在以下关系:动力学链长与引发剂浓度平方根呈反比。

2. 平均聚合度 $\overline{X}_n$

在自由基聚合中,平均聚合度=结构单元数/大分子数,自由基聚合中结构单元数取决于链增长速率,结构单元数=链增长速率×聚合时间。而大分子的个数取决于终止速率(在这里提到的终止都是指双基终止):

$$\text{大分子数} = \left(\frac{\text{双基偶合终止速率}}{2} + \text{双基歧化终止速率}\right) \times \text{聚合时间}$$

双基偶合终止时，两个自由基反应只生成一个大分子，因而除以系数 2。因为双基偶合终止、歧化终止的速率都是用反应掉的自由基数来表示的。因而

$$\text{平均聚合度}\overline{X}_n = \frac{\text{链增长速率}}{\dfrac{\text{双基偶合终止速率}}{2} + \text{双基歧化终止速率}} = \frac{R_p}{\dfrac{R_{tc}}{2} + R_{td}} \tag{2.51}$$

若已知双基偶合终止和歧化终止的分率，设总双基终止速率为 R_t，就有

$$\text{双基偶合终止速率 } R_{tc} = C \times \text{总双基终止速率 } R_t$$

$$\text{双基歧化终止速率 } R_{td} = D \times \text{总双基终止速率 } R_t$$

$$\overline{X}_n = \frac{R_p}{\dfrac{R_{tc}}{2} + R_{td}} = \frac{R_p}{\dfrac{C \times R_t}{2} + D \times R_t} = \frac{\dfrac{R_p}{R_t}}{\dfrac{C}{2} + D} \tag{2.52}$$

再由稳态假设，终止速率等于引发速率 $R_t = R_i$，得

$$\overline{X}_n = \frac{\dfrac{R_p}{R_t}}{\dfrac{C}{2} + D} = \frac{\dfrac{R_p}{R_i}}{\dfrac{C}{2} + D} = \frac{\upsilon}{\dfrac{C}{2} + D} \tag{2.53}$$

再由

$$\upsilon = \frac{R_p}{R_i} = \frac{k_p[M]}{2(fk_tk_d)^{\frac{1}{2}}[I]^{\frac{1}{2}}} \tag{2.54}$$

可得到

$$\overline{X}_n = \frac{\upsilon}{\dfrac{C}{2} + D} = \frac{k_p[M]}{2(fk_tk_d)^{\frac{1}{2}}[I]^{\frac{1}{2}}\left(\dfrac{C}{2} + D\right)} \tag{2.55}$$

以上公式推导是没有链转移反应时，双基终止为唯一的终止方式及在稳态假设的基础上建立的。当体系存在链转移反应时，情况要复杂得多。

2.6.2 链转移反应

自由基聚合反应除了链引发、链增长和链终止 3 步主要的基元反应外，往往还伴随有链转移反应。

$$M_x \cdot + YS \xrightarrow{k_{tr}} M_x Y + S \cdot$$

链转移的结果：原来的自由基终止，聚合度下降；新形成的自由基如有足够的活性，可以再引发体系中的单体分子反应，继续链增长。

$$S \cdot + M \xrightarrow{k_a} SM \cdot \xrightarrow{M} SM_2 \cdot \longrightarrow \cdots$$

式中，k_{tr} 为链转移速率常数；k_a 为再引发速率常数。

1. 链转移反应对聚合度的影响

活性链分别向单体、引发剂、溶剂等低分子物质发生链转移的反应式和速率方程为

$$M_x \cdot + I \xrightarrow{k_{tr,1}} M_x R + R \cdot, \quad R_{tr,1} = k_{tr,1}[M \cdot][I] \tag{2.56}$$

$$\text{M}_x \cdot + \text{M} \xrightarrow{k_{\text{tr,M}}} \text{M}_x + \text{M} \cdot , R_{\text{tr,M}} = k_{\text{tr,M}}[\text{M} \cdot][\text{M}] \tag{2.57}$$

$$\text{M}_x \cdot + \text{YS} \xrightarrow{k_{\text{tr,S}}} \text{M}_x \text{Y} + \text{S} \cdot , R_{\text{tr,S}} = k_{\text{tr,S}}[\text{M} \cdot][\text{S}] \tag{2.58}$$

存在链转移反应时,动力学链长定义为每个初级自由基自链引发开始到活性中心真正死亡(不论双基终止,或单基终止,但不包括链转移终止)所消耗的单体分子总数。由于链转移反应导致聚合度的下降,因此,研究高分子的聚合度时要考虑聚合过程中存在的链转移反应,即要考虑真正终止(双基终止、单基终止)和链转移终止两种链终止方式。

存在链转移反应,因此:

$$\text{终止速率 } R_{\text{t总}} = R_{\text{t}} + \sum R_{\text{tr}} \tag{2.59}$$

式中,$\sum R_{\text{tr}}$ 为各种链转移速率的加和。

$$\overline{X}_{\text{n}} = \frac{R_{\text{p}}}{R_{\text{t总}}} = \frac{R_{\text{p}}}{R_{\text{t}} + \sum R_{\text{tr}}} = \frac{R_{\text{p}}}{R_{\text{t}} + (R_{\text{tr,M}} + R_{\text{tr,I}} + R_{\text{tr,S}})} \tag{2.60}$$

式中,$R_{\text{tr,M}}$,$R_{\text{tr,I}}$,$R_{\text{tr,S}}$ 分别表示活性自由基向单体、引发剂、溶剂的链移转移速率。

其中

$$R_{\text{t}} = \frac{R_{\text{tc}}}{2} + R_{\text{td}} = \left(\frac{C}{2} + D\right)R'_{\text{t}} = \left(\frac{C}{2} + D\right)R_{\text{p}} \tag{2.61}$$

式中,R_{t} 为大分子的生成速率;R'_{t} 是真正的以自由基消耗速率来表示的终止速率,它等于引发速率(稳态)。

再由

$$R_{\text{p}} = k_{\text{p}}[\text{M}]\left(\frac{R_{\text{i}}}{2k_{\text{t}}}\right)^{\frac{1}{2}} \tag{2.62}$$

得到

$$R_{\text{i}} = 2k_{\text{t}}\frac{R_{\text{p}}^2}{k_{\text{p}}^2[\text{M}]^2} \tag{2.63}$$

以及已知

$$R_{\text{tr,M}} = k_{\text{tr,M}}[\text{M} \cdot][\text{M}], R_{\text{tr,I}} = k_{\text{tr,I}}[\text{M} \cdot][\text{I}], R_{\text{tr,S}} = k_{\text{tr,S}}[\text{M} \cdot][\text{S}]$$

将以上方程代入 $\overline{X}_{\text{n}}$ 的定义式得到

$$\overline{X}_{\text{n}} = \frac{R_{\text{p}}}{2k_{\text{t}}\dfrac{R_{\text{p}}^2}{k_{\text{p}}^2[\text{M}]^2}\left(\dfrac{C}{2} + D\right) + k_{\text{tr,M}}[\text{M} \cdot][\text{M}] + k_{\text{tr,I}}[\text{M} \cdot][\text{I}] + k_{\text{tr,S}}[\text{M} \cdot][\text{S}]} \tag{2.64}$$

转成倒数,再代入

$$R_{\text{p}} = k_{\text{p}}[\text{M}][\text{M}^*]$$

得

$$\frac{1}{\overline{X}_{\text{n}}} = \frac{2\left(\dfrac{C}{2} + D\right)k_{\text{t}}R_{\text{p}}}{k_{\text{p}}^2[\text{M}]^2} + \frac{k_{\text{tr,M}}}{k_{\text{p}}} + \frac{k_{\text{tr,I}}[\text{I}]}{k_{\text{p}}[\text{M}]} + \frac{k_{\text{tr,S}}[\text{S}]}{k_{\text{p}}[\text{M}]} \tag{2.65}$$

定义链转移常数 C 是链转移速率常数与链增长速率常数之比,代表两种反应竞争能力的大小,表示为 $k_{\text{tr}}/k_{\text{p}}$。

向单体、引发剂、溶剂的链转移速率常数 C_M, C_I, C_S 的定义：

$$C_M = \frac{k_{tr,M}}{k_p}, \quad C_I = \frac{k_{tr,I}}{k_p}, \quad C_S = \frac{k_{tr,S}}{k_p}$$

由 C 的定义式，得

$$\frac{1}{\overline{X}_n} = \frac{2\left(\dfrac{C}{2}+D\right)k_t R_p}{k_p^2[M]^2} + C_M + C_I \frac{[I]}{[M]} + C_S \frac{[S]}{[M]} \tag{2.66}$$

再由稳态假设下

$$R_p = k_p \left(\frac{f k_d}{k_t}\right)^{\frac{1}{2}} [I]^{\frac{1}{2}} [M] \tag{2.67}$$

得到

$$[I] = \frac{k_t}{f k_d k_p^2} \cdot \frac{R_p^2}{[M]^2} \tag{2.68}$$

代入平均聚合度的计算式得到

$$\frac{1}{\overline{X}_n} = \frac{2\left(\dfrac{C}{2}+D\right)k_t R_p}{k_p^2[M]^2} + C_M + C_I \frac{k_t R_p^2}{f k_d k_p^2[M]^3} + C_S \frac{[S]}{[M]} \tag{2.69}$$

此式是正常终止反应和链转移终止反应对平均聚合度影响的定量关系式。右边第一项是正常终止反应对平均聚合度的贡献，其他各项依次是向单体的链转移、向引发剂的链转移和向溶剂的链转移反应对平均聚合度的贡献。对某一特定的体系，并不一定包括全部的链转移反应。

2. 向单体转移

当进行本体聚合，或存在溶剂而溶剂的链转移常数很小以至于可以忽略，且采用的是无链转移反应或链转移反应速率小到可以忽略时，链转移反应可以只考虑向单体转移的反应，大分子的平均聚合度则可以表示为

$$\frac{1}{\overline{X}_n} = \frac{2k_t}{k_p^2} \cdot \frac{R_p}{[M]^2} + C_M \tag{2.70}$$

（1）单体结构对 C_M 大小的影响

若单体分子结构中含有键合力较小的原子，如叔氢原子、氯原子等，容易被自由基夺取而发生链转移反应。苯乙烯、甲基丙烯酸甲酯等单体的链转移常数较小，为 $10^{-4} \sim 10^{-5}$；醋酸乙烯酯的 C_M 较大，主要是乙酰氧基上的甲基氢易被夺取。氯乙烯的 C_M 值较高，约为 10^{-3}，其转移速率远远超出了正常的终止速率，氯乙烯聚合时，聚合物的平均聚合度主要决定于向氯乙烯转移的速率常数。

$$\overline{X}_n = \frac{R_p}{R_t + R_{tr,M}} \approx \frac{R_p}{R_{tr,M}} = \frac{k_p}{k_{tr,M}} = \frac{1}{C_M} \tag{2.71}$$

（2）温度对 C_M 大小的影响

对于氯乙烯单体的聚合，向氯乙烯链转移常数 C_M 与温度有如下指数关系：

$$C_M = \frac{k_{tr,M}}{k_p} = \frac{A_{tr,M}}{A_p} \exp\left[\frac{-(E_{tr,M}-E_p)}{RT}\right] \tag{2.72}$$

$$C_M = 125\exp\left[\frac{-30.5}{RT}\right] \tag{2.73}$$

式中,30.5 kJ/mol 为转移活化能和增长活化能的差值,是影响 C_M 的综合活化能。温度升高,C_M 增加,相对分子质量降低,60 ℃时,约为 495。因此聚氯乙烯的聚合度与引发剂用量基本无关,仅决定于聚合温度。聚合度由聚合温度来控制,聚合速率则由引发剂用量来调节。

3. 向引发剂转移

自由基向引发剂转移,导致诱导分解,使引发剂效率较低,同时也使聚合度降低。

单体进行本体聚合时,无溶剂存在,平均聚合度的倒数可表示为

$$\frac{1}{\overline{X}_n} = \frac{2k_t R_p}{k_p^2 [M]^2} + C_M + C_I\frac{[I]}{[M]} \tag{2.74}$$

$$[I] = \frac{k_t}{f k_d k_p^2} \cdot \frac{R_p^2}{[M]^2} \tag{2.75}$$

则

$$\frac{1}{\overline{X}_n} = C_M + \frac{2k_t}{k_p^2} \cdot \frac{R_p}{[M]^2} + C_I\frac{k_t}{f k_d k_p^2}\frac{R_p^2}{[M]^3} \tag{2.76}$$

4. 向溶剂或链转移剂转移

链转移剂特指链转移常数较大的小分子物质,通常 C_S 为 1 或更大,可以为溶剂。脂肪族硫醇是一类常用单体的链转移剂。在实际聚合生产时,往往通过在体系中加入链转移剂来调节相对分子质量。一些常见溶剂和链转移剂的链转移常数见表 2.5。

$$\frac{1}{\overline{X}_n} = \left(\frac{1}{\overline{X}_n}\right)_0 + C_S\frac{[S]}{[M]} \tag{2.77}$$

表 2.5　一些常见溶剂和链转移剂的链转移常数 $C_S/10^4$

单体	苯乙烯		甲基丙烯酸甲酯	乙酸乙烯酯
溶剂	60 ℃	80 ℃	80 ℃	60 ℃
苯	0.023	0.059	0.075	1.2
环己烷	0.031	0.066	0.10	7.0
甲苯	0.125	0.31	0.52	21.6
异丙苯	0.82	1.30	1.90	89.9
氯仿	0.5	0.9	1.40	150
CCl₄	90	130	2.39	9 600
CBr₄	22 000	23 000	3 300	28 700(70 ℃)
正丁硫醇	210 000			480 000

5. 向聚合物的链转移

形成具有支链的聚合物向聚合物转移的结果,主要是在主链上形成活性点,单体在该活性点上加成增长,形成支链。

综上,一般自由基聚合过程中平均聚合度与动力学链长的关系,分别概括如下:

仅为双基歧化终止时:

$$C=0, D=1, \frac{1}{\overline{X}_n} = \frac{1}{\upsilon} + C_M + C_I \frac{[I]}{[M]} + C_S \frac{[S]}{[M]}$$

仅为双基偶合终止时:

$$C=1, D=0, \frac{1}{\overline{X}_n} = \frac{1}{2\upsilon} + C_M + C_I \frac{[I]}{[M]} + C_S \frac{[S]}{[M]}$$

用 AIBN 作引发剂时,无诱导分解,则

$$C_I=0, \quad \frac{1}{\overline{X}_n} = \frac{\frac{C}{2}+D}{\upsilon} + C_M + C_S \frac{[S]}{[M]}$$

本体聚合时,无溶剂,则

$$[S]=0, \quad \frac{1}{\overline{X}_n} = \frac{\frac{C}{2}+D}{\upsilon} + C_M + C_I \frac{[I]}{[M]}$$

仅为双基歧化终止的本体聚合,则

$$\frac{1}{\overline{X}_n} = \frac{1}{\upsilon} + C_M + C_I \frac{[I]}{[M]}$$

仅为双基偶合终止的本体聚合,则

$$\frac{1}{\overline{X}_n} = \frac{1}{2\upsilon} + C_M + C_I \frac{[I]}{[M]}$$

对 PVC,其大分子的生成方式主要是向单体转移,则

$$\frac{1}{\overline{X}_n} = C_M$$

2.7 影响聚合过程的因素

聚合物的平均相对分子质量和相对分子质量分布具有很重要的意义。聚合物的强度、力学性质、热稳定性、加工性及溶液性质等都与之有密切的关系,所以控制平均相对分子质量及相对分子质量分布是控制聚合物生产和产品质量的重要环节。在自由基型聚合反应过程中,影响聚合物质量的因素很多,如温度、压力、引发剂的类型及用量(浓度)、单体的纯度及浓度、缓聚剂及杂质等,下面分别介绍。

2.7.1 温度的影响

温度对聚合反应的影响较大,尤其是对热引发或引发剂引发聚合最为明显。总的来说,温度对自由基聚合反应及其产物质量的影响包括 3 个方面:聚合速率、高聚物的聚合度及高聚物的微观结构。

1. 温度对聚合速率的影响

提高温度能加速反应,缩短生产周期,但是到一定程度后,继续提高温度则会发生解

聚反应。因为在一定温度下,链增长反应是主反应,此时它的逆反应是次要反应,但随着温度升高,解聚速率常数较链增长速率常数增加得更快。通常,温度升高,聚合总速率加快。在引发剂引发的自由基聚合速率方程式 $R_p = k_p \left(\dfrac{f k_d}{k_t} \right)^{\frac{1}{2}} [I]^{\frac{1}{2}} [M]^{\frac{3}{2}}$ 中,令

$$k = k_p \left(\frac{k_d}{k_t} \right)^{\frac{1}{2}} \tag{2.78}$$

根据 Arrhenius 经验公式

$$k = A e^{-E/RT} \tag{2.79}$$

式中,A 为频率因子;E 为活化能,$kJ \cdot mol^{-1}$;R 为气体常数,$J \cdot (mol \cdot K)^{-1}$;$T$ 为绝对温度,K。

改写为

$$k = A_p \left(\frac{A_d}{A_t} \right)^{\frac{1}{2}} e^{-\frac{\left(E_p + \frac{1}{2} E_d - \frac{1}{2} E_t \right)}{RT}} \tag{2.80}$$

式中,E_p 为增长反应活化能,$kJ \cdot mol^{-1}$;E_t 为终止反应活化能,$kJ \cdot mol^{-1}$;E_d 为引发剂分解反应活化能,$kJ \cdot mol^{-1}$。

总活化能为

$$E = \left(E_p - \frac{E_t}{2} \right) + \frac{E_d}{2} \tag{2.81}$$

根据 E 的数值范围可将各 E 值作如下估算:$E_d = 125\ kJ/mol$,$E_p = 29\ kJ/mol$,$E_t = 17\ kJ/mol$。

由 E_p,E_t 和 E_d 的大小可以得到总活化能 E 约为 83 kJ/mol,为正值,表明温度升高,速率常数增大。

2. 温度对聚合度的影响

由动力学链长方程式

$$\upsilon = \frac{k_p}{2(f k_d k_t)^{\frac{1}{2}}} \cdot \frac{[M]}{[I]^{\frac{1}{2}}}$$

可令 $k' = \dfrac{k_p}{(k_d k_t)^{1/2}}$,将基元反应的速率常数的 Arrhenius 方程式代入,则得

$$E' = (E_p - E_{t/2}) - E_{d/2} \tag{2.82}$$

由 E_p,E_t 和 E_d 的大小可以得到综合活化能 E' 约为 -41 kJ/mol,为负值,表明温度升高,k' 值或聚合度降低。表 2.6 是不同温度下聚乙烯的转化率和聚合度。

表 2.6 不同温度下聚乙烯的转化率和聚合度

聚合温度/℃	聚合时间/h	转化率/%	聚合度
30	38	73.7	5 970
40	12	86.7	2 390
50	6	89.87	990

链增长的活化能一般为 16~33 kJ/mol,链转移的活化能为 62 kJ/mol。因此,温度升高有利于链转移反应,从而易生成支链较多的高聚物。例如,乙烯和氯乙烯在较高的温度下聚合时,产物的相对分子质量和密度较低,这就是由于活性链向大分子链转移的结果。

3.温度对聚合物微观结构的影响

链增长反应中,结构单元间的结合可能存在"头-尾"和"头-头"(或"尾-尾")两种形式,实验证明,主要以头-尾形式连接。按头-尾方式连接时,取代基 X 与独电子在同一碳原子上,像苯基一类的取代基对独电子有共轭稳定作用,加上相邻次甲基的超共轭效应,故形成的自由基较稳定些,增长反应活化能较低。而按头-头方式连接时无此种共轭效应,反应活化能就高一些。另外,—CH₂——端空间位阻较小,也有利于头-尾连接。所以在烯类单体的自由基聚合中,单体主要按头-尾方式连接。对于共轭稳定较差的单体,如醋酸乙烯酯,会有一些头-头形式连接出现。聚合温度升高时,头-头结构将增多,而这类结构对某些聚合物的性能会有不良影响,如头-头结构的聚氯乙烯的热性能较差。

此外,温度对聚合物的构型也有影响,例如双烯聚合时,温度升高,顺 1,4 构型增加,反 1,4 构型减少。烯类单体聚合,低温有利于生成间同立构高聚物,因为这种构型的高聚物空间位阻较小,能量较低。所以低温自由基聚合所得的高聚物结晶性及熔点都较高。

2.7.2 压力的影响

一般来说,压力对液相聚合或固相聚合影响较小,但对气态单体的聚合速率和相对分子质量的影响较显著。如乙烯在低压下(500 大气压)聚合时,相对分子质量只有 2 000,要得到高相对分子质量商品聚乙烯(相对分子质量为 $10^5\sim5\times10^5$),反应压力就必须达到 1 500~2 000 大气压。压力增高能促使活性链与单体之间的碰撞次数增多,并使活化能降低,从而使反应加速,反应温度降低,并且还能增加高聚物相对分子质量。又如在甲基丙烯酸甲酯的聚合反应中,将压力增至 3 000 大气压时聚合速率增加 2 倍。表 2.7 是压力对异戊二烯活化能的影响。

表 2.7 压力对异戊二烯活化能的影响

压力(大气压)	2 000	9 000	12 000
活化能/(kJ·mol⁻¹)	100.8	92.4	67.2

应用高压可以成功地进行某些难以聚合的单体的聚合反应,如乙烯与一氧化碳的共聚合反应在 2 000~2 500 kg/cm² 的压力下进行,得到新的聚合物——聚酮,它是一种光分解材料。

2.7.3 单体浓度的影响

无论是从动力学关系式还是从实践都可得知,单体浓度增加,聚合速率增大,相对分子质量也会提高。例如,乙酸乙烯酯在甲醇中用偶氮二异丁腈(0.1%)引发聚合(60 ℃)时,便有此现象(见表 2.8)。

表 2.8 乙酸乙烯酯的聚合反应受单体浓度的影响

单体浓度/%	反应时间/h	转化率/%	平均聚合度 $\overline{X}_n$
60	4.25	54.8	1 500
70	3.24	50.3	1 750
80	2.62	49.3	2 250
85	2.27	54.4	2 500

一般来说,在溶液中聚合时反应速率及相对分子质量都要降低,其原因是溶剂分子的存在能减少单体与活性链的碰撞次数。此外,由于单体浓度的降低,高聚物的相对分子质量将因链转移的相对加速而减少。

2.7.4 引发剂的影响

在一定温度下,可以认为聚合速率主要决定于引发速率。试验证明,在以引发剂引发时,某一温度下的聚合速率随引发剂用量的增加而增高,但是引发剂用量又直接影响高聚物的相对分子质量。一般情况下,高聚物的相对分子质量与引发剂浓度的平方根成反比。不同引发剂浓度和高聚物相对分子质量的关系见表 2.9。

表 2.9 不同引发剂浓度和高聚物相对分子质量的关系

相对分子质量　引发剂 质量分数　引发剂	0.02%	0.05%	0.1%	0.5%	1%
过氧化苯甲酰	2.4×10^6	1.71×10^6	1.45×10^6	—	7.4×10^5
偶氮二异丁腈	1.46×10^6	—	1.26×10^6	7.05×10^5	5.65×10^5

此外,引发剂对聚合物的介电性能、加工性能、热稳定性能和老化性能均有不良影响,所以合成高聚物时一定要控制好引发剂的用量。总的原则为:低活性用量多,高活性用量少,一般为单体量的 0.01%～0.1%。

2.7.5 单体纯度与杂质的影响

单体纯度对聚合和产物都有很大的影响,杂质的作用与调聚剂、阻聚剂、缓聚剂相似,因此必须严格控制单体的纯度。例如,乙烯高压聚合时,要求单体纯度为 99.8%～99.9%,因为其中的醇、醛、醚、丙烷、丙烯、氢等都是较强的链转移剂,会导致相对分子质量下降及支化度增加。又如氯乙烯单体中乙炔质量分数要求在 10^{-6} 以下,因为乙炔含量增加会导致聚合诱导期明显延长,同时聚合度降低,见表 2.10。

表 2.10 乙炔对氯乙烯聚合的影响

乙炔质量分数/%	诱导期/h	转化率达85%所需 时间/h	聚合度
0.000 9	3	11	2 300
0.03	4	11.5	1 000
0.07	5	21	500
0.13	8	24	300

在苯乙烯单体中,若二乙烯基质量分数超过 0.002% 时,聚合反应会剧烈进行,难以控制,而聚合产品的流动性能差,加工性能也不好。

2.8　阻聚和缓聚

2.8.1　阻聚剂和缓聚剂

能与链自由基反应生成非自由基或不能引发单体聚合的低活性自由基而使聚合反应完全停止的化合物称为阻聚剂(inhibitor);能使聚合反应速率减慢的化合物称为缓聚剂(retarding agents)。当体系中存在阻聚剂时,聚合反应存在诱导期。阻聚剂会导致聚合反应存在诱导期,但在诱导期过后,不会改变聚合速率。缓聚剂并不会使聚合反应完全停止,不会导致诱导期,只会减慢聚合反应速率。

但有些化合物兼有阻聚作用与缓聚作用,即在一定的反应阶段充当阻聚剂,产生诱导期,反应一段时间后其阻聚作用消失,转而成为缓聚剂,使聚合反应速率减慢。

2.8.2　几类典型的阻聚剂和阻聚机理

一般的阻聚剂按组成结构可以分为分子型阻聚剂,例如苯醌、硝基化合物、芳胺、酚类、含硫化合物等;自由基型阻聚剂,例如1,1-二苯基-2-三硝基苯肼(DPPH)等。

而按阻聚剂和自由基反应的机理可以分为加成型阻聚剂、链转移型阻聚剂和电荷转移型阻聚剂。这里面最常见的是加成型阻聚剂,这类阻聚剂与链自由基快速加成,使之转化为活性低的自由基,从而起到阻聚剂或缓聚剂的作用,常见的有氧气、硫、苯醌衍生物和硝基化合物等。

氧具有显著的阻聚作用,氧与自由基反应,形成比较不活泼的过氧自由基,过氧自由基本身或与其他自由基歧化或偶合终止;过氧自由基有时也可能与少量单体加成,形成相对分子质量很低的共聚物。因此,聚合反应通常在排除氧的条件下进行。因此氧在低温时($<100\ ℃$)为阻聚剂,高温时则可作引发剂。

$$R_2 + O_2 \longrightarrow R—O—O·(\text{低活性})$$

$$\left.\underset{R·}{\overset{RH}{\longrightarrow}}\right. \begin{cases} ROOH \xrightarrow{\text{高温}} RO· + ·OH \\ ROOH \xrightarrow{\text{高温}} 2RO· \end{cases}$$

对于链转移型阻聚剂,主要有1,1-二苯基-2-三硝基苯肼(DPPH)、芳胺、酚类等。DPPH通过链转移反应捕捉自由基后,变为无色,而起始为黑色,故可通过比色法,采用DPPH定量测定引发剂的引发效率。

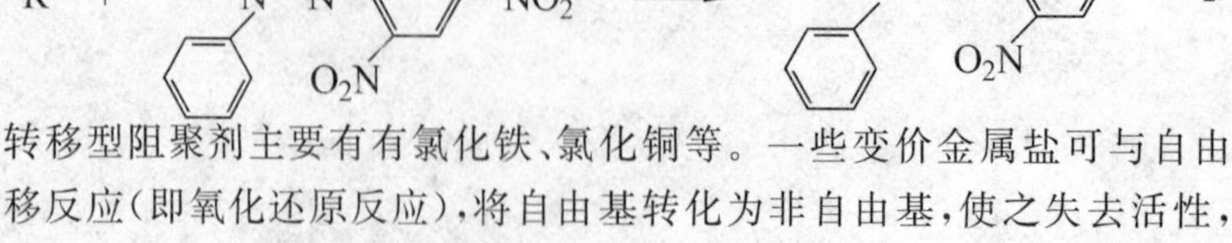

电荷转移型阻聚剂主要有有氯化铁、氯化铜等。一些变价金属盐可与自由基之间发生电子转移反应(即氧化还原反应),将自由基转化为非自由基,使之失去活性,阻止或减

慢聚合反应。

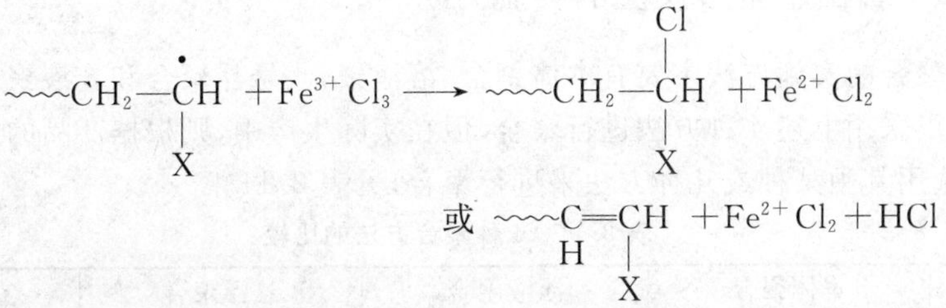

$$\sim\sim CH_2\text{—}\overset{\cdot}{\underset{X}{C}}H + Fe^{3+}Cl_3 \longrightarrow \sim\sim CH_2\text{—}\overset{Cl}{\underset{X}{C}}H + Fe^{2+}Cl_2$$

$$\text{或} \quad \sim\sim\sim\overset{}{\underset{H}{C}}\text{=}\overset{}{\underset{X}{C}}H + Fe^{2+}Cl_2 + HCl$$

氯化铁不仅阻聚效率高,并能化学计量地消灭一个自由基,因此,可用于测定引发速率。

2.9 相对分子质量分布

除了聚合速率及平均相对分子质量外,相对分子质量分布是聚合动力学要研究的第 3 个重要问题。相对分子质量分布可由实验测定,实验测定方法有沉淀分级法(precipitation fractionation)、凝胶渗透色谱法(gel permeation chromatography)(GPC)、几率法(probabilistic methods)和动力学法(kinetic methods)。过去使用沉淀或溶解分级方法来测定,现在相对分子质量分布实验测定多用凝胶渗透色谱(GPC)法。

相对分子质量分布的函数有数量分布函数和质量分布函数。数量分布函数是聚合度为 x 的聚合物数目 N_x 在总的聚合物分子数 N 中所占的百分率所表示的函数。质量分布函数为聚合度为 x 的聚合物质量 w_x 占总聚合物量质量 w 的百分率所表示的函数。

歧化终止时,聚合度分布为

$$\frac{\overline{X_w}}{\overline{X_n}} = 2$$

偶合终止时,聚合度分布为

$$\frac{\overline{X_w}}{\overline{X_n}} = 1.5$$

2.10 自由基聚合反应

2.10.1 自由基聚合反应的特征

自由基聚合反应有以下特征:

①自由基聚合反应由链的引发、增长、终止、转移等基元反应组成,其中引发速率最小,是控制总聚合速率的关键。自由基聚合反应可概括为慢引发、快增长和速终止。

②只有链增长反应才使聚合度增加,自由基聚合时间短,反应混合物中仅由单体和聚合物组成;在聚合过程中,聚合度变化小。

③在聚合过程中,单体浓度逐渐降低,聚合物浓度相应提高。延长聚合时间主要是提高转化率,对相对分子质量影响较小。凝胶效应将使相对分子质量增大。

④少量(0.01%~0.1%)阻聚剂足以使自由基聚合反应终止。

2.10.2　自由基聚合反应的实施方法

自由基聚合的实施方法主要有本体聚合、溶液聚合、悬浮聚合和乳液聚合4种。虽然不少单体可以采用上述4种方法进行聚合,但在实际生产中,则根据产品的性能要求和经济效果,只选用其中某种或几种方法来进行聚合,见表2.11。

表2.11　4种聚合方法的比较

聚合方法	本体聚合	溶液聚合	悬浮聚合	乳液聚合
配方主要成分	单体 引发剂	单体 引发剂 溶剂	单体 油溶性引发剂 水 分散剂	单体 水溶性引发剂 水 水溶性乳化剂
聚合场所	本体内	溶液内	液滴内	胶束和乳胶粒内
聚合特征	遵循自由基聚合一般机理,提高速率往往使相对分子质量降低	伴有向溶剂的链转移反应,一般相对分子质量较低,速率也较低	与本体聚合相同	能同时提高聚合速率和相对分子质量
生产特征	热不易散出,主要是间歇生产,设备简单,宜制板材和型材,相对分子质量调节难	散热容易,可连续生产,不宜制成干燥粉状和粒状树脂,相对分子质量调节容易	散热容易,间歇生产,需经分离、洗涤、干燥等工序,相对分子质量调节难	散热容易,可连续生产,制成固体树脂时需凝聚、洗涤、干燥等工序,相对分子质量易调节
产物特征	聚合物纯净,宜于生产透明、浅色制品,相对分子质量分布宽	一般聚合物溶液直接使用,相对分子质量分布窄,相对分子质量较低	比较纯净,可能留少量分散剂,直接得到粒状产物,利于成型,相对分子质量分布宽	聚合物留有少量乳化剂及其他助剂,用于对电性能要求不高的场合,乳液也可直接使用,相对分子质量分布窄

1. 本体聚合

不加其他介质,只有单体本身在引发剂或催化剂、热、光、辐射的作用下进行的聚合方法称为本体聚合。在本体聚合体系中,除了单体和引发剂外,有时还可能加有少量色料、增塑剂、润滑剂、相对分子质量调节剂等助剂。

气态、液态、固态单体均可进行本体聚合,其中以液态单体的本体聚合最为重要。

工业中进行本体聚合的方法分为间歇法和连续法,生产中的关键问题是反应热的排除。烯类单体聚合热为 $62\sim83$ kJ/mol,聚合初期,转化率不高,体系黏度不大时,散热不困难,但转化率增高(如 $20\%\sim30\%$)、体系黏度增大后,散热就会发生困难,加上凝胶效应,放热速率提高,若散热不良,轻则局部过热,致使相对分子质量分布变宽,最后影响到聚合物的物理机械性能;重则温度失调,引起爆聚。由于这一缺点,本体聚合在工业上应用受到一定限制,不如悬浮聚合和溶液聚合应用广泛。

但是,本体聚合也有许多优点,主要在于其产品纯净,尤其是可制得透明制品,适于制板材、型材,并且工艺简单,所以近年来聚合生产上又倾向于改进和使用本体聚合方法了。改进法采用两段聚合:第一阶段保持较低的转化率(10%~40%不等),这阶段体系黏度较低,散热容易,聚合可在较大的搅拌釜中进行;第二阶段进行薄层(如板状)聚合,或以较慢的速度进行。

根据产品的特性,本体聚合的出料方法可为浇铸脱模制成板材或型材,熔融挤出造粒和粉料等。不同单体的本体聚合工艺差别很大,见表 2.12。

表 2.12　本体聚合工业生产举例

聚合物	过程要点
聚甲基丙烯酸甲酯 (有机玻璃板)	第一阶段预聚至转化率为 10% 左右的黏稠浆液,然后浇模分段升温聚合,最后脱模成板材
聚苯乙烯	第一阶段于 80~85 ℃预聚至转化率为 33%~35%,然后流入聚合塔,温度从 100 ℃递增至 220 ℃聚合,最后熔体挤出造粒
聚氯乙烯	第一阶段预聚至转化率为 7%~11%,形成颗粒骨架,第二阶段继续沉淀聚合(即聚合物不溶于单体体系),最后粉状出料
聚乙烯	选用管式或釜式反应器,连续聚合,控制单程转化率为 15%~20%,最后熔体挤塑造粒

2. 溶液聚合

溶液聚合是将单体和引发剂溶于适当溶剂中,在溶液状态下进行的聚合反应。

工业上广泛使用有机溶剂,如芳香烃、脂肪烃等,水也可作为某些单体(如丙烯腈)的溶剂。溶液聚合又分为均相溶液聚合与非均相溶液聚合,前者所用的溶剂能溶解单体和聚合物,得到的产物为高聚物溶液(此溶液可直接作油漆和涂料使用),将此溶液倒入高聚物的非溶剂中,高聚物即可沉析出来,再经过滤、洗涤、干燥,即得最终产品;后者所用的溶剂仅能溶解单体而不能溶解高聚物,生成的高聚物呈细小的颗粒不断地从溶液中析出,再经过滤、洗涤、干燥即得最终产品。

溶液聚合的优点是:溶液聚合体系黏度低,混合和传热容易,温度容易控制,此外,引发剂分散均匀,引发效率高。溶液聚合的缺点是:由于单体浓度较低,溶液聚合进行较慢,设备利用率和生产能力低;单体的浓度低且活性大,分子链向溶剂链转移而导致聚合物相对分子质量较低;溶剂回收费用高,除净聚合物中的微量溶剂较难。这些缺点使溶液聚合在工业上较少应用,但是大多数定向聚合物却是采用此法生产的。此外用溶液聚合可直接生产许多有工业价值的黏合剂、油漆、涂料以及合成纤维纺丝液等,见表 2.13,所以溶液聚合在高分子合成工业中仍有一定地位。

表 2.13　自由基溶液聚合示例

单体	溶剂	引发剂	聚合温度/℃	聚合液用途
丙烯腈加丙烯酸甲酯	二甲苯甲酰胺或硫氰化钠水溶液	偶氮二异丁腈	70~80	纺织液
醋酸乙烯酯	甲醇	偶氮二异丁腈	50	进一步醇解成聚乙烯醇
丙烯酸酯类	醋酸乙烯酯加芳烃	过氧化二苯甲酰	沸腾回流	涂料
丙烯酰胺	水	过硫酸铵	沸腾回流	涂料、胶黏剂

进行溶液聚合时,溶剂的性质及用量均能影响聚合反应的速率和高聚物的相对分子质量与结构,因此,溶剂的选择是十分重要的。一般情况下,溶剂用量越多,高聚物收率及相对分子质量越小。大规模溶液聚合一般选用连续法,聚合后往往附有凝聚、分离、洗涤、干燥等工序。

3.悬浮聚合

悬浮聚合是通过强力搅拌并在分散剂的作用下,把单体分散成无数的小液珠悬浮于水中,由油溶性引发剂引发而进行的聚合反应。

单体不溶或微溶于水,单体中溶有引发剂,一个小液滴就相当于本体聚合中的一个单元。水是连续相,单体为分散相,是非均相聚合反应。从单体液滴转变为聚合物固体粒子,中间经过聚合物单体黏性粒子阶段,为了防止粒子相互黏结在一起,体系中必须加有分散剂(或称为稳定剂)。聚合反应发生在各个单体液珠内,对每个液珠而言,其聚合反应机理与本体聚合一样,单体液珠在聚合反应完成后成为珠状的聚合产物。悬浮聚合产物的粒径为 0.01～5 mm,一般为 0.02～2 mm。聚合物经过洗涤、分离、干燥,即得粒状或粉状产品。

悬浮聚合反应的机理与本体聚合相同,需要研究的则是成粒机理及分散剂和搅拌对成粒的影响。

(1)液滴分散和成粒过程

如图 2.4 所示,悬浮聚合体系在末搅拌前,单体浮于水面,分成两层。进行搅拌时,在剪切力的作用下,单体液层分散成液滴,大液滴还会变形,继续分散成小液滴。单体和水之间存在的界面张力又使液滴尽量保持球状。界面张力越大,形成的液滴越大;反之,界面张力越小,形成的液滴也越小。过小的液滴还会聚集成较大的液滴。在一定的搅拌强度和界面张力下,大小不等的液滴通过一系列的分散和聚合过程,构成一定动平衡。搅拌停止后,液滴将聚集黏合。

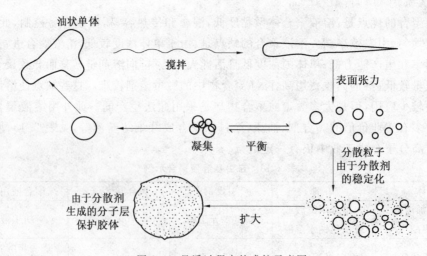

图 2.4　悬浮过程中的成粒示意图

(2)分散剂和分散作用

如上所述,单靠搅拌形成的分散体系是不稳定的,为使体系稳定,必须加入分散剂。

在聚合过程中,当转化率达到一定程度后(20%),单体液滴中溶有一定量的聚合物,两液滴黏合能力更强,搅拌反而会使黏合液滴形成结块,因此在悬浮聚合中分散剂和搅拌是两个重要的因素。

用于悬浮聚合的分散剂大致有两类,其作用机理不同。

①水溶性有机高分子物质,例如聚乙烯醇、聚丙烯酸、聚甲基丙烯酸的盐类等合成高分子以及甲基纤维素、羟丙基纤维素、明胶、淀粉等天然高分子,能吸附在液滴表面形成一层液膜保护层,同时还能使介质的黏度增高,液滴的碰撞力减小,从而防止黏合。

②不溶于水的无机粉末,例如碳酸镁、碳酸钙、碳酸钡、硫酸钡、硫酸钙等吸附在液滴表面,能起机械隔离作用。

分散剂的性质和用量对树脂颗粒大小和形态有显著的影响。界面张力小的分散剂使颗粒变细。氯乙烯悬浮聚合时,使用80%醇解度的聚乙烯醇或甲基纤维素(表面张力小于 0.05 N/m)容易得到疏松型树脂;而用 0.1%~0.2%明胶溶液(表面张力为 0.065 N/m),则形成紧密型树脂。不同聚合物对颗粒形态有不同的要求,聚苯乙烯、聚甲基丙烯酸甲酯要求是珠状粒料,便于直接注塑成型。聚氯乙烯则要求是表面粗糙疏松的粉料,以便与助剂混合塑化均匀,所以要根据不同聚合物的要求选择分散剂。

悬浮聚合有许多优点,主要是体系黏度低,聚合热容易通过介质由釜壁的冷却水带走,所以散热和温度控制比本体聚合和溶液聚合容易得多,产品的相对分子质量及其分布较稳定;产品的相对分子质量比溶液聚合高,杂质含量比乳液聚合的产品少;因用水作介质,后处理工序比溶液聚合和乳液聚合简单,生产成本低,粒状树脂可直接成型加工。

悬浮聚合的缺点主要是产品附有少量分散剂残留物,要生产透明和绝缘性能高的产品,需进行进一步纯化。

悬浮聚合在工业上被广泛应用,一般采用间歇操作。

4. 乳液聚合

乳液聚合是指单体在水介质中由乳化剂分散成乳液状态进行的聚合。它最简单的配方由单体、水、水溶性引发剂和乳化剂 4 组分组成。在本体聚合、溶液聚合或悬浮聚合中,使聚合加速的一些因素,往往使相对分子质量降低,但在乳液聚合中,速率和相对分子质量却可以同时提高。这是由于乳液聚合的机理不同于前 3 种聚合机理,控制产品质量的因素也不同。乳液聚合物粒子直径为 $0.05 \sim 0.15~\mu m$,比悬浮聚合常见粒子的直径 $50 \sim 2~000~\mu m$ 小得多,这也与其聚合机理有关。

乳液聚合有下列优点:乳液聚合以水为介质,价廉安全,并且可保证较快的聚合反应速度,反应可在较低温度下进行,传热和控制温度也容易;能在较高反应速率下,获得较高相对分子质量的聚合物;由于反应后期高聚物乳液的黏度很低,因此可直接用来浸渍制品或作涂料、黏合剂等。

乳液聚合的缺点是:若需要固体产物时,则聚合后还需经过凝聚、洗涤、干燥等后处理工序,生产成本较悬浮法高;产品中留有乳化剂,难以完全除净,影响产品的电性能。

丁苯橡胶、丁腈橡胶等聚合物要求相对分子质量高,产量大,工业生产力求连续化,因此这类高聚物的生产几乎全部采用乳液聚合法。生产人造革用的糊状聚氯乙烯树脂也常用乳液法生产,其产量占聚氯乙烯总产量的 15%~20%。此外,聚甲基丙烯酸甲酯、聚乙酸乙烯酯、聚四氟乙烯等均可采用乳液聚合法制备。

(1)乳化作用和乳化剂

油水不互溶,当有肥皂一类物质存在时,则可以将油-水体系转变成相当稳定难以分层的乳状液,这一过程称为乳化作用。能使油-水体系变为乳液的物质称为乳化剂。例如,苯乙烯等不溶于水的单体与水混合时,单凭搅拌作用只能形成不稳定的分散液,若加入乳化剂则可形成相当稳定的乳液。乳化剂一般是兼有亲水极性基团和疏水非极性基团的物质,例如硬脂酸钠皂、烷基硫酸钠、烷基磺酸钠和胺类的盐等。当体系中乳化剂浓度达到某一程度时,乳化剂分子便形成聚集体,这种聚集体称为胶束,胶束是由 $50\sim100$ 个乳化剂分子形成的,呈球状,直径约为 5×10^{-9} m。乳化剂分子的离子端指向外层,烷基端指向波束中心。体系中的单体除溶解在水中外,还可以较多量溶解在胶束内,这是单体与胶束中心烃基部分相似相溶的结果,这种溶解现象称为增溶作用。单体和乳化剂在水中形成分子胶束、增溶胶束和液滴的分散情况如图 2.5 和图 2.6 所示。

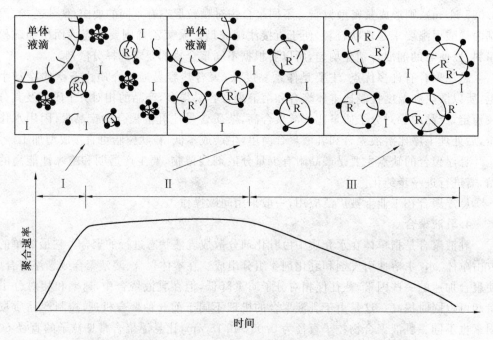

图 2.5　乳液聚合的 3 个区间及动力学

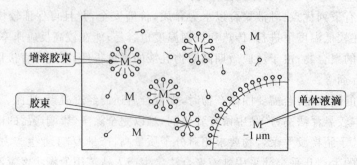

图 2.6　分散阶段乳液状态示意图

乳化剂的作用是：降低界面张力，便于油分散成细小的液滴；能在液滴表面形成保护层，防止凝聚，使乳液稳定；增溶作用。

（2）乳液聚合机理

在乳液聚合体系实际配方中，除单体、水、水溶性引发剂和乳化剂4个基本组分外，还要加多种少量的其他助剂。在整个乳液体系中存在3个相：一是油相（即单体相），主要是乳化了的单体液滴（直径为 500～1 000 nm），其表面吸附有一部分乳化剂分子；二是水相，极少量的单体和乳化剂、引发剂以分子分散状态溶解在水中；三是胶束，由大部分乳化剂分子所组成且有少量单体增溶在胶束中。

虽然胶束的总体积比单体液滴小，但它有大得多的比表面，因而胶束是聚合反应的主要场所，链引发、链增长和链终止都是在胶束中完成的。聚合时，水溶性引发剂在水介质中分解成初级游离基后，迅速扩散入增溶胶束内，引发其中的单体，使链增长直到链终止。在链增长过程中，单体不断消耗，与此同时，首先是溶于水中的单体，继而是单体液滴中的单体不断向胶束内扩散，以进行补充。随着反应的进行，胶束体积增大，成为含有高聚物的增溶胶束，称为单体-高聚物乳胶粒。原来胶束的直径只有 4～8 nm，当转化率为 2%～3% 时，单体-高聚物乳胶粒可增至 20～40 nm。粒子体积增大后，原来胶束上的乳化剂分子不足以保持其胶乳状态，这时就由其他胶束和体积逐渐缩小的单体液滴表面上的乳化剂分子来补充。链的引发、增长和终止过程继续在单体-高聚物乳胶粒中进行，当转化率达 20% 时，胶束即行消失。当转化率到 60% 时，单体液滴消失。此后由于单体来源断绝，单体-高聚物乳胶粒中单体浓度逐渐下降，聚合速度也随之下降。反应结束后，所得高聚物粒子的平均直径可达 50～1 500 nm，其外表层被乳化剂所包围，称为高聚物胶乳颗粒。

2.11 典型的自由基聚合产品

2.11.1 高压聚乙烯

聚乙烯是 1933 年美国 ICI 公司偶然合成的，直到 1940 年初在美国才真正开始工业化生产，很快成为石油化学工业的宠儿，现在世界各国发展势头迅猛，聚乙烯产量约占整个塑料总产量的 1/4 左右。精制的乙烯单体中加入少量氧或者过氧化物于 200 MPa 压力下保持 200 ℃，生成密度为 0.915～0.925 g/cm³ 的聚乙烯，这种聚合方法即为本体聚合，也称为 ICI 法，是历史上最古老的乙烯聚合法，现在派生出的各种高压聚合法已在工业上实现。

高压聚乙烯生产工艺有釜式法和管式法两种。釜式法工艺大都采用有机过氧化物为引发剂，反应压力较管式法低，聚合物停留时间稍长，部分反应热是借连续搅拌和夹套冷却带走。大部分反应热是靠连续通入冷乙烯和连续排出热物料的方法加以调节，使反应温度较为恒定。此法的单程转化率可达 24.5%，生产流程简短，工艺较易控制。其主要缺点是：反应器结构较复杂，搅拌器的设计与安装均较困难，而且容易发生机械损坏，聚合物易黏釜。

管式法工艺普遍采用低温高活性引发剂引发聚合体系，以高纯度乙烯为主要原料，以丙烯/丙烷等为密度调整剂，使用高活性引发剂在 200～330 ℃、150～300 MPa 条件下进行聚合反应。反应器中引发聚合的熔融聚合物，必须要经过高压、中压和低压循环气体再经冷却、分离，高压循环气体经过冷却、分离后送入超高压(300 MPa)压缩机入口，中压循环气体经过冷却、分离后送入高压(30 MPa)压缩机入口，而低压循环气体经过冷却、分离后送入低压(0.5 MPa)压缩机循环利用，而熔融聚乙烯经过高压、低压分离后送入造粒机，进行水中切粒，在造粒时，企业可以根据不同应用领域，加入适宜的添加剂，颗粒经包装出厂。管式反应器的压力梯度和温度分布大、反应时间短，所得聚乙烯的支链少，相对分子质量分布较宽，适宜制作薄膜用产品及共聚物。管式法流程的单程转化率为 20％～34％，单程转化率较高，反应器结构简单，传热面大。其主要缺点是聚合物粘管壁而导致堵塞现象。

乙烯气相本体聚合具有以下特点：

①聚合热大，乙烯聚合热约为 95.0 kJ/mol。

②聚合转化率较低，通常为 20％～30％。

③基于乙烯高压聚合的转化率较低，即链终止反应非常容易发生，因此聚合物的平均相对分子质量小。

④乙烯高温高压聚合，链转移反应容易发生。乙烯的转化率越高和聚乙烯的停留时间越长，则长链支化越多。聚合物的相对分子质量分布幅度越大，产品的加工性能越差。

⑤以氧为引发剂时，存在一个压力和氧浓度的临界值关系，即在此界限下乙烯几乎不发生聚合，超过此界限，即使氧含量低于 2×10^{-6} 时，也会急剧反应。在此情况下，乙烯的聚合速率取决于乙烯中氧的含量。

高压聚乙烯称为低密度聚乙烯(LDPE)，其密度为 0.91～0.92 g/m³。LDPE 不完全是线性结构，而是有长支链、短支链，且含少量碳基、双键等，其分子链近似树枝状结构。LDPE 相对分子质量一般在 5 万以下，相对分子质量分布较宽。由于相对分子质量分布较宽，可改善产品的加工性能，并能提高膜产品的光学性能。LDPE 低温性能优良，抗冲击性优于聚氯乙烯、聚丙烯及聚苯乙烯等。LDPE 不受外力作用，最高使用温度可达近 80 ℃，最低使用温度为 -70～-100 ℃。低密度聚乙烯综合性能优异，因此广泛应用于各个工业部门和日常生活用品。低密度聚乙烯薄膜占其总产量的一半，主要用于食品包装、工业品包装、化学药品包装、农用膜和建筑用膜等。

2.11.2　聚甲基丙烯酸甲酯

聚甲基丙烯酸甲酯(PMMA)俗称有机玻璃，具有较高的软化点，较好的冲击强度和耐候性，清澈、无色透明，具有十分优异的光学性能，多作为航空玻璃。

其聚合反应主要按照自由基聚合机理进行，按本体、悬浮、溶液、乳液聚合等方法均可以实施工业生产。甲基丙烯酸甲酯本体聚合生产有机玻璃，悬浮聚合生产模塑粉，乳液聚合生产皮革或织物处理剂，溶液聚合生产油漆，但应用较少。

影响聚甲基丙烯酸甲酯本体聚合的因素有以下几个方面：

①反应温度。温度升高，聚合反应速率加快，转化率增大。但温度过高，导致链终止速率超过链增长速率，同时引起长链解聚，使短链增多，相对分子质量下降，影响产品的力

学性能。

②压力。加压可缩小单体分子间的间距,增加活性链与单体的碰撞几率,加快反应,有利于提高产品的质量。

③聚合时间。在一定的温度下,聚合时间对转化率有一定的影响。通常聚合转化率随时间增长而增大。MMA 本体聚合时,"凝胶效应"出现得早,当单体转化率约在 20% 前,聚合速率很快,转化率在 20% 后,聚合速率略微减缓;转化率在 45% 后大为减慢;待转化率达 90% 以上,聚合反应几乎接近停止,所以,在较低温度聚合结束后,升温至 100～110 ℃保持 1～3 h,使聚合反应进行彻底。

④引发剂。在 MMA 的本体聚合反应中,可使用有机过氧化物和偶氮化合物,其用量对相对分子质量有较大的影响。

⑤氧气对反应的影响。在低温下,氧与自由基生成较稳定的基团,使聚合诱导期增长,转化率降低。在高温下,已与结合的单体过氧化物分解而生成新的活性中心,反应速率剧增,易发生爆聚。

⑥单体纯度。若单体纯度不够,如含有甲醇、水、阻聚剂等,将影响聚合反应速率,易造成有机玻璃局部密度不均或带微小气泡和皱纹等,甚至严重影响有机玻璃的光学性能、热性能及力学性能,所以单体的纯度应达 98% 以上。聚合前,可用洗涤法、蒸馏法或离子交换法去除单体中的阻聚剂。

聚甲基丙烯酸甲酯本体聚合浇注法生产有机玻璃,按加热方式可分为水浴法和空气浴法,或两种方式结合使用;若按单体是否预聚灌模又可分为单体灌模法和单体预聚浆灌模两种。

预聚浆灌模的优点是:缩短聚合时间,提高生产率,保证产品质量;使一部分单体进行聚合,减少在模型中聚合时的收缩率;增加黏度,从而减小模内漏浆现象;克服溶解于单体中的氧分子的阻聚效应。预聚浆灌模法的缺点是在制造不同厚度的板材时,要求预聚浆的聚合程度也有所不同,预聚浆黏度大,难以除去机械杂质和气泡。

2.11.3　聚氯乙烯

聚氯乙烯是由氯乙烯单体经由自由基聚合而成的聚合物,简称 PVC。PVC 是最早实现工业化的树脂品种之一。按照相对分子质量的大小,将 PVC 分为通用型和高聚合度型两类。通用型 PVC 的平均聚合度为 500～1 500,高聚合度型的平均聚合度大于 1 700。

氯乙烯聚合的实施方法可以采用本体聚合、悬浮聚合、乳液聚合和溶液聚合,其中溶液聚合因为生产成本高,除特殊涂料生产使用外,应用较少。

氯乙烯的悬浮聚合是生产聚氯乙烯的主要方法,工业上 PVC 产品 90% 以上用该法生产。悬浮法操作简单,生产成本低,产品质量好,经济效益好,适于大规模工业化生产。用于悬浮聚合的氯乙烯单体纯度在 99.9% 以上,特别要防止乙炔和不饱和多氯化合物的存在。

聚氯乙烯在氯乙烯中溶解度很小,当转化率小于 0.1% 时,聚氯乙烯或短链自由基就全部从氯乙烯中沉淀出来。单体能溶胀聚氯乙烯,聚氯乙烯和氯乙烯混合物存在两相:一种是单体富相,另一种是聚合物富相。只有单体相消失,体系才只有聚合物富相,此时转化率约为 70%。因此氯乙烯的悬浮聚合与本体聚合一样,是一种在单体相和聚合物相中同时发生的特殊的沉淀聚合。

在氯乙烯的悬浮聚合及本体聚合反应中,聚合开始后不久,聚合速率逐渐自动增大,相对分子质量随之增加,直至转化率为 30%～40%,这就是所谓"自加速效应"。在转化率大于 70%,单体浓度降低,反应速率逐渐减小。引发剂不同,自加速效应有明显的差异。

引发剂多用有机过氧化物和偶氮类,其中有机过氧化物为过氧化二碳酸酯类。它们可以单独使用,也可以两种或两种以上引发活性不同的引发剂复合使用,复合使用的效果比单独使用好,其优点是:反应速度均匀,操作更加稳定,产品质量好,同时使生产安全。

常用的分散剂有明胶、聚乙烯醇、羟丙基甲基纤维素等,用量为单体量的 0.05%～0.2%。明胶为分散剂时,所得树脂的颗粒为乒乓球状,不疏松,粒度大小不均。聚乙烯醇为分散剂时,所得 PVC 为疏松状棉花球状的多孔树脂,吸收增塑剂速度快,加工塑化性能好,热稳定性好。工业上使用较多的是纤维素类和醇解度为 75%～90% 的聚乙烯醇为主分散剂,非离子型表面活性剂山梨糖醇酯为助分散剂,两者进行复合使用效果较好。

氯乙烯悬浮聚合温度的高低决定聚合产物的相对分子质量大小,在一定的聚合温度下,聚氯乙烯的平均相对分子质量与引发剂浓度基本无关,聚合温度成为影响聚合物相对分子质量的决定因素,在较低的温度下有利于链增长。当温度升高时,大分子自由基与单体之间的链转移反应就成为氯乙烯悬浮聚合反应起主导作用的链终止方式。一般情况下,氯乙烯的聚合反应应控制在较低温度,即 40～60 ℃,且不允许有较大的温度波动。

聚氯乙烯具有较高的硬度和力学性能,电性能也较好,大约有一半应用于建筑行业,主要用作管材、板材、门窗、地板等,还有相当一部分用于电气行业,作为电线、电缆护套。聚氯乙烯还大量地用于制造薄膜,用于工农业生产和人们的日常生活。

2.11.4　聚苯乙烯

通用级聚苯乙烯可采用本体聚合法和悬浮聚合法生产。

1. 苯乙烯的本体聚合工艺

苯乙烯本体聚合工艺采用连续法比较普遍,大体分为两类,一类采用分段聚合,逐步排除反应热,最终达到聚合反应完全;另一类是聚合反应到一定程度,转化率约达 40% 停止反应,分离出来反应的单体循环使用。对于苯乙烯分段聚合的工艺流程有 3 种,即塔式反应流程、少量溶剂存在下的生产流程和压力釜串联流程,其中以塔式反应流程历史最久,技术成熟,但生产能力有限。塔式流程主要分为 3 个阶段:预聚合、后聚合和熔体挤出造粒。

①预聚合。原料苯乙烯从苯乙烯车间定时送入苯乙烯储槽,再用泵打到高位槽中,然后由高位槽经过滤器与流量计连续流入经 N_2 置换的预聚釜中,在预聚釜中,通 N_2 保护。苯乙烯被循环于钢制夹套中的热水间接加热到 80 ℃进行聚合,反应停留时间视工艺条件而定。反应温度为 80～100 ℃时,聚合物浓度最高达到 35%,如果转化率更高,则黏度过大。为了提高反应速率,缩短停留时间,预聚温度可提高到 115～120 ℃,此时停留时间为 4～5 h,反应物料中聚苯乙烯浓度可达 50%。为了减少苯乙烯单体损失,预聚合反应在密闭式压力釜中进行。

②后聚合。苯乙烯预聚物或称预聚浆自两台预聚釜底部经阀门沿加热导管连续地流入聚合塔中，在135～235 ℃下进行聚合。在聚合塔中，物料呈柱塞式层流状态或在螺旋推进装置作用下向前流动，而不产生返混现象。塔式反应器通常分为6～8节，第一段无物料，自第二段起分段用载热或工频感应电热加热到150～240 ℃。第二、三塔节温度为150～180 ℃，反应主要在此进行。汽化苯乙烯经塔顶冷凝器冷凝再循环入单体储槽内，供循环使用。从第三塔节以下若干塔节物料温度逐渐升高到240 ℃，使反应完全。

③熔体挤出造粒。后聚合完毕，熔融状态聚合物自聚合塔底部用调节螺杆挤出机送出，流成细条状，经冷却水槽冷却成固态，再经切粒机切成一定大小的颗粒。

2. 苯乙烯的悬浮聚合工艺

苯乙烯悬浮聚合可以分为低温聚合和高温聚合两种。

①苯乙烯的低温悬浮聚合。苯乙烯单体与去离子水比值为(1∶1.4～1∶1.6)分散剂一般为聚乙烯醇，引发剂为过氧化苯甲酰。聚合过程为，80 ℃的热水溶解聚乙烯醇，然后加入溶有引发剂的苯乙烯，升温到85 ℃，聚合8～10 h，通蒸汽升温到100～105 ℃，去除未聚合的单体并可以降低粘釜现象，过滤、洗涤、干燥、包装。低温聚合的分子量在20万左右，主要用于制备泡沫PS材料。

②苯乙烯的高温悬浮聚合。苯乙烯高温聚合采用 Na_2CO_3(16%)和 $MgSO_4$(16%)制备的 $MgCO_4$ 为主分散剂，以苯乙烯-马来酸酐的共聚物钠盐(SM-Na)为助分散剂。苯乙烯高温聚合的特点有：不用引发剂，反应速度快，在高温条件下反应；用无机盐作悬浮剂(分散剂)，故聚合物产品外表面无表面膜，易于洗涤分离；没有引发剂，可以全面提高产品性能；高温聚合使物料的黏度减小，解决了传热和粘釜问题；原料来源方便，成本低。

由于聚苯乙烯具有透明、价廉、刚性、绝缘和卫生性好等优点，故在家用电气、电子电气工业和通用器材工业等领域具有广泛用途。

2.11.5 聚丙烯腈

聚丙烯腈(PAN)的工业用途是制造丙烯腈纤维，即腈纶纤维，它是三大合成纤维之一。由于外观、手感、弹性、保暖性等方面类似羊毛，所以有合成羊毛之称，用途广泛，原料丰富，发展迅速。

由于PAN的特点是脆性大、熔点高、染色性差，加热到300 ℃时，PAN不到熔融状态开始分解。其熔点高是由于 —CN 基团与相邻的氢形成"氢键"使局部结晶，大分子的韧性差，故聚合物发脆。因此利用共聚降低熔点，增加其柔顺性，改善其染色性。常见的聚丙烯腈纤维都是以丙烯腈为主的三元共聚物，其中除第一单体丙烯腈外，还要采用第二单体和第三单体。第二单体主要是丙烯酸甲酯、甲基丙烯酸甲酯、乙酸乙烯酯，第三单体主要是含酸性基团的乙烯基单体。

工业上采用的聚合方法可分为均相溶液聚合(一步法)和非均相溶液聚合(两步法)。均相溶液聚合就是所用的溶剂既能溶解单体，又能溶解聚合物，聚合结束，聚合液可直接纺丝，所以该法又称为腈纶生产。非均相聚合所用的介质(水)只能溶解或部分溶解单体而不能溶解所得到的聚合物，聚合过程中聚合物不断地呈絮状沉淀析出。一步法采用油溶性引发剂，以硫氰酸钠的水溶液为溶剂，PAN溶于其中可直接用于纺织。其优点在于，反应热容易控制,产品均一,可以连续聚合,连续纺丝。但溶剂对聚合有一定影响,同时还要有溶剂回收工序。两步法以水为反应介质,水溶性引发剂引发聚合,PAN 不溶于水溶液,用硫氰酸钠水溶液溶解 PAN 后纺织。其优点在于反应温度低,产品色泽洁白,可以得到相对分子质量分布窄的产品,工业上采用此方法时聚合速度快,转化率高,无溶剂回收工序等。缺点是纺丝前要进行聚合物的溶解工序。

在丙烯腈一步法聚合生产过程中,首先将第三单体与质量分数为 4% 的 NaOH 溶液配成质量分数为 13.5% 的盐溶液,将此溶液与引发剂(AIBN)和染色剂(二氧化硫脲)混合,调节 pH=4～5,然后加入溶有丙烯腈和第二单体的硫氰酸钠水溶液的聚合釜中,反应温度为 75～80 ℃,反应时间为 90 min,转化率为 70%～75%,聚合后的浆液在两个脱单体塔内真空脱单体,从脱单体塔出来的混合蒸汽冷凝成液体,循环使用。聚合物中单体的质量分数小于 2%,可直接送去纺丝。

丙烯腈的两步法又称为水相沉淀聚合。单体在水中有一定的溶解度,当用水溶性引发剂引发聚合时,生成聚合物不溶于水而从水相中沉淀析出,所以称为沉淀聚合,又称为水相悬浮聚合。丙烯腈水相沉淀聚合的主要组分是丙烯腈、丙烯酸甲酯、第三单体、水、分散剂及引发剂等。其引发剂一般采用水溶性的氧化-还原引发体系。

连续式水相沉淀聚合工艺过程为,单体、引发剂和水通过计量泵打入聚合釜,用酸调节聚合液的 pH,在 40 ℃下进行聚合反应,控制一定的转化率,然后将聚合釜内含单体的聚合淤浆压至碱终止釜,用氢氧化钠水溶液调节 pH 使反应终止。将含有单体的淤浆送至脱单体塔,用低压蒸汽在减压下驱赶未反应的单体并将其回收。脱除单体后的聚合物淤浆经脱水、洗涤、干燥即得粉状丙烯腈共聚物。

由于丙烯腈共聚物受热时不熔融,所以只能采用溶液纺丝法——干法及湿法纺丝。干法生产长纤维,湿法生产短纤维。

聚丙烯腈具有优良的耐光、耐气候性,所以除做衣裳及毛毯外,最适宜做室外织物,如帐篷、苫布等。聚丙烯腈经过高温处理可以得到碳纤维和石墨纤维。碳纤维是宇宙飞船、火箭以及工业耐高温、防腐蚀领域的良好材料。

趣味阅读

　　自从 20 世纪 70 年代初白川英树等人发现导电聚合物以来,这一新领域已取得长足发展,并引起了化学、物理、材料、电子、生物等领域科学家的密切关注,导电聚合物的新品种层出不穷、新应用日益拓展,且已有部分技术实现了商品化。本文主要对白川英树在导电聚合物的发现与发展中所起的作用进行介绍。

　　白川英树 1936 年 8 月 20 日出生于日本东京,其父是一位医生。1955 年,白川英树从日本岐阜县县立高山中学毕业时,并没有因为父亲是医生就去选择医学专业进行深造,而是选择了化学专业。白川英树怀着对化学的浓厚兴趣和执著追求,经过几年的努力,于 1961 年从日本东京工业大学高分子化学系毕业,并获得学士学位,1966 年获得工学博士学位,博士毕业后便留在母校工作。1966～1979 年任资源研究所助理教授。1976～1977 年间受聘于美国宾夕法尼亚大学做博士后研究,在此期间与黑格、马克迪尔米德教授合作,对他开发的聚合物半导体——聚乙炔进行掺杂研究,使其导电性提高了 10^7 倍,为获取 2000 年诺贝尔化学奖的工作奠定了良好的基础。从美国回到日本后,白川英树于 1979 年转任日本筑波大学材料系副教授,1982 年升任教授,2000 年 3 月从筑波大学退休后,仍任该校名誉教授。

白川英树对导电聚合物研究的主要贡献在于他首次合成出高性能的膜状聚乙炔。聚乙炔是结构很简单的低维共轭聚合物,从 20 世纪 50 年代有机半导体研究开始时就受到众多研究者的瞩目。

20 世纪 60 年代,白川英树在日本东京工业大学攻读博士学位采用齐格勒-纳塔催化剂研究乙炔的聚合反应,其目的在于探讨三聚体的形成过程和制备聚乙炔薄膜。在 Sakaji Ikeda 教授指导下,白川英树发明了一种先将催化剂 $Ti(OBu)_4/AlEt_3$ 溶于甲苯,制成膜,然后利用乙炔气体的分压来控制它在催化剂膜上聚合速率的办法,并制得顺式聚乙炔。一次,白川英树的一位学生在做乙炔聚合成膜实验研究时,误将高于正常用量 1 000 倍的催化剂加入反应体系,在催化溶液的表面上形成一层具有银白色光泽的膜状物。白川英树并没有责备学生的失误,而是以此作为切入点,进行了深入细致的研究,终于发现了用一种改性的齐格勒-纳塔型催化剂,在高浓度下得到具有金属光泽的膜状聚乙炔的有效方法。采用该方法所制得的聚乙炔是一种结构相当规整的材料,有较高的结晶度,且表观密度只有 $0.4\ \mathrm{g/cm^3}$,这无疑为对其进行掺杂提供了极好的基础。同时,白川英树等人还开发出改变反应条件,控制聚合反应产物中顺反式聚乙炔异构体比例的技术。用 X 射线衍射和扫描电子显微镜(SEM)对所得各种比例的聚乙炔薄膜进行研究的结果表明,它们都是结晶体,并由一些互相缠绕的纤维组成,但这些材料都属于半导体,室温下反式聚乙炔的导电性能优于顺式聚乙炔。

如何进一步深入研究,提高聚乙炔膜的导电性是白川英树面临的又一道难题。他在得到半导体聚乙炔膜之后,又进行了氯和溴的掺杂研究,发现了卤素掺杂聚乙炔有可能具有异乎寻常的电学特性的征兆。然而,白川英树的发现并未在日本学术界受到特别重视。尽管如此,白川英树并没有中断或放弃对聚乙炔导电性的研究。1976 年,白川英树应马克迪尔米德的邀请赴美国宾夕法尼亚大学与黑格、马克迪尔米德合作研究半导性聚乙炔膜电导性的改进问题。

白川英树在合作研究中主要负责适用于掺杂的聚乙炔膜的合成研究,这也是合作研究的关键性必备材料。据白川英树后来回忆,他们为了制得聚乙炔纯样品,然后再进行掺杂试验,经过了无数个日日夜夜的实验与失败,终于实现了第一个全有机导电聚合物,碘掺杂聚乙炔的导电性提高了 7 个数量级。由此在全世界范围内开辟了一个基础研究与应用研究紧密结合的新研究领域。

白川英树从美国回到日本后,继续从事聚乙炔的合成、结构与性能关系方面的研究。白川英树等还发现,顺式聚乙炔掺杂后,电导率增加更为明显,碘可以先使聚合物完全异构化为反式,更加有利于有效地掺杂,掺杂聚乙炔的取向性更好,用 AsF_5 掺杂的顺式聚乙炔的电导率可提高 1 011 倍,这项工作开创了塑料电子学(plastic electronics)的新领域。

白川英树在科学信念上十分执着,只要是他认准了的方向,即使暂时不被理解,他也会毫不犹豫地走自己认定的路。化学专业的选择和对聚合物导电性的研究充分体现了白川英树的坚定信念与决心。对于关键性实验,他喜欢亲自动手做,这一习惯伴随着他直到退休。退休后的白川英树教授除了担任日本筑波大学名誉教授之外,还担任《合成金属》(Synth Metal)杂志编委,继续在为导电聚合物的研究与发展发挥着作用。

习 题

1. 下列烯类单体适于何种聚合机理?并说明理由。
(1) $CH_2=CHCl$;(2) $CH_2=CCl_2$;(3) $CH_2=CHCN$;(4) $CH_2=C(CN)_2$;
(5) $CH_2=CHCH_3$;(6) $CH_2=C(CH_3)_2$;(7) $CH_2=CHC_6H_5$;(8) $CF_2=CF_2$;
(9) $CH_2=C(CN)COOR$;(10) $CH_2=C(CH_3)—CH=CH_2$

2. 判断下列烯类能否进行自由基聚合,并说明理由。
(1) $CH_2=C(C_6H_5)_2$;(2) $ClHC=CHCl$;(3) $CH_2=C(CH_3)C_2H_5$;
(4) $CH_3CH=CHCH_3$;(5) $CH_2=C(CH_3)COOCH_3$;
(6) $CH_2=CHOCOCH_3$;(7) $CH_3CH=CHCOOCH_3$;
(8) $CF_2=CFCl$;(9) $CH_2=CHOR$;(10) $CH_2=CHCH_3$

3. 写出下列常用引发剂的分子式和分解式:
(1)偶氮二异庚腈;(2)过氧化十二酰;(3)过氧化二碳酸二环己酯;
(4)过氧化异丙苯;(5)过硫酸钾-亚硫酸氢钠;(6)过氧化氢-亚铁盐;
(7)过氧化二苯甲酰二甲基苯胺。
其中哪些属于水溶性,使用场所有何不同?

4. 以偶氮二异丁腈为引发剂,写出氯乙烯聚合历程中各基元反应式。

5. 自由基聚合时,转化率和相对分子质量随时间的变化有何特征?与机理有何关系?

6. 自由基聚合中,引发剂的选择应考虑哪些问题?

7. 解释引发效率、诱导分解和笼蔽效应。

8. 推导自由基聚合动力学方程时,做了哪些基本假定?聚合速率与引发剂浓度平方根呈正比,是哪一机理造成的?这一结论的局限性怎样?

9. 解释自动加速现象及其产生的原因。

10. 何谓动力学链长?何谓数均聚合度?影响动力学链长、数均聚合度以及它们之间的关系的因素有哪些?

11. 自由基聚合的链引发方式有哪几种?

12. 自由基聚合反应向大分子链转移反应的结果怎样?

13. 自由基聚合反应的特点是什么?

14. 试讨论自由基聚合反应中温度对聚合反应速率以及相对分子质量的影响。

15. 悬浮聚合法生产聚氯乙烯时,为什么常采用高活性和中活性引发剂并用的引发体系?

16. 用图示的方法,比较在自由基聚合和逐步聚合中:

(1)单体转化率与反应时间的关系;

(2)聚合物相对分子质量与反应时间的关系。

17.什么是引发剂的半衰期?它与引发剂的分解速率常数有什么关系?

18.何谓阻聚作用和缓聚作用,阻聚剂和缓聚剂?

19.什么称为链转移反应?有几种形式?对聚合速率和相对分子质量有何影响?什么称为链转移常数?与链转移速率常数的关系?

20.写出自由基聚合反应的几步基元反应(用通式简写)。

21.导致引发效率 $f<1$ 的原因有哪些?

22.解释诱导期产生的原因,与阻聚杂质关系怎样?

23.氯乙烯、苯乙烯、甲基丙烯酸甲酯聚合时,都存在自动加速现象,3 者有何异同?氯乙烯悬浮聚合时,选用半衰期适当(如 2 h)的引发剂,基本上接近匀速反应,解释其原因,这 3 种单体聚合的终止方式有何不同?

24.在自由基聚合中,影响聚合速率和聚合度的因素有哪些?是如何影响的?

25.对于双基终止的自由基聚合,每一大分子含有 1.30 个引发剂残基。假定无链转移反应,试计算歧化和偶合终止的相对量。

26.在 60 ℃下,用碘量法测定过氧化二环己酯 DCPD 的分解速率,见表 2.14。求分解速率常数和半衰期。

表 2.14 过氧化二环己酯分解速率表

时间 t/h	0	0.2	0.7	1.2	1.7
DCPD 浓度/(mol·L^{-1})	0.075 4	0.066 0	0.048 4	0.033 4	0.028 8

27.单体溶液浓度为 0.20 mol/L,过氧类引发剂浓度为 $4.0×10^{-3}$ mol/L,在 60 ℃下加热聚合,如果引发剂半衰期为 44 h,引发效率 $f=0.80$,$k_p=145$ L/(mol·s),$k_t=7.0×10^7$ L/(mol·s),欲达到 50% 转化率,需多长时间?

28.用过氧化二苯甲酰作引发剂,苯乙烯聚合时各基元反应活化能为 $E_d=125.6$ kJ/mol,$E_p=32.6$ kJ/mol,$E_t=10$ kJ/mol,试比较从 50 ℃增至 60 ℃以及从 80 ℃增至 90 ℃,总反应速率常数和聚合度变化的情况怎样?

29.用过氧化二苯甲酰作引发剂,苯乙烯在 60 ℃进行本体聚合,试计算引发、向引发剂转移、向单体转移 3 部分在聚合度倒数中各占多少百分比?对聚合度各有什么影响?计算时选用下列数据:

$[I]=0.04$ mol/L,$f=0.8$,$K_d=2.0×10^{-6}$ s^{-1},$K_P=176$ L/(mol·s),

$K_t=3.6×10^7$ L/(mol·s),$\rho(60 ℃)=0.887$ g/mL,$C_I=0.05$,$C_M=0.85×10^{-4}$

30.下述两种配方,使苯乙烯在苯中用过氧化二苯甲酰在 60 ℃下引发自由基聚合。

(1)$[BPO]=2×10^{-4}$ mol/L,$[S_t]=416$ g/L;

(2)$[BPO]=6×10^{-4}$ mol/L,$[S_t]=83.2$ g/L。

设 $f=1$,试求上述两种配方的转化率为 10% 时所需要的时间比。

31.醋酸乙烯在 60 ℃以偶氮二异丁腈为引发剂进行本体聚合,其动力学数据如下:

$K_d=1.16×10^{-5}$ S^{-1}, $K_p=3 700$ L/(mol·s),

$K_t=7.4×10^7$ L/(mol·s),$[M]=10.86$ mol/L,

$[I]=0.206\times10^3$ mol/L, $\quad C_M=1.91\times10^4$

偶合终止占动力学终止的 90%，试求所得聚醋酸乙烯的动力学链长。

32. 已知过氧化二苯甲酰在 60 ℃的半衰期为 48 h，甲基丙烯酸甲酯在 60 ℃的 $K_p^2/K_t=1.0\times10^{-2}$ L/(mol·s)。如果起始投料量为 100 mL 溶液（溶剂为惰性）中含 20 g 甲基丙烯酸甲酯和 0.1 g 过氧化二苯甲酰，试求：

(1)10%单体转化为聚合物需多少时间？

(2)反应初期生成的聚合物的数均聚合度(60 ℃下 85%歧化终止，15%偶合终止，按 $f=1$ 计算)。

33. 苯乙烯在 60 ℃以过氧化二特丁基为引发剂，苯为溶剂进行聚合，当苯乙烯的浓度为 1.0 mol/L，引发剂浓度为 0.01 mol/L 时，引发剂和聚合物的初速率分别为 4.0×10^{-11} mol/(L·S)和 1.5×10^{-7} mol/(L·S)，试计算生成的聚合物的数均聚合度（已知该温度下 $C_M=8.0\times10^{-5}$，$C_I=3.2\times10^{-4}$，$C_S=2.3\times10^{-6}$，苯乙烯密度为 0.887 g/mL，苯的密度为 0.839 g/mL，假定苯乙烯体系为理想溶液，动力学链终止完全为偶合终止而无歧化终止）。

34. 醋酸乙烯在 60 ℃以偶氮二异丁腈为引发剂进行本体聚合，其动力学数据如下：

$K_d=0.000\ 011\ 68^{-1}$，$K_p=3\ 700$ L/mol·S，$K_t=74\ 000\ 000$ L/(mol·s)，$[M]=10.86$ mol/L，$[I]=0.000\ 206$ mol/L，偶合终止占动力学终止的 90%。试求所得聚醋酸乙烯的数均聚合度 $\overline{X}_n$（已知 $f=1$，假定只发生双基终止）。

35. 聚合体系，单体浓度为 2.4 mol/L，10 min 时转化率为 0.6%；聚合物的数均聚合度 $\overline{X}_n=3\ 000$；如果在该体系中加 1,1-二苯基-2-三硝基苯肼（DPPH）浓度为 9×10^6 mol/L，测得诱导期为 15 min，计算歧化终止分率为多少？

36. 已知，某自由基聚合的 $K_t=3.58\times10^7$ L/(mol·s)，$K_d=3.28\times10^{-6}$ L/(mol·s)，单体浓度 $[M]=8.53$ mol/L，引发剂浓度 $[I]=3.095\times10^{-3}$ mol/L，测得聚合速率 $R_p=2.55\times10^3$ mol/(L·s)，引发效率 $f=0.8$。求链增长速率常数 K_p。

37. 在一定条件下，可以制得相对分子质量为 50 000 的聚苯乙烯，常用正丁醇($C_S=21$)来调节相对分子质量，问加入多少才能得到相对分子质量为 10 000 的聚苯乙烯。

第 3 章　自由基共聚合

3.1　共聚合反应的特征

3.1.1　共聚合反应及分类

共聚合反应(copolymerization):两种或多种单体共同参加的加成聚合反应,形成的聚合物分子链中含有两种或多种单体单元,该聚合物称为共聚物(copolymer)。如:

$$n\,CH_2{=}\underset{\displaystyle Cl}{\underset{|}{CH}} + m\,CH_2{=}\underset{\displaystyle OCOCH_3}{\underset{|}{CH}} \longrightarrow \left[\left(CH_2\underset{\displaystyle Cl}{\underset{|}{CH}} \right)_x \left(CH_2\underset{\displaystyle OCOCH_3}{\underset{|}{CH}} \right)_y \right]$$

根据参加共聚反应的单体数量,共聚合反应可分为以下 3 种类型:

①两种单体参加的共聚反应称为二元共聚,理论研究得相当详细,是本章的研究重点。

②3 种单体参加的共聚反应称为三元共聚。

③多种单体参加的共聚反应称为多元共聚。

由于三元共聚和多元共聚的动力学和共聚物组成都相当复杂,在此不做进一步研究。

缩聚反应是指官能团间的反应,机理往往属于逐步聚合,如聚酯和尼龙-6,6 的合成,大多是含不同基团的两种单体的缩合反应,形成的缩聚物也由两种结构单元组成,但不称为共缩聚。对于同种基团的两种单体与另一种基团单体的缩聚才称为共缩聚。需要注意的是,共聚合反应这一名称多用于连锁聚合的范畴,如自由基共聚(自由基机理进行聚合)、离子共聚等。

3.1.2　共聚物的类型与命名

对于二元共聚,按照两种结构单元在大分子链中的排列方式不同,共聚物分为 4 种类型:无规共聚物(random copolymer)、交替共聚物(alternative copolymer)、嵌段共聚物(block copolymer)以及接枝共聚物(graft copolymer)

(1)无规共聚物

大分子链上 M_1、M_2 结构单元呈无规则排列,自由基共聚物大多属于无规共聚物,如氯乙烯-醋酸乙烯酯。

$$\sim\sim M_1M_2M_2M_1M_2M_2M_2M_1M_1\sim\sim$$

(2)交替共聚物

大分子链上 M_1、M_2 单元交替排列,即严格相间,如苯乙烯-马来酸酐溶液共聚所得的聚合物属于交替共聚物。

$$\sim\sim M_1 M_2 M_1 M_2 M_1 M_2 \sim\sim$$

（3）嵌段共聚物

大分子链是由较长的链段 M_1 和另一较长的链段 M_2 构成，M_1、M_2 链段成段出现。

$$\sim\sim M_1 M_1 M_1 M_1 \sim\sim M_2 M_2 M_2 M_2 \sim\sim M_1 M_1 M_1 \sim\sim$$

根据两种链段在分子链中出现的情况，又有 AB 型、ABA 型和（AB）$_x$ 型，如苯乙烯（S）-丁二烯（B）-苯乙烯（S）形成三嵌段共聚物（SBS），即 SBS 热塑性橡胶属于嵌段共聚物。

（4）接枝共聚物

共聚物主链由单元 M_1 组成，并接枝另一单元 M_2 组成的支链，如高抗冲性的聚苯乙烯（HIPS），它是以聚丁二烯作主链，接枝上苯乙烯作为支链以提高其抗冲性。

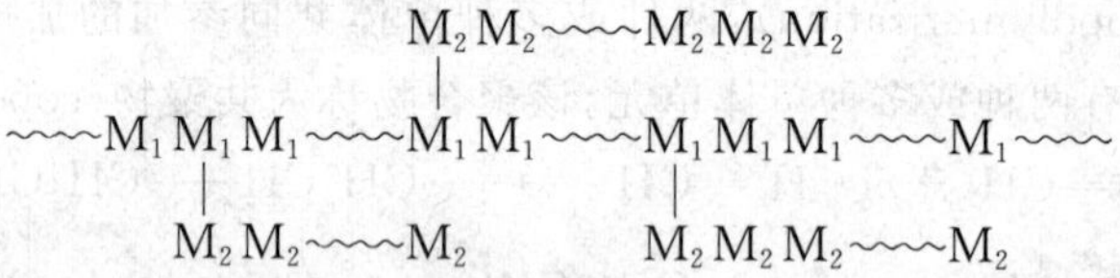

$$
\begin{array}{c}
M_2 M_2 \sim\sim M_2 M_2 M_2 \\
| \\
\sim\sim M_1 M_1 M_1 \sim\sim M_1 M_1 \sim\sim M_1 M_1 M_1 \sim\sim M_1 \\
|\qquad\qquad\qquad\qquad | \\
M_2 M_2 \sim M_2 \qquad M_2 M_2 M_2 \sim M_2
\end{array}
$$

无规和交替共聚物为均相体系，可由一般共聚反应制得；嵌段和接枝共聚物往往呈非均相，由特殊反应制得。

对于共聚物的命名原则可以遵循绪论中的高分子命名原则：聚XX-XX或XX-XX共聚物。两单体名称以短线相连，前面加"聚"字或后面加"共聚物"，如聚丁二烯-苯乙烯、氯乙烯-醋酸乙烯共聚物。

IUPAC（纯化学与应用化学国际联合会）的命名原则是在两单体间插入表明共聚物类型的符号。如：

① - co -：copolymer（无规），如 chloroethylene（氯乙烯）- co - vinyl acetate（醋酸乙烯酯），无规共聚物名称中，前面的单体为主单体，后面的单体为第二单体。

② - alt -：alternating（交替）。

③ - b -：block（嵌段），嵌段共聚物名称中，前后单体代表聚合的次序，如 polybutadiene（丁二烯）- b - Styrene（苯乙烯）。

④ - g -：graft（接枝），接枝共聚物名称中，前面的单体为主链，后面的单体为支链。

3.1.3　研究共聚反应的意义

在理论上可以研究反应机理，可以测定单体、自由基的活性，控制共聚物的组成与结构，设计合成新的聚合物。在实际应用上，共聚合是改进聚合物性能和用途的重要途径。如普通聚苯乙烯均聚物性脆、抗冲击强度低，实用意义不大。聚苯乙烯是用途广泛的通用塑料，世界年产量超过 600 万吨，大部分是共聚物，不仅用作塑料，还作为合成橡胶。在苯乙烯聚合体系中加入聚丁二烯，使苯乙烯在聚丁二烯主链上接枝共聚合，苯乙烯和丁二烯链段分别聚集，产生相分离，形成"海岛"结构。聚丁二烯相区可吸收冲击能，提高了聚苯乙烯的冲击强度，形成 HIPS。苯乙烯与丁二烯进行自由基乳液共聚可以获得无规共聚物——丁苯橡胶（Styrene - Butadiene Rubber，SBR）。丁苯橡胶抗张强度接近天然橡胶，耐候性能优于天然橡胶，广泛用于制造轮胎、地板、鞋底、衣料织物和电绝缘体。聚氯乙烯

(PVC)机械性能较好,介电性能优异,但对光、热稳定性差,脆性大。若与醋酸乙烯酯(VAC)共聚,VAC 起到内增塑作用,使流动性能改善,柔顺性增大,变得易于加工。质量分数约为 5％VAC 的硬共聚物可用于制造挤压管、薄板和唱片;质量分数为 20％～40％VAC 的软质共聚物可用于制造管材、胶片、薄板、雨篷、手提包和地板砖等。

共聚合反应还扩大了单体的原料来源。由于均聚物的种类有限,几十种的单体分别均聚,只能得到相同数目的均聚物。如将这几十种单体相互之间进行共聚,则可以得到几百到几千种二元共聚物。另外,有些单体自身难以聚合,却能和其他单体进行共聚合。如顺丁烯二酸酐(马来酸酐)难以均聚,却易与苯乙烯共聚。表 3.1 列出了典型的共聚物及其性能和用途。

表 3.1 典型的共聚物及其性能和用途

主单体	第二单体	改进的性能和主要用途
乙烯	乙酸乙烯酯	增加柔性,软塑料,可作聚氯乙烯共混料
乙烯	丙烯	破坏结晶性,增加柔性和弹性,可作乙丙橡胶
异丁烯	异戊二烯	引入双键供交联用,可作丁基橡胶
丁二烯	苯乙烯	增加强度,耐磨耗,可作通用丁苯橡胶
丁二烯	丙烯腈	增加耐油性,可作丁腈橡胶
苯乙烯	丙烯腈	提高抗冲强度,可作增韧塑料
氯乙烯	乙酸乙烯酯	增加塑性和溶解性能,可作塑料和涂料
四氟乙烯	全氟丙烯	破坏结构规整性,增加柔性,可作特种橡胶
甲基丙烯酸甲酯	苯乙烯	改善流动性和加工性能,可作塑料
丙烯腈	丙烯酸甲酯衣康酸	改善柔软性和染色性能,可作合成纤维

3.2 二元共聚物的组成

3.2.1 共聚物组成方程

由于两种单体的化学结构不同,聚合活性有差异,因此在共聚合反应中,进入共聚物链中的单体比例(即共聚物组成)与单体配料组成往往不同。聚合中,先后生成的共聚物的组成也不一致,随转化率而改变,因此共聚物组成存在瞬时组成、平均组成以及序列分布等问题。

1944 年,由 Mayo 和 Lewis 推导出来共聚物组成方程,即共聚物组成与单体组成的定量关系式,是以共聚物组成摩尔比表示的微分方程。

共聚反应的反应机理与均聚反应基本相同,包括链引发、链增长、链转移和链终止等基元反应,但在链增长过程中其增长链活性中心是多样的。依据自由基均聚反应的推导过程和假定,在共聚合组成方程的推导中作如下假定:

①自由基活性与链长无关,这个等活性理论与处理均聚动力学时相同。

②前末端(倒数第二)单元结构对自由基活性无影响,即自由基活性仅决定于末端单元的结构。

③无解聚反应,即不可逆聚合。

④共聚物聚合度很大,链引发和链终止对共聚物组成的影响可以忽略。

⑤稳态,要求自由基总浓度和两种自由基的浓度都不变,除引发速率和终止速率相等外,还要求 M_1 和 M_2 两自由基相互转变的速率相等。

对于二元共聚合反应有 2 种链引发、4 种链增长、3 种链终止反应。

链引发:

$$R \cdot + M_1 \xrightarrow{k_{i1}} R M_1^{\cdot}$$

$$R \cdot + M_2 \xrightarrow{k_{i2}} R M_2^{\cdot}$$

式中,k_{i1},k_{i2}分别代表初级自由基引发单体 M_1 和 M_2 的速率常数。

链增长:

$$\text{反应 1:} \sim M_1^{\cdot} + M_1 \xrightarrow{k_{11}} \sim M_1^{\cdot}, R_{11} = k_{11}[M_1^{\cdot}][M_1] \tag{3.1}$$

$$\text{反应 2:} \sim M_1^{\cdot} + M_2 \xrightarrow{k_{12}} \sim M_2^{\cdot}, R_{12} = k_{12}[M_1^{\cdot}][M_2] \tag{3.2}$$

$$\text{反应 3:} \sim M_2^{\cdot} + M_1 \xrightarrow{k_{21}} \sim M_1^{\cdot}, R_{21} = k_{21}[M_2^{\cdot}][M_1] \tag{3.3}$$

$$\text{反应 4:} \sim M_2^{\cdot} + M_2 \xrightarrow{k_{22}} \sim M_2^{\cdot}, R_{22} = k_{22}[M_2^{\cdot}][M_2] \tag{3.4}$$

式中,R_{11} 和 k_{11} 分别表示自由基 $M_1^{\cdot}$ 和单体 M_1 反应的增长速率和增长速率常数,其余类推。反应 1 和 3 消耗单体 $[M_1]$,反应 2 和 4 消耗单体 $[M_2]$,其中活性链末端与同种单体之间的链增长反应称为同系链增长反应(如反应 1 和 4);而与不同种单体之间的反应称为交叉链增长反应(如反应 2 和 3)。

注:速率常数及速率的下标中,第一个数字表示某自由基,第二个数字表示某单体。如 k_{12} 表示 M_1 自由基与 M_2 单体反应的速率常数;R_{12} 表示 M_1 自由基与 M_2 单体反应的共聚速率。

链终止(主要是双基终止):

$$\sim M_1^{\cdot} + \cdot M_1 \sim \xrightarrow{k_{t11}} P, R_{t11} = 2k_{t11}[M]^2 \tag{3.5}$$

$$\sim M_1^{\cdot} + \cdot M_2 \sim \xrightarrow{k_{t12}} P, R_{t12} = 2k_{t12}[M_1^{\cdot} | M_2^{\cdot}] \tag{3.6}$$

$$\sim M_2^{\cdot} + \cdot M_2 \sim \xrightarrow{k_{t22}} P, R_{t22} = 2k_{t22}[M_2^{\cdot}]^2 \tag{3.7}$$

根据共聚物聚合度很大的假定,链引发和链终止对共聚物组成的影响甚微,M_1、M_2 的消耗速率仅取决于链增长速率,即

$$-\frac{d[M_1]}{dt} = R_{11} + R_{21} = k_{11}[M_1^{\cdot}][M_1] + k_{21}[M_2^{\cdot}][M_1] \tag{3.8}$$

$$-\frac{d[M_2]}{dt} = R_{12} + R_{22} = k_{12}[M_1^{\cdot}][M_2] + k_{22}[M_2^{\cdot}][M_2] \tag{3.9}$$

两单体消耗速率之比等于两单体进入共聚物的速率比,即

$$\frac{\text{某一瞬间进入共聚物中的 } M_1 \text{ 单体单元}}{\text{某一瞬间进入共聚物中的 } M_2 \text{ 单体单元}} = \frac{-\dfrac{d[M_1]}{dt}}{-\dfrac{d[M_2]}{dt}}$$

$$= \frac{\mathrm{d}[\mathrm{M}_1]}{\mathrm{d}[\mathrm{M}_2]} = \frac{k_{11}[\mathrm{M}_1^{\bullet}][\mathrm{M}_1] + k_{21}[\mathrm{M}_2^{\bullet}][\mathrm{M}_1]}{k_{12}[\mathrm{M}_1^{\bullet}][\mathrm{M}_2] + k_{22}[\mathrm{M}_2^{\bullet}][\mathrm{M}_2]} \tag{3.10}$$

根据假定④：

$$\frac{\mathrm{d}[\mathrm{M}_1^{\bullet}]}{\mathrm{d}t} = \underbrace{R_{11} + k_{21}[\mathrm{M}_2^{\bullet}][\mathrm{M}_1]}_{\text{形成}[\mathrm{M}_1^{\bullet}]\text{链自由}} - \underbrace{k_{12}[\mathrm{M}_1^{\bullet}][\mathrm{M}_2] - R_{\mathrm{t}12} - R_{\mathrm{t}11}}_{\text{消耗}[\mathrm{M}_1^{\bullet}]\text{链自由}} = 0 \tag{3.11}$$

基的速率　　　　　　　　基的速率

$$\frac{\mathrm{d}[\mathrm{M}_2^{\bullet}]}{\mathrm{d}t} = R_{12} + k_{12}[\mathrm{M}_1^{\bullet}][\mathrm{M}_2] - k_{21}[\mathrm{M}_2^{\bullet}][\mathrm{M}_1] - k_{\mathrm{t}12}[\mathrm{M}_2^{\bullet}][\mathrm{M}_1^{\bullet}] - 2k_{\mathrm{t}11}[\mathrm{M}_2^{\bullet}]^2 = 0$$

$$\tag{3.12}$$

满足上述稳态假定的要求，须有两个条件：一个是$\mathrm{M}_1^{\bullet}$和$\mathrm{M}_2^{\bullet}$的链引发速率分别等于各自的链终止速率，即自由基均聚中所作的稳态假定；另一个是$\mathrm{M}_1^{\bullet}$转变成$\mathrm{M}_2^{\bullet}$和M_2转变成$\mathrm{M}_1^{\bullet}$的速率相等，即

$$k_{12}[\mathrm{M}_1^{\bullet}][\mathrm{M}_2] = k_{21}[\mathrm{M}_2^{\bullet}][\mathrm{M}_1] \tag{3.13}$$

变换得到

$$[\mathrm{M}_2^{\bullet}] = \frac{k_{12}[\mathrm{M}_1^{\bullet}][\mathrm{M}_2]}{k_{21}[\mathrm{M}_1]} \tag{3.14}$$

代入式(3.10)得

$$\frac{m_1}{m_2} - \frac{\mathrm{d}[\mathrm{M}_1]}{\mathrm{d}[\mathrm{M}_2]} - \frac{k_{11}[\mathrm{M}_1^{\bullet}][\mathrm{M}_1] + k_{21}[\mathrm{M}_2^{\bullet}][\mathrm{M}_1]}{k_{12}[\mathrm{M}_1^{\bullet}][\mathrm{M}_2] + k_{22}[\mathrm{M}_1^{\bullet}][\mathrm{M}_2]}$$

$$= \frac{k_{11}[\mathrm{M}_1^{\bullet}][\mathrm{M}_1] + k_{21}\dfrac{k_{12}[\mathrm{M}_1^{\bullet}][\mathrm{M}_2]}{k_{21}[\mathrm{M}_1]}[\mathrm{M}_1]}{k_{12}[\mathrm{M}_1^{\bullet}][\mathrm{M}_2] + k_{22}\dfrac{k_{12}[\mathrm{M}_1^{\bullet}][\mathrm{M}_2]}{k_{21}[\mathrm{M}_1]}[\mathrm{M}_2]}$$

$$= \frac{[\mathrm{M}_1]}{[\mathrm{M}_2]} \cdot \frac{k_{11}[\mathrm{M}_1^{\bullet}][\mathrm{M}_1] + k_{12}[\mathrm{M}_1^{\bullet}][\mathrm{M}_2]}{k_{12}[\mathrm{M}_1^{\bullet}][\mathrm{M}_1] + k_{22}\dfrac{k_{12}[\mathrm{M}_1^{\bullet}][\mathrm{M}_2]}{k_{21}}} \tag{3.15}$$

约去$[\mathrm{M}_1^{\bullet}]$，并分子、分母同除以k_{12}得

$$\frac{m_1}{m_2} = \frac{\mathrm{d}[\mathrm{M}_1]}{\mathrm{d}[\mathrm{M}_2]} = \frac{[\mathrm{M}_1]}{[\mathrm{M}_2]} \times \frac{[\mathrm{M}_1]\dfrac{k_{11}}{k_{12}} + [\mathrm{M}_2]}{[\mathrm{M}_2] + \dfrac{k_{22}}{k_{21}}[\mathrm{M}_2]} \tag{3.16}$$

定义竞争聚率

$$r_1 = \frac{k_{11}}{k_{12}}, \quad r_2 = \frac{k_{22}}{k_{21}}$$

r_1、r_2是均聚和共聚链增长速率常数之比，表征两单体的相对活性，特称为竞聚率，代入上述方程(3.16)，得

$$\frac{\mathrm{d}[\mathrm{M}_1]}{\mathrm{d}[\mathrm{M}_2]} = \frac{[\mathrm{M}_1]}{[\mathrm{M}_2]} \cdot \frac{r_1[\mathrm{M}_1] + [\mathrm{M}_2]}{r_2[\mathrm{M}_2] + [\mathrm{M}_1]} \tag{3.17}$$

此式称为共聚物组成摩尔比微分方程，也称为 Mayo - Lewis 方程。

使用微分方程有时不方便，令 f_1 代表某一瞬间单体 M_1 占单体混合物的摩尔分数，F_1

代表某一瞬间单元 M_1 占共聚物的摩尔分数,则有

$$F_1 = \frac{r_1 f_1^2 + f_1 f_2}{r_1 f_1^2 + 2 f_1 f_2 + r_2 f_2^2} \tag{3.18}$$

式中,f_1、f_2 分别为某瞬间单体 M_1 和 M_2 占单体混合物的摩尔分数,有 $f_1 + f_2 = 1$;F_1 为同一瞬间单元 M_1 占共聚物的摩尔分数,即

$$F_1 = 1 - F_2 = \frac{d[M_1]}{d[M_1] + d[M_2]} \tag{3.19}$$

此式的适用条件与用到的假设与上面的公式相同。

推导如下:

$$F_1 = \frac{d[M_1]}{d[M_1] + d[M_2]} = \frac{1}{1 + \dfrac{d[M_2]}{d[M_1]}} = \frac{1}{1 + \dfrac{[M_2]}{[M_1]} \cdot \dfrac{r_2[M_2] + [M_1]}{r_1[M_1] + [M_2]}} \tag{3.20}$$

通分得

$$F_1 = \frac{r_1[M_1]^2 + [M_2][M_1]}{r_1[M_1]^2 + 2[M_2][M_1] + r_2[M_2]^2} \tag{3.21}$$

分子、分母同除以 $([M_1] + [M_2])^2$,即得

$$F_1 = \frac{\dfrac{r_1[M_1]^2}{([M_1]+[M_2])^2} + \dfrac{[M_2][M_1]}{([M_1]+[M_2])^2}}{\dfrac{r_1[M_1]^2}{([M_1]+[M_2])^2} + \dfrac{2[M_2][M_1]}{([M_1]+[M_2])^2} + \dfrac{r_2[M_2]^2}{([M_1]+[M_2])^2}} \tag{3.22}$$

根据 f_1、f_2 的定义得

$$F_1 = \frac{r_1 f_1^2 + f_1 f_2}{r_1 f_1^2 + 2 f_1 f_2 + r_2 f_2^2} \tag{3.23}$$

3.2.2　共聚物组成曲线

1. 竞聚率的意义

竞聚率是指竞争增长反应时两种单体反应活性之比,典型竞聚率数值代表的意义如下:

$r_1 = \dfrac{k_{11}}{k_{12}}$,表示以 $M_1^{\cdot}$ 为末端的增长链加本身单体 M_1 与加另一单体 M_2 的反应能力之比,$M_1^{\cdot}$ 加 M_1 的能力为自聚能力,$M_1^{\cdot}$ 加 M_2 的能力为共聚能力,即 r_1 表征了 M_1 单体的自聚能力与共聚能力之比,它是影响共聚物组成与原料单体混合物组成之间定量关系的重要因素。

①$r_1 = 0$,表示 M_1 的均聚反应速率常数为 0,不能进行自聚反应,$M_1^{\cdot}$ 只能与 M_2 反应。

②$r_1 > 1$,表示 $M_1^{\cdot}$ 优先与 M_1 反应发生链增长。

③$r_1 < 1$,表示 $M_1^{\cdot}$ 优先与 M_2 反应发生链增长。

④$r_1 = 1$,表示当两单体浓度相等时,$M_1^{\cdot}$ 与 M_1 和 M_2 反应发生链增长的几率相等。

⑤$r_1 = \infty$,表明 $M_1^{\cdot}$ 只会与 M_1 发生均聚反应,不会发生共聚反应。

为了简便而又清晰地反映出共聚物组成和原料单体组成的关系,根据摩尔分数微分方程画 F_1-f_1 曲线图(正方形框图),称为共聚物组成曲线,常用共聚物组成曲线来表征共

聚合行为。

2. 理想共聚

理想共聚是指 $r_1r_2 = 1$ 的共聚反应，分为两种情况：

①当 $r_1 = r_2 = 1$ 时，有

$$\frac{k_{11}}{k_{12}} = \frac{k_{22}}{k_{21}} = 1 \tag{3.24}$$

$$k_{11} = k_{12} = k_{22} = k_{21} \tag{3.25}$$

这是一种极端情况，表明两链自由基均聚和共聚增长几率完全相等。将 $r_1 = r_2 = 1$ 代入共聚物组成方程

$$\frac{d[M_1]}{d[M_2]} = \frac{[M_1]}{[M_2]} \tag{3.26}$$

$$F_1 = \frac{f_1^2 + f_1 f_2}{f_1^2 + 2f_1 f_2 + f_2^2} = f_1 \tag{3.27}$$

此时表明，不论原料单体组成和转化率如何，共聚物组成总是与单体组成相同。这种共聚称为理想恒比共聚，对角线称为恒比共聚线，如图 3.1 所示。

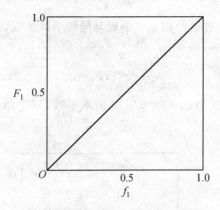

图 3.1　当 $r_1 = r_2 = 1$ 时，理想恒比
共聚的 $F_1 - f_1$ 曲线

②当 $r_1r_2 = 1$，但 $r_1 \neq r_2$ 时，为一般理想共聚，即表明不论何种链自由基与单体 M_1 及 M_2 反应时，反应的倾向完全相同，即两种链自由基已失去了它们本身的选择特性，将 $r_2 = \frac{1}{r_1}$ 代入微分方程，得

$$\frac{d[M_1]}{d[M_2]} = r_1 \frac{[M_1]}{[M_2]} \tag{3.28}$$

$$F_1 = \frac{r_1 f_1}{r_1 f_1 + f_2} \tag{3.29}$$

理想共聚的共聚物组成曲线处于对角线的上方或下方，视竞聚率而不同，与另一对角线对称，如图 3.2 所示。当 $r_1 > r_2$ 时，曲线处于恒比对角线的上方；当 $r_1 < r_2$ 时，曲线处于恒比对角线的下方。

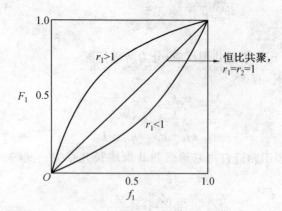

图 3.2　当 $r_1 r_2 = 1$ 时的理想共聚体系的 $F_1 - f_1$ 曲线

3. 交替共聚

交替共聚是指 $r_1 = r_2 = 0$ 的极限情况,即

$$k_{11} = k_{22} = 0 \tag{3.30}$$

$$k_{12} \neq 0, k_{21} \neq 0 \tag{3.31}$$

严格交替共聚,表明两种链自由基都不能与同种单体加成,只能与异种单体共聚。共聚物中两单元严格交替相间,即

$$\frac{d[M_1]}{d[M_2]} = 1, F_1 = 0.5$$

共聚物组成曲线是交纵坐标 $F_1 = 0.5$ 处的水平线,不论单体组成如何,共聚物的组成始终是 0.5,如图 3.3 所示。

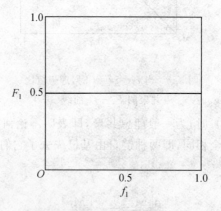

图 3.3　当 $r_1 = 0, r_2 = 0$ 时共聚体系的 $F_1 - f_1$ 曲线

但这种极端的情况很少,$r_1 > 0$(接近零)、$r_2 = 0$ 的情况常有(图 3.4),此时

$$\frac{d[M_1]}{d[M_2]} = 1 + r_1 \frac{[M_1]}{[M_2]} \tag{3.32}$$

当 $[M_2] \gg [M_1]$ 时,有

$$r_1 \frac{[M_1]}{[M_2]} \ll 1, \frac{d[M_1]}{d[M_2]} \approx 1$$

若 $[M_1] \approx [M_2]$ 时,有

$$\frac{d[M_1]}{d[M_2]} > 1$$

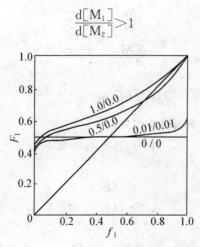

图 3.4 交替共聚曲线

（曲线上数值为 $\frac{r_1}{r_2}$）

4. 有恒比点的非理想共聚

有恒比点的非理想共聚是指 $r_1 < 1$，$r_2 < 1$ 的共聚反应，即 $k_{11} < k_{12}$，$k_{22} < k_{21}$，表明两种单体的共聚能力都大于均聚能力。此时 $F_1 > f_1$，共聚物组成不等于原料单体组成。共聚物组成曲线呈反 S 形，与对角线有一交点，如图 3.5 所示，此点称为恒比点。恒比点处共聚物的组成与原料单体投料比相同。

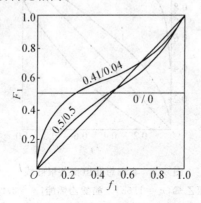

图 3.5 非理想恒比共聚曲线

$$\frac{d[M_1]}{d[M_2]} = \frac{[M_1]}{[M_2]} \tag{3.33}$$

又有

$$\frac{d[M_1]}{d[M_2]} = \frac{[M_1]}{[M_2]} \cdot \frac{r_1[M_1] + [M_2]}{[M_1] + r_2[M_2]} \tag{3.34}$$

因此

$$\frac{r_1[M_1] + [M_2]}{[M_1] + r_2[M_2]} = 1 \tag{3.35}$$

解得

$$\frac{[M_1]}{[M_2]}=\frac{1-r_2}{1-r_1} \tag{3.36}$$

$$\frac{d[M_1]}{d[M_2]}=\frac{1-r_2}{1-r_1} \tag{3.37}$$

$$(F_1)_{恒}=(f_1)_{恒}=\frac{1-r_2}{2-r_1-r_2} \tag{3.38}$$

恒比点的位置可由竞聚率粗略作出判断：

$$r_1=r_2,(F_1)_{恒}=0.5$$

共聚物组成曲线对称：

$$r_1>r_2,(F_1)_{恒}>0.5$$
$$r_1<r_2,(F_1)_{恒}<0.5$$

5. 非理想共聚

非理想共聚是指 $r_1>1,r_2<1$ 的共聚反应，即 $r_1r_2<1$ 的情况，$k_{11}>k_{12},k_{22}<k_{21}$，此时，不论哪一种链自由基和单体 M_1 的反应倾向总是大于单体 M_2，故 $F_1>f_1$。共聚物组成曲线始终处于对角线的上方，与另一对角线不对称。$r_1<1,r_2>1$ 的情况相反，曲线处于对角线的下方，也不对称。

如氯乙烯($r_1=1.68$)与醋酸乙烯酯($r_2=0.23$)共聚，甲基丙烯酸甲酯($r_1=1.91$)与丙烯酸甲酯($r_2=0.5$)共聚就是这种情况，其共聚曲线如图 3.6 所示。

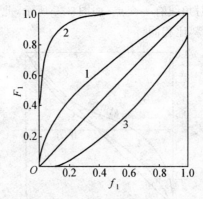

图 3.6　非理想非恒比共聚曲线

1—氯乙烯($r_1=1.68$)—醋酸乙烯酯($r_2=0.23$)；

2—苯乙烯($r_1=55$)—醋酸乙烯酯($r_2=0.01$)

6. 嵌段共聚

嵌段共聚是指 $r_1>1,r_2>1$ 的共聚反应，$k_{11}>k_{12},k_{22}>k_{21}$，表明不论哪一种链自由基都倾向于均聚而不易共聚，这种情况是共聚所不希望的。均聚链段的长短取决于 r_1,r_2 的大小，$r_1\gg1,r_2\gg1$，链段较长；r_1,r_2 比 1 大得不很多，链段较短，总的链段都不长，与真正的嵌段共聚物差很远，共聚物组成曲线也有恒比点，位置和曲线形状与竞聚率都小于 1 的情况相反，如图 3.7 所示。

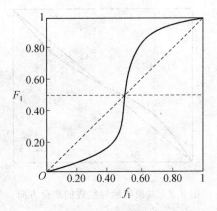

图 3.7 嵌段共聚曲线

3.2.3 共聚物组成与转化率的关系

1. 定性描述

对于二元共聚反应,由于两单体活性或竞聚率不同,除理想恒比共聚或交替共聚形成的共聚物组成不随转化率的提高而变化,其他类型共聚反应生成的共聚物组成都随反应进行而改变。当一种单体优先进入共聚物时,投料共聚单体的组成随转化率的提高移向反应活性较低的单体,这就使得共聚物的组成随转化率提高而发生变化。当转化率为100%时,产生的共聚物的平均组成与最初投料单体组成一致,因此,共聚体系应为一系列不同组成共聚物的混合物。根据共聚物的反应情况,分以下几种情况介绍一般规律。

(1)$r_1 > 1, r_2 < 1, r_1 r_2 < 1$

这类非理想共聚组成如图3.6曲线1所示,瞬时组成曲线在恒比线上方,若起始单体组成为f_1^0,对应的瞬时共聚物组成$F_1^0 > f_1^0$,该体系中单体M_1的消耗速率要大于单体M_2的消耗速率。随转化率的增加,体系中单体组成f_1所形成的共聚物的瞬时组成为F_1,则必有$f_1^0 > f_1, F_1^0 > F_1$,即残留单体组成f_1递减,形成相应的共聚物瞬时组成F_1也递减。随着转化率的增加,残留单体f_1递减,形成相应的共聚物瞬时组成F_1也递减。

(2)$r_2 > 1, r_1 < 1, r_1 r_2 < 1$

对于这类非理想共聚,瞬时组成曲线在恒比线下方,如图3.6曲线3所示,若起始单体组成为f_1^0,对应的瞬时共聚物组成$F_1^0 < f_1^0$,该体系中单体M_1的消耗速率要小于单体M_2的消耗速率,随着转化率的增加,残留单体f_1数值增大,形成相应的共聚物瞬时组成F_1也增大。

(3)$r_1 < 1, r_2 < 1$

这是有恒比点的非理想共聚,如图3.8所示。在恒比点处,转化率对F_1无影响。若在f_1^0小于恒比点处投料,对应的瞬时共聚物组成$F_1^0 > f_1^0$,随着转化率的增加,残留单体f_1递减,形成相应的共聚物瞬时组成F_1也递减。若在f_1^0大于恒比点处投料,对应的瞬时共聚物组成$F_1^0 < f_1^0$,随着转化率的增加,残留单体f_1数值增大,形成相应的共聚物瞬时组成F_1也增大。

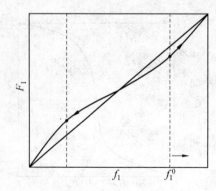

图 3.8　共聚物瞬时组成的变化方向

(4)$r_1>1,r_2>1$

对于这类的嵌段共聚情况,与上面的情况相反,如图 3.7 所示。在恒比点处,转化率对 F_1 无影响。若 f_1^0 在小于恒比点处投料,对应的瞬时共聚物组成 $F_1^0<f_1^0$,随着转化率的增加,残留单体 f_1 增大,形成相应的共聚物瞬时组成 F_1 也增大。若 f_1^0 在大于恒比点处投料,对应的瞬时共聚物组成 $F_1^0>f_1^0$,随着转化率的增加,残留单体 f_1 递减,形成相应的共聚物瞬时组成 F_1 也递减。

2.共聚物微分方程的积分和组成-转化率曲线

(1)共聚物瞬时组成和转化率的关系

设某二元共聚体系两单体总摩尔数为 M,假设共聚物中所含单体 M_1 比投料共聚单体中 M_1 多,即 $F_1>f_1$,当 dM mol 发生共聚时,生成的共聚物中含有 F_1dM mol 的 M_1,投料单体中就剩下 $(M-\mathrm{d}M)(f_1-\mathrm{d}f_1)$ 的单体 M_1,根据物料平衡原料:

$$Mf_1-(M-\mathrm{d}M)(f_1-\mathrm{d}f_1)=F_1\mathrm{d}M \tag{3.39}$$

式中,Mf_1 为起始原料单体中 M_1 的摩尔含量;$(M-\mathrm{d}M)(f_1-\mathrm{d}f_1)$ 为残留单体中 M_1 的摩尔含量;$F_1\mathrm{d}M$ 为进入共聚物中的 M_1 单体的摩尔含量。

dMdf_1 项很小,可忽略,将式(3.39)重排成积分形式:

$$\frac{\mathrm{d}M}{M}=\frac{\mathrm{d}f_1}{F_1-f_1} \tag{3.40}$$

在 $f_1^0\sim f_1$ 积分可得

$$\int_{M^0}^{M}\frac{\mathrm{d}M}{M}=\ln\frac{M}{M^0}=\int_{f_1^0}^{f_1}\frac{\mathrm{d}f_1}{F_1-f_1} \tag{3.41}$$

令摩尔转化率

$$C=\frac{M^0-M}{M^0}=1-\frac{M}{M^0} \tag{3.42}$$

$$\ln\frac{M}{M^0}=\ln(1-C)=\int_{f_1^0}^{f_1}\frac{\mathrm{d}f_1}{F_1-f_1} \tag{3.43}$$

由

$$F_1=\frac{r_1f_1^2+f_1f_2}{r_1f_1^2+2f_1f_2+r_2f_2^2}$$

令

$$\alpha=\frac{r_2}{1-r_2}, \quad \beta=\frac{r_1}{1-r_1}, \quad \gamma=\frac{1-r_1\cdot r_2}{(1-r_1)(1-r_2)}$$

$$\delta=\frac{1-r_2}{2-r_1-r_2}$$

再将以上参数代入式(3.43)积分得

$$C=1-\frac{M}{M^0}=1-\left(\frac{f_1}{f_1^0}\right)^\alpha\left(\frac{f_2}{f_2^0}\right)^\beta\left(\frac{f_1^0-\delta}{f_1-\delta}\right)^\gamma \tag{3.44}$$

通过计算机处理可以获得 $f_1\sim C$ 的关系式,再利用式(3.44)可以得到 F_1 与 C 的关系式。

（2）共聚物平均组成与转化率 C 的关系

$$\overline{F_1}=\frac{M_1^0-M_1}{(M_1^0+M_2^0)-(M_1+M_2)}$$

$$=\frac{M_1^0-M_1}{M^0-M} \tag{3.45}$$

式中,$\overline{F_1}$ 为共聚物中单元 M_1 的平均组成(共聚后最终得到的产物的组成);f_1^0 为起始原料组成 $f_1^0=\frac{M_1^0}{M_0}=M_1^0$;$f_1$ 为瞬时单体组成,$f_1=\frac{M_1}{M}$。

由以上关系式,可以得到

$$\overline{F_1}=\frac{M_1^0-M_1}{M^0-M}=\frac{f_1^0-(1-C)f_1}{C} \tag{3.46}$$

3. 共聚物组成控制

由于共聚产物的组成不是单一的,即存在组成分布的问题。如苯乙烯($r_1=0.30$)和反丁烯二酸二乙酯($r_2=0.07$)共聚,其瞬间组成与转化率曲线如图3.9所示。

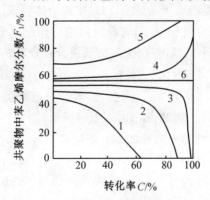

图 3.9　苯乙烯与反丁烯二酸二乙酯共聚物瞬间组成与转化率曲线
$1—f_1=0.20;2—f_1=0.40;3—f_1=0.50;$
$4—f_1=0.70;5—f_1=0.80;6—f_1=0.57$

从图3.9中可以看出,当 f_1 在恒比点附近,共聚物组成变化不大,当 f_1 远离恒比点组成时,例如 $f_1=0.8$ 或 0.2 时,就很难得到均一的共聚物。而从应用的角度考虑,共聚物分布较宽将不利于加工成型,也不利于成品性能提高;从应用以及加工考虑,都要求共聚物的组成均匀,分布较窄,因此在合成时,不仅需要控制共聚物的组成,还必须控制组成分布。

在已选定单体对的条件下,为获得窄的组成分布通常采用以下几种方法:

(1)控制转化率

当 $r_1 > 1, r_2 < 1$,对这类共聚反应一般选择一个合适的配比(在恒比点附近,控制一次投料),当共聚反应进行到一定程度时,将聚合终止,可获得组成较为均匀的产物。

若已知 $F_1 \sim C$ 曲线(图 3.9):$r_1 = 0.3$,$r_2 = 0.07$,求得 $(F_1)_{恒比点} = (f_1)_{恒比点} = 0.57$(水平线),有:

①曲线 3:$f_1^0 = 0.50$,接近 (f_1) 恒比点,F_1 随 C 变化较小,控制 $C\% \leqslant 80\% \sim 90\%$,停止反应。

②曲线 4:$f_1^0 = 0.60$,基本同曲线 3。

③曲线 1:$f_1^0 = 0.20$,与 (f_1) 恒比点相距较远,在 $C\%$ 较小时,F_1 变化很大,控制低转化率。

④曲线 2:$f_1^0 = 0.80$,基本同曲线 1。

(2)恒比点附近投料

对有恒比点的共聚体系(即 r_1 和 r_2 同时小于 1 或大于 1 的共聚体系),可选择恒比点的单体组成投料。

由于以恒比点单体投料比进行聚合,共聚物的组成 F_1 总等于单体组成 f_1,因此聚合反应进行时,两单体总是恒定地按两单体的投料化消耗,体系中未反应单体的组成也保持不变,相应地,共聚产物的组成保持不变。

这种工艺适合于恒比点的共聚物组成正好能满足实际需要的场合。

(3)补加活泼单体保持单体组成恒定

对共聚物组成与转化率的关系曲线的斜率较大的体系,欲得到组成均匀的共聚物,则由共聚方程式求得合成所需组成 F_1 的共聚物对应的单体组成 f_1。用组成为 f_1 的单体混合物作起始原料,在聚合反应过程中,随着反应的进行连续或分次补加消耗较快的单体,使未反应单体的 f_1 保持在小范围内变化,从而获得分布较窄的预期组成的共聚物。如图 3.10(a)所示,当 $r_1 < 1, r_2 < 1$ 时,在 f_1^0 处投料,则 $F_1 > f_1$ 随着反应的进行,M_1 消耗的较快,则应该补加 M_1;如图 3.10(b)所示,当在 f_1^0 处投料,则 $F_1 < f_1$,随着反应的进行,M_2 消耗的较快,则应该补加 M_2。同理,如图 3.10(c)所示,当 $r_1 > 1, r_2 < 1$,其共聚物组成曲线始终处于对角线的上方,此时一般补加 M_1,若 $r_1 < 1, r_2 > 1$;如图 3.10(d)所示,则随着反应的进行,应该补加单体 M_2。

为了更明确地说明问题,现举例如下:在生产丙烯腈-苯乙烯共聚物(AS 树脂)时,所采用的丙烯腈(M_1)和苯乙烯(M_2)的投料比 $m_1:m_2 = 24:76$(质量比)。此共聚体系的竞聚率 $r_1 = 0.04, r_2 = 0.40$。问:(1)所合成的共聚物组成 F_2?(2)为了合成组成均一的共聚物,应采用怎样的投料方法?

解:共聚体系属于 $r_1 < 1, r_2 < 1$,有恒比点的非理想共聚体系。

$$F_1 = f_1 = \frac{1-r_2}{2-r_1-r_2} = \frac{1-0.4}{2-0.4-0.04} = 0.385(恒比点)$$

$$f_1 = \frac{24/53}{24/53 + 76/104} = 0.382, \quad f_2 = 0.618$$

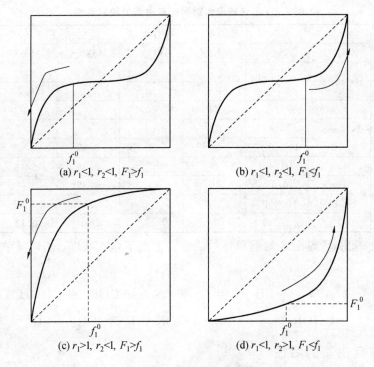

图 3.10 共聚物组成曲线

$$F_1 = \frac{r_1 f_1^2 + f_1 f_2}{r_1 f_1^2 + 2 f_1 f_2 + r_2 f_2^2} = \frac{0.04 \times 0.382^2 + 0.382 \times 0.618}{0.04 \times 0.382^2 + 2 \times 0.382 \times 0.618 + 0.4 \times 0.618^2} = 0.384$$

$$F_2 = 0.616$$

根据计算结果,所需的共聚物组成与恒比点的组成十分接近,因此用一次投料法,并于高转化率下停止反应,可制得组成相当均匀的共聚物。

3.3 单体和自由基的活性

共聚物组成取决于竞聚率,而竞聚率又取决于单体及相应自由基的活性。

3.3.1 单体的相对活性

对竞聚率 r_1 取其倒数:

$$r_1 = \frac{k_{11}}{k_{12}}, \quad \frac{1}{r_1} = \frac{k_{12}}{k_{11}} \tag{3.47}$$

$\frac{1}{r_1}$ 为不同单体与同一自由基的反应速率常数之比,用来衡量两单体的相对活性。链自由基相同,单体不同,就可衡量两单体相对活性,取不同第二单体,可以列出一系列单体的相对活性,见表 3.2。

表 3.2　乙烯基单体对同一自由基的相对活性

单体	链自由基						
	B·	S·	VAc·	VC·	MMA·	MA·	AN·
B		1.7		29	4	20	50
S	0.4		100	50	2.2	6.7	25
MMA	1.3	1.9	67	10		2	6.7
甲基乙烯酮		3.4	20	10		1.2	1.7
AN	3.3	2.5	20	25	0.82		
MA	1.3	1.4	10	17	0.52		0.67
VDC		0.54	10		0.39		1.1
VC	0.11	0.059	4.4		0.10	0.25	0.37
VAc		0.019		0.59	0.050	0.11	0.24

由表 3.2 看出，大部分乙烯基单体的活性由上而下依次减弱。乙烯基单体的活性顺序为

$$\text{—CH=CH}_2 > \text{—CN}, \text{—COR} > \text{COOH}$$

$$\text{—COOR} > \text{—Cl} > \text{—OCOR}, R > OR, \text{—H}$$

3.3.2　自由基的活性

对于

$$r_1 = \frac{k_{11}}{k_{12}}$$

若某单体的增长速率常数 k_{11} 已知，则可计算出 k_{12} 的绝对值，将 k_{12} 列表可比较各链自由基的活性。

$$k_{12} = \frac{k_{11}}{r_1} \tag{3.48}$$

$$\text{M}_1^\cdot + \text{M}_2 \xrightarrow{k_{12}} \text{M}_1\text{M}_2^\cdot$$

由 k_{12} 值大小就可以比较自由基活性的大小。不同自由基与同一单体反应，哪个 k_{12} 大，即哪个自由基先和单体反应。同一链自由基与不同单体反应的 k_{12} 值见表 3.3。

表 3.3　同一链自由基与不同单体反应的 k_{12}　　单位:$\text{L} \cdot \text{mol}^{-1} \cdot \text{s}^{-1}$

单体	链自由基						
	B·	S·	MMA·	AN·	MA·	VC·	VAc·
B	100	246	2 820	98 000	41 800		357 000
S	40	145	1 550	49 000	14 000	230 000	615 000
MMA	130	276	705	13 100	4 180	154 000	123 000
AN	330	435	578	1 960	2 510	46 000	178 000
MA	130	203	367	1 310	2 090	23 000	209 000
VC	11	8.7	71	720	520	10 100	12 300
VAc		3.9	35	230	230	2 300	7 760

横行可比较各链自由基对同一单体的相对活性，从左向右依次增加，竖行可比较各单

体的活性,自上而下依次减小。由表 3.3 可以看出,活泼单体形成的自由基稳定,而活性小的单体则形成的自由基活泼。从取代基的影响看,单体活性与链自由基的活性次序恰好相反,但变化的倍数并不相同,取代基对自由基活性的影响比对单体影响大得多。

3.3.3 取代基对单体活性和自由基活性的影响

(1)共轭效应

单体取代基的共轭效应越大,则单体越活泼,如单体苯乙烯和丁二烯,对于链自由基,取代基的共轭效应越强,链自由基越稳定,其活性越低;反之,取代基没有共轭效应的链自由基最活泼,如醋酸乙烯酯的链自由基。因此,取代基的共轭效应使得单体和自由基的活性具有相反的次序。

(2)极性效应

在单体和自由基的活性次序中,丙烯腈往往处于反常情况,这是由于它的极性较大的缘故。在自由基共聚中发现,带有推电子取代基的单体往往易与另一带有吸电子取代基的单体发生共聚,并有交替倾向,这种效应称为极性效应。极性相差越大,$r_1 r_2$ 值越趋近于零,交替倾向越大,如顺酐、反丁烯二酸二乙酯难易均聚,却能与极性相反的乙烯基醚、苯乙烯共聚。

(3)位阻效应

位阻效应的大小与取代基的体积大小有关,更重要的是与取代基的位置和数量有关。1,1-双取代空间效应不明显,使单体活性提高;1,2-双取代,有位阻,使 k_{12} 下降,自由基活性降低。

3.4 $Q-e$ 概念

实验测定每一对单体的竞聚率是非常烦琐的,希望建立自由基-单体共聚反应的结构与活性的定量关系,以此来估算竞聚率。

1947 年,Alfrey 和 Price 建立了 $Q-e$ 式,提出:在单体取代基的空间位阻效应可以忽略时,增长反应的速率常数可用共轭效应(Q)和极性效应(e)来描述。$Q-e$ 表示式:

$$k_{12} = P_1 Q_2 \exp(-e_1 e_2)$$

用 P 值表示 M· 的活性,Q 值表示 M 的活性,与共轭效应有关,e 值表示 M 或 M· 的极性,假定它们的极性相同,则 M_1 或 M_1· 的极性为 e_1,M_2 或 M_2· 的极性为 e_2。

写出增长速率常数的 $Q-e$ 表示式:

$$k_{11} = P_1 Q_1 \exp(-e_1 e_1) \tag{3.49}$$

$$k_{12} = P_1 Q_2 \exp(-e_1 e_2) \tag{3.50}$$

$$k_{22} = P_2 Q_2 \exp(-e_2 e_2) \tag{3.51}$$

$$k_{21} = P_2 Q_1 \exp(-e_2 e_1) \tag{3.52}$$

$$r_1 = \frac{k_{11}}{k_{12}} = \frac{Q_1}{Q_2} \exp[-e_1(e_1 - e_2)] \tag{3.53}$$

$$r_2 = \frac{k_{22}}{k_{21}} = \frac{Q_2}{Q_1} \exp[-e_2(e_2 - e_1)] \tag{3.54}$$

$$r_1 r_2 = \mathrm{e}^{-(e_1 - e_2)^2} \tag{3.55}$$

如果知道单体的 Q,e 值,就可估算出 r_1,r_2 值。Q,e 值的确定以苯乙烯为标准,令其 $Q=1.0,e=-0.8$,由实验测得与苯乙烯共聚单体的 r_1,r_2 值,代入上述关系式,就可求得各单体的 Q,e 值。

Q 值代表共轭效应,表示单体转变成自由基的容易程度,Q 值越大,单体越易反应。e 值表示极性,正值表示取代基是吸电子;负值表示取代基是推电子,绝对值越大,表示极性越大。直接通过对单体 e 值的计算,可求出 $r_1 r_2$ 值,由 $r_1 r_2$ 与0的程度可估计交替共聚的倾向。

$Q-e$ 方程的作用有:

①根据 $Q-e$ 表示式可以预测单体的竞聚率与计算性单体的 $Q-e$ 值。

②比较单体的活性,Q,e 值越大,单体活性越大。

③比较单体极性,$e<0$ 推电子,$e>0$ 吸电子。

④判别单体共聚能力,Q 值差别大,难共聚;e 值相近的单体易共聚,为理想共聚;e 值相差大的单体易发生交替共聚。但 Q,e 方程在理论和实验上都不完善,$Q-e$ 式没有包括位阻效应,由 Q,e 来估算竞聚率会有偏差。常见单体的 $Q-e$ 值见表3.4。

表 3.4　常见单体的 $Q-e$ 值

单体	e	Q	单体	e	Q
叔丁基乙烯基醚	-1.58	0.15	甲基丙烯酸甲酯	0.40	0.74
乙基乙烯基醚	-1.17	0.032	丙烯酸甲酯	0.90	0.42
1,3-丁二烯	-1.05	2.39	甲基丙烯基酮	0.68	0.69
苯乙烯(标准)	-0.80	1.00	丙烯腈	1.20	0.60
醋酸乙烯酯	-0.22	0.026	反丁烯酸二乙酯	1.25	0.61
氯乙烯	0.20	0.044	顺丁烯二酸酐	2.25	0.23
偏氯乙烯	0.36	0.22			

可以由 $Q-e$ 方程计算 $r_1 r_2$ 值,由此判别共聚合行为。

例如,N-乙烯基苯邻二酰亚胺为 M_1,苯乙烯为 M_2,M_1 和 M_2 的竞聚率由实验测得 $r_1 = 0.075, r_2 = 8.3$。计算 M_1 的 Q,e 值,并计算它与醋酸乙烯酯共聚的 r_1,r_2 值(苯乙烯 $Q_2 = 1.0, e_2 = -0.80$)。

解:根据

$$r_1 r_2 = \exp[-(e_1 - e_2)^2] = 0.075 \times 8.3 = 0.623$$

$$\ln 0.623 = -[e_1 - (-0.8)]^2$$

$$e_1 + 0.8 = \pm 0.688$$

因为邻苯酰亚胺电负性比苯环强,所以取负根 $e_1 = -0.688 - 0.8 = -1.49$,则

$$r_1 = \frac{k_{11}}{k_{12}} = \left(\frac{Q_1}{Q_2}\right) \exp[-e_1(e_1 - e_2)]$$

$$0.075 = \left(\frac{Q_1}{1.0}\right) \exp[-(-1.49)(-0.688)]$$

求出 $Q_1 = 0.21$。

醋酸乙烯酯作为 M_2,查得 $Q_2 = 0.026, e_2 = -0.22$,则

$$r_1 = \left(\frac{0.21}{0.026}\right) \times \exp[-(-1.49) \times (-1.49-(-0.22))] = 1.22$$

$$r_2 = 0.16$$

趣味阅读

　　ABS 是丙烯腈、丁二烯和苯乙烯的三元共聚物,A 代表丙烯腈,B 代表丁二烯,S 代表苯乙烯。ABS 通常为浅黄色或乳白色的非结晶性树脂。ABS 有两种主要的工业生产方法:将丙烯腈-苯乙烯共聚物(AS)与聚丁二烯(B)混合,或将这两种胶乳混合后再共聚;或者在聚丁二烯胶乳中加入丙烯腈及苯乙烯单体进行接枝共聚,当前最有广阔前途的是乳液接枝法。ABS 通过改变三种单体的比例和采用不同聚合方法,可制得各种规格产品,其结构有以弹性为主链的接枝共聚物和以树脂为主链的接枝共聚物,一般 3 种单体的比例范围大致为丙烯腈 25%～35%,丁二烯 25%～30% 和苯乙烯 40%～50%。

　　ABS 树脂的结构,有以弹性体为主链的接枝共聚物和以坚硬的 AS 树脂为主链的接枝共聚物,或以橡胶弹性体和坚硬的 AS 树脂混合物。这样,不同的结构就显示不同的性能,弹性体显示出橡胶的韧性,坚硬的 AS 树脂显示出刚性,可得到高冲击型、中冲击型、通用冲击型和特殊冲击型等几个品种。具体讲,随橡胶成分 B 的含量(一般质量分数为 5%～30%)增加,树脂的弹性和抗冲击性就会增加,但抗拉强度、流动性、耐候性等则下降。树脂组分 AS 的含量(一般质量分数为 70%～95%)增大,则可提高表面光泽、机械强度,而冲击强度等则要下降。

　　塑料 ABS 无毒、无味,外观呈象牙色半透明,或透明颗粒或粉状,密度为 1.05～1.18 g/cm³,收缩率为 0.4%～0.9%,弹性模量为 0.2 GPa,泊松比为 0.394,吸湿性小于 1%,熔融温度为 217～237 ℃,热分解温度大于 250 ℃。

　　塑料 ABS 有优良的力学性能,其冲击强度极好,可以在极低的温度下使用;塑料 ABS 的耐磨性优良,尺寸稳定性好,又具有耐油性,可用于中等载荷和转速下的轴承。ABS 的力学性能受温度的影响较大,塑料 ABS 的热变形温度为 93～118 ℃,制品经退火处理后还可提高 10 ℃ 左右。ABS 在 -40 ℃ 时仍能表现出一定的韧性,可在 -40～100 ℃ 使用。

　　塑料 ABS 不受水、无机盐、碱及多种酸的影响,可溶于酮类、醛类及氯代烃中,受冰乙酸、植物油等侵蚀会产生应力开裂。ABS 的耐候性差,在紫外光的作用下易产生降解;于户外半年后,冲击强度下降一半。

　　由于 ABS 具有综合的良好性能以及良好的成型加工性,所以应用广泛,如:①汽车产业中有众多零件是用 ABS 或 ABS 合金制造的,如上海的桑塔纳轿车,每辆车用 ABS 11 kg;②由于 ABS 有高的光泽和易成型性,所以在家电和小家电中更有着广泛的市场,如家用传真机、音响、VCD 中也大量选用 ABS 为原料,吸尘器中也使用了很多 ABS 制作的零件,厨房用具也大量使用了 ABS 制作的零件。

　　目前,中国已成为世界 ABS 树脂最大的消费市场,约占世界总体消费量的 1/2。2004 年我国 ABS 树脂表观消费量约为 305 万吨,相对 2003 年增长 9.7%;2005 年表观消费量约为 330 万吨,相对 2004 年增长 8.2%。据有关方面预测,未来几年我国 ABS 市场需求量仍将以较快的速度增长,2010 年国内 ABS 市场需求量将达到 500 万吨左右,约占世界需求总量的 56%。国内 ABS 产品广泛应用于家电、轻工、建材、汽车等领域。其中家电领域所占比例最高,约为 80%,建材 7%,汽车和轻工分别各占 5%,其他方面的应用约占 3%。

习　题

1. 无规、交替、嵌段、接枝共聚物的结构有何差异? 在这些共聚物名称中,对前后单体的位置有何规定?

2. 对下列共聚物反应的产物进行命名:

(1)丁二烯(75%)与苯乙烯(25%)进行无规共聚;

(2)马来酸酐与乙酸 2-氯烯丙基酯进行交替共聚;

(3)苯乙烯-异戊二烯-苯乙烯依次进行嵌段共聚;

(4)苯乙烯在聚丁二烯上进行接枝共聚。

3. 推导二元共聚物组成微分方程的基本假设有哪些? 由此得到什么结论? 它与推导自由基均聚动力学方程时的基本假设有什么异同?

4. 何谓竞聚率? 它有何物理意义?

5. 试讨论二元共聚物组成微分方程的适用范围。

6. 试举例说明两种单体进行理想共聚、恒比共聚和交替共聚的必要条件。

7. 说明竞聚率 r_1 与 r_2 的意义,并说明如何用 r_1,r_2 来计算单体的相对活性和自由基的相对活性。

8. 什么是共聚物组成? 什么是恒比点?

9. 理想共聚和理想恒比共聚的区别是什么?

10. 为什么要对共聚物的组成进行控制? 在工业上有哪几种控制方法? 它们各针对什么样的聚合反应,试各举一实例说明。

11. 在自由基共聚合反应中,苯乙烯的相对活性远大于醋酸乙烯,当醋酸乙烯均聚时,如果加入少量苯乙烯,则醋酸乙烯难以聚合,试解释发生这一现象的原因。

12. 当 $r_1=r_2=1$;$r_1=r_2=0$;$r_1>0$,$r_2=0$,$r_1 r_2=1$ 等特殊情况下,$d[M_1]/d[M_2]=f([M_1]/[M_2])$,$F_1=f(f_1)$ 的函数关系如何?

13. 示意画出下列各对竞聚率的共聚物组成曲线(见表 3.5),并说明其特征 $f_1=0.5$ 时,低转化率阶段的 F_2 约为多少?

表 3.5　单体竞聚率数值

情况	1	2	3	4	5	6	7	8	9
r_1	0.1	0.1	0.1	0.5	0.2	0.8	0.2	0.2	0.2
r_2	0.1	1	10	0.5	0.2	0.8	0.8	5	10

14. 两单体的竞聚率 $r_1=2.0$,$r_2=0.5$,如 $f_1^0=0.5$,转化率 $C=50\%$,试求共聚物的平均组成。

15.苯乙烯(M_1)与丁二烯(M_2),在 5 ℃下进行自由基乳液共聚时,其 $r_1=0.64,r_2=1.38$。已知苯乙烯和丁二烯的均聚链增长速率常数分别为 49 L/(mol・s)和 251 L/(mol・s)。求:

(1)计算共聚时的反应速率常数;

(2)比较两种单体和两种链自由基的反应活性的大小;

(3)作出此共聚反应的 F_1-f_1 曲线;

(4)要制备组成均一的共聚物需要采取什么措施?

16.在生产丙烯腈苯乙烯共聚物(AS 树脂)时,所采用的丙烯腈(M_1)和苯乙烯(M_2)的投料质量比为 24∶76。在采用的聚合条件下,此共聚体系的竞聚率 $r_1=0.04,r_2=0.40$,如果在生产中采用单体一次投料的聚合工艺,并在高转化率下才停止反应,试讨论所得共聚物组成的均匀性。

17.单体 M_1 和 M_2 进行共聚,50 ℃时 $r_1=44,r_2=0.12$,计算并回答:

(1)如两单体极性相差不大,空间效应的影响也显著,那么取代基的共轭效应哪个大,并解释;

(2)开始生成的共聚物摩尔组成 M_1 和 M_2 各占 50%,问起始单体组成是多少?

18.单体 M_1 和 M_2 进行共聚,$r_1=0,r_2=0.5$,计算并回答:

(1)合成组成为 $M_2<M_1$ 的共聚物是否可能;

(2)起始单体组成 $f_1=50\%$ 时,共聚物组成 F 为多少?

19.甲基丙烯酸甲酯、丙烯酸甲酯、苯乙烯、马来酸酐、乙酸乙烯酯、丙烯腈等单体与丁二烯共聚,其 Q 及 e 值见表 3.6,试以交替倾向的次序排列,并说明原因。

表 3.6 几种常见单体与丁二烯共聚的 Q 及 e 值

	Q	e
苯乙烯	1	−0.8
甲基丙烯酸甲酯	0.74	0.4
丙烯腈	0.6	1.2
丙烯酸甲酯	0.42	0.6
马来酸酐	0.23	2.25
乙酸乙烯酯	0.026	−0.22
丁二烯	2.39	−1.05

第4章 离子聚合

4.1 引 言

离子聚合与自由基聚合一样,也属于连锁聚合反应,根据增长链所带电荷的性质不同,分为阳离子聚合和阴离子聚合。在链增长过程中,若链增长活性中心为碳阳离子,为阳离子聚合;若链增长活性中心为碳阴离子,则为阴离子聚合。配位聚合也可归属于离子聚合的范畴,但因其机理独特,故另列一章。

离子聚合一直是高分子化学合成中最活跃的领域之一,早在1921年德国科学家就用阴离子聚合获得了高分子弹性体——丁钠橡胶;1941年美国已使用阳离子聚合率先生产丁基橡胶。1956年Szwarc开发出活性阴离子聚合后,从活性阴离子聚合到实现活性阳离子聚合整整经过了近30年。从1984~1986年发现控制活性阳离子聚合后,开始了控制活性阳离子聚合及其与大分子工程相结合的新纪元。1986~1998年在阳离子聚合控制的理论与实践有了更深入的研究与理解,尤其是碳正离子稳定机理与大分子反应工程等方面,使得通过活性阳离子聚合方法成功地合成了遥爪聚合物、嵌段聚合物、热塑性弹性体、支化与超支化树枝形聚合物等一些新型聚合物。

离子聚合机理和动力学研究不如自由基聚合成熟。这与离子聚合反应的聚合条件极为苛刻、微量杂质有极大影响、聚合速率快、反应介质的性质对反应也有极大的影响、需低温聚合等因素有关,所以离子聚合反应的实验重现性差。

但对于一些工业上极为重要的聚合物,如丁基橡胶、异戊橡胶、聚甲醛、聚醚等却只能通过离子聚合来制备。此外,离子聚合能将常见的单体,如丁二烯、苯乙烯制备成在结构、性能上与自由基聚合产物截然不同的聚合物,可以得到活性聚合物、遥爪聚合物、嵌段共聚物等。因此,离子聚合虽然在机理和动力学方面研究不如自由基成熟,但离子聚合反应在现代高分子科学和高分子材料领域越来越显示其重要性,离子聚合的工业应用日益广泛。

4.2 阳离子聚合

阳离子聚合虽然历史悠久,但其发展却很缓慢,1789年就有关于酸引发松节油聚合成树脂状物质的报道,但直到1945年通过对异丁烯聚合过程系统研究,才建立起阳离子聚合的基本概念和机理。但是,到目前为止,对阳离子聚合的认识还不很深入,主要原因在于:①阳离子活性很高,极易发生各种副反应,很难获得高相对分子质量的聚合物;②碳阳离子易发生和碱性物质的结合、转移、异构化等副反应;③引发过程十分复杂,至今未能完全确定。

目前,采用阳离子聚合并大规模工业化的产品只有聚异丁烯和丁基橡胶。

4.2.1 阳离子聚合单体

能够进行阳离子聚合反应的单体主要有以下 3 种类型:

①具有推电子基的 α-烯烃原则上可进行阳离子聚合,反应式如下:

$$A^{\oplus}B^{\ominus} + CH_2{=}\underset{R}{CH} \longrightarrow ACH_2{-}\overset{\oplus}{\underset{R}{C}}HB^{\ominus}$$

(4.1)

这类单体能够进行阳离子聚合是因为:推电子基团使双键电子云密度增加,有利于阳离子活性种进攻;碳阳离子形成后,推电子基团的存在,使碳上电子云稀少的情况有所改变,体系能量有所降低,碳阳离子的稳定性增加。能否聚合成高聚物,还要求质子对碳-碳双键有较强的亲和力,增长反应比其他副反应快,即生成的碳阳离子有适当的稳定性。可由热焓$-\Delta H$判断单体种类对阳离子聚合选择性(见表 4.1)。

表 4.1 单体种类对阳离子聚合选择性

	$CH_2{=}CH_2$	$CH_2{=}\underset{CH_3}{CH}$	$CH_2{=}\underset{C_2H_5}{CH}$	$\underset{CH_3}{CH_2{=}\overset{CH_3}{C}}$
$-\Delta H_{298}$ /(kJ·mol^{-1})	640	757	791	820
	无取代基,不易极化,对质子亲和力小,不能发生阳离子聚合	质子亲和力较大,有利于反应,但一个烷基的供电性不强不快;仲碳阳离子较活泼,容易重排,生成更稳定的叔碳阳离子,故丙烯、丁烯阳离子聚合只能得到低分子油状物		两个甲基使双键电子云密度增加很多,易与质子亲和,生成的叔碳阳离子较稳定,可得高相对分子质量的线形聚合物,亚甲基上的氢受 4 个甲基的保护,不易夺取,减少了重排、支化等副反应,是唯一能进行阳离子聚合的 α-烯烃

诱导效应使双键电子云密度降低,氧的电负性较大,共轭效应使双键电子云密度增加,占主导地位共轭结构使形成的碳阳离子上的正电荷分散而稳定:

$$\sim\sim CH_2{-}\underset{\underset{R}{:\overset{..}{O}:}}{\overset{H}{C}}{}^{\oplus} \longleftrightarrow \sim\sim CH_2{-}\underset{\underset{R}{:\overset{..}{O}{}^{\oplus}}}{\overset{H}{\underset{\|}{C}}}$$

(4.2)

结果,烷基乙烯基醚能够进行阳离子聚合。

②带共轭取代基的 α-烯烃和共轭二烯烃原则上可进行阳离子聚合。如苯乙烯、α-甲基苯乙烯丁二烯、异戊二烯,这类单体的π电子活动性强,易诱导极化,既能阳离子聚合,又能阴离子聚合,但聚合活性远不如异丁烯、乙烯烷基醚。工业很少进行这类单体的阳离子聚合来生产均聚物,却可作为共聚单体,如异丁烯与少量异戊二烯共聚,制备丁基

橡胶。

③某些含杂原子的化合物（图 4.1），既可以进行阳离子聚合，也可以进行阴离子聚合。

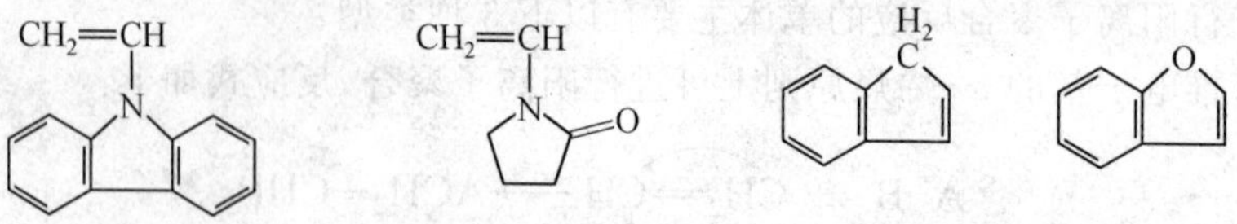

(a)N- 乙烯基咔唑　　(b) 乙烯基吡咯烷酮　　(c) 茚　　(d) 古马隆

图 4.1　能够进行阳离子聚合的其他单体

4.2.2　阳离子聚合引发体系

阳离子聚合的引发剂都是亲电试剂，即电子接受体，主要有以下 3 种：

(1)质子酸

普通质子酸，如 H_2SO_4，H_3PO_4，$HClO_4$，CF_3COOH，CCl_3COOH 等，在水溶液中能离解产生 H^+，使烯烃质子化引发阳离子聚合。反应式如下：

$$H^{\oplus}A^{\ominus} + CH_2{=}\underset{\underset{X}{|}}{CH} \longrightarrow CH_3{-}\underset{\underset{X}{|}}{CH^{\oplus}} A^{\ominus} \tag{4.3}$$

质子酸引发阳离子聚合的活性，不仅取决于其提供质子的能力（即酸要有足够的强度产生 H^+，故弱酸不行），同时与其酸根负离子的亲核性强弱有关。如氢卤酸的 X^- 亲核性太强，不能作为阳离子聚合引发剂。如 HCl 引发异丁烯将发生如下反应：

$$(CH_3)_3C^{\oplus}Cl^{\ominus} \longrightarrow (CH_3)_3C{-}Cl \tag{4.4}$$

(2)Lewis 酸

各种金属卤化物，都是电子的接受体，称为 Lewis 酸，是阳离子聚合最常用的引发剂。在阳离子聚合中，Lewis 酸作为引发剂用得最为广泛。Lewis 酸引发剂包括金属卤化物 BF_3，$AlCl_3$，$SnCl_4$，$TiCl_4$，$SbCl_5$，PCl_5，$ZnCl_2$ 等，金属卤氧化物如 $POCl_3$，CrO_2Cl，$SOCl_2$，$VOCl_3$ 等。

Lewis 酸作为阳离子聚合引发剂，通常需要助引发剂的参与，助引发剂也称为共引发剂，其作用是与 Lewis 酸反应生成能引发聚合的碳阳离子，可用作助引发剂的物质包括：

①质子给体，如 H_2O，ROH，HX，RCOOH 等，反应式如下：

$$BF_3 + H_2O \Longrightarrow H^{\oplus}(BF_3OH)^{\ominus} \tag{4.5}$$

$$CH_2{=}\underset{\underset{CH_3}{|}}{\overset{\overset{CH_3}{|}}{C}} + H^{\oplus}(BF_3OH)^{\ominus} \longrightarrow CH_3{-}\underset{\underset{CH_3}{|}}{\overset{\overset{CH_3}{|}}{C^{\oplus}}}(BF_3OH)^{\ominus} \tag{4.6}$$

②碳阳离子给体，如卤代烷、醚、酰氯、酸酐等，反应式如下：

$$SnCl_4 + RCl \Longrightarrow R^{\oplus}(SnCl_5)^{\ominus} \tag{4.7}$$

$$\begin{array}{c} CH_3 \\ | \\ CH_2=C \\ | \\ CH_3 \end{array} + R^{\oplus}(SnCl_5)^{\ominus} \longrightarrow \begin{array}{c} CH_3 \\ | \\ R—CH_2—C^{\oplus}(SnCl_5)^{\ominus} \\ | \\ CH_3 \end{array} \qquad (4.8)$$

引发剂和助引发剂的不同组合,其活性也不同,引发剂的活性与接受电子的能力,即酸性的强弱有关,一般次序为

$$BF_3 > AlCl_3 > TiCl_4 > SnCl_4$$

对于多数聚合,引发剂与助引发剂有一最佳比,在此条件下,R_p 最快,相对分子质量最大。过量的助引发剂,如水是链转移剂,使链终止,相对分子质量降低,发生的反应如下:

$$\begin{array}{c} CH_3 \\ | \\ \sim\sim\sim CH_2—C^{\oplus}(BF_3OH)^{\ominus} \\ | \\ CH_3 \end{array} + H_2O \longrightarrow \begin{array}{c} CH_3 \\ | \\ \sim\sim\sim CH_2—C—OH \\ | \\ CH_3 \end{array} + H^{\oplus}(BF_3OH)^{\ominus}$$

$$(4.9)$$

(3)其他能产生碳阳离子的物质

其他阳离子引发剂有碘、高氯酸盐、氧鎓离子等。分子碘通过下列反应引发阳离子聚合反应:

$$I_2 + I_2 \longrightarrow I^{\oplus}(I_3)^{\ominus} \qquad (4.10)$$

高氯酸盐可能是通过酰基正离子与单体加成引发,反应式如下:

$$\begin{array}{c} O \\ \| \\ CH_3C^{\oplus}(ClO_4)^{\ominus} \end{array} + M \longrightarrow \begin{array}{c} O \\ \| \\ CH_3CM^{\oplus}(ClO_4)^{\ominus} \end{array} \qquad (4.11)$$

(4)电荷转移络合物引发

单体(供电体)和适当受电体生成电荷转移络合物,在热作用下,经离解而引发,如乙烯基咔唑和四腈基乙烯(TCE)反应如下:

$$CH_2=CH + TCE \longrightarrow [电荷转移络合物]$$

$$\downarrow$$

$$CH=CH_2^{\oplus} \ TCE^{\ominus}$$

$$(4.12)$$

4.2.3 阳离子聚合反应机理

阳离子聚合属于连锁聚合,也由链引发、链增长、链终止、链转移等基元反应组成,但各步基元反应速率与自由基聚合速率有所不同。

(1)链引发

以引发剂 Lewis 酸(C)和共引发剂(RH)为例,Lewis 酸(C)先和质子给体 RH 生成

络合物,离解出 $H^{\oplus}$,然后再引发单体 M,具体反应如下:

$$C + RH \underset{K}{\rightleftharpoons} H^{\oplus}(CR)^{\ominus} \tag{4.13}$$

$$H^{\oplus}(CR)^{\ominus} + M \xrightarrow{k_i} HM^{\oplus}(CR)^{\ominus} \tag{4.14}$$

阳离子聚合引发快,瞬间完成,活化能 $E_i = 8.4 \sim 21\ kJ/mol$,与自由基聚合慢引发 ($E_d = 105 \sim 150\ kJ/mol$)截然不同。

(2)链增长

引发生成的碳阳离子活性中心与反离子形成离子对,单体分子不断插入其中而增长,反应通式如下:

$$HM^{\oplus}(CR)^{\ominus} + nM \xrightarrow{k_p} HM_n M^{\oplus}(CR)^{\ominus} \tag{4.15}$$

这种加成反应可以看成是通过单体不断在碳阳离子与其反离子所形成的离子对之间的插入而进行的。阳离子聚合链增长反应活化能较低,为 $8.4 \sim 21\ kJ/mol$,略低于自由基聚合增长活化能,因此增长反应速率很快。

不同于自由基聚合的单活性中心,阳离子聚合的链增长过程经常存在两类活性中心——自由离子和离子对,离子对包括紧密离子对和松散离子对两种。不同形式的离子对具有不同的活性,结合的紧密程度对聚合速率和相对分子质量有一定的影响。

阳离子聚合与自由基聚合相比,要更为复杂,综上所述,有以下几个特点:

①增长活化能与引发活化能一样都比较低,增长速率快。

②增长活性中心为一自由离子或离子对,其结合的紧密程度对聚合速率和相对分子质量有一定影响。

③单体插入聚合,对链节构型有一定的控制能力。

④链增长过程可能伴有分子内重排反应,重排通常是通过电子或原子的转移进行的,这种增长链上碳阳离子发生重排的聚合反应也称为异构化聚合。例如,3-甲基-1-丁烯聚合产物有两种结构(图 4.2)。

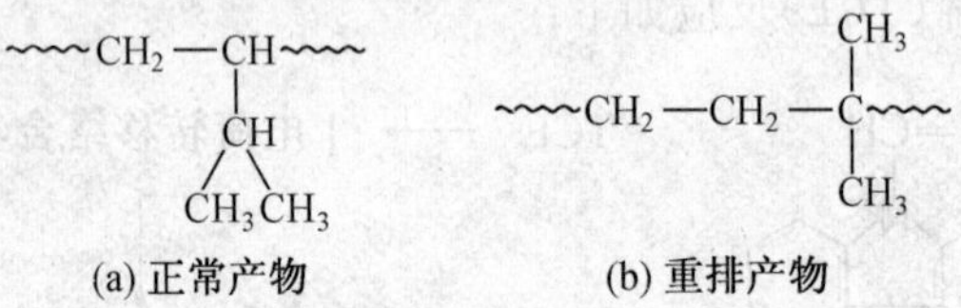

(a) 正常产物　　　　　(b) 重排产物

图 4.2　3-甲基-1-丁烯聚合产物的结构

(3)链转移和链终止

离子聚合的增长活性中心带有相同的电荷,不能双分子终止,只能发生链转移终止或单基终止,这一点与自由基聚合不同。

①向单体转移反应。

在阳离子聚合中,向单体的链转移是最主要且难以避免的链转移反应,其常见的方式是通过增长链碳阳离子的 β-氢质子转移到单体分子上,生成的大分子含有不饱和端基,同时再生出活性单体离子对,属动力学不终止反应,其反应式如下:

$$H \!-\!\!\left[\!CH_2\!-\!\underset{CH_3}{\overset{CH_3}{C}}\!\right]_n\!\!CH_2\!-\!\underset{CH_3}{\overset{CH_3}{C^\oplus}}(BF_3OH)^\ominus + CH_2\!=\!\underset{CH_3}{\overset{CH_3}{C}}$$

$$\downarrow \qquad H^+$$

$$H \!-\!\!\left[\!CH_2\!-\!\underset{CH_3}{\overset{CH_3}{C}}\!\right]_n\!\!CH_2\!-\!\underset{}{\overset{CH_3}{C}}\!=\!CH_2 \; + \; CH_3\!-\!\underset{CH_3}{\overset{CH_3}{C^\oplus}}(BF_3OH)^\ominus \tag{4.16}$$

反应通式为

$$HM_nM^\oplus(CR)^\ominus + M \xrightarrow{K_{tr,M}} M_{n+1} + HM^\oplus(CR)^\ominus \tag{4.17}$$

向单体转移是主要的链终止方式之一，单体转移常数 $C_M = 10^{-2} \sim 10^{-4}$，比自由基聚合（$10^{-4} \sim 10^{-5}$）大，易发生转移反应，是控制相对分子质量的主要因素，也是阳离子聚合必须低温反应的原因。

②向反离子链转移。

增长链碳阳离子的 β-氢质子也可以向反离子转移，这种转移方式又称为自发终止，再生出引发剂-共引发剂络合物，也属动力学不终止反应，其反应式如下：

$$H \!-\!\!\left[\!CH_2\!-\!\underset{CH_3}{\overset{CH_3}{C}}\!\right]_n\!\!CH_2\!-\!\underset{CH_3}{\overset{CH_3}{C^\oplus}}(BF_3OH)^\ominus \longrightarrow$$

$$H \!-\!\!\left[\!CH_2\!-\!\underset{CH_3}{\overset{CH_3}{C}}\!\right]_n\!\!CH_2\!-\!\underset{}{\overset{CH_3}{C}}\!=\!CH_2 \; + H^\oplus(BF_3OH)^\ominus \tag{4.18}$$

反应通式为

$$HM_nM^\oplus(CR)^\ominus \xrightarrow{k_t} M_{n+1} + H^\oplus(CR)^\ominus \tag{4.19}$$

除以上两种链转移方式，还有向溶剂转移和向大分子转移。在苯乙烯以及衍生物的阳离子聚合中，可通过分子内亲核芳香取代机理发生链转移。

③与反离子加成终止。

用 Lewis 酸引发时，一般是增长链阳离子与反离子中一部分阴离子碎片结合而终止，如 BF_3 引发异丁烯聚合时，会发生以下反应终止：

$$\sim\!\!\!CH_2\!-\!\underset{CH_3}{\overset{CH_3}{C^\oplus}}(BF_3OH)^\ominus \longrightarrow \sim\!\!\!CH_2\!-\!\underset{CH_3}{\overset{CH_3}{C}}\!-\!OH \; + BF_3 \tag{4.20}$$

④加入链转移剂或终止剂（XA）终止。

加入链转移剂或终止剂终止是阳离子聚合的主要终止方式，链终止剂 XA 主要有水、醇、酸、酐、酯、醚、胺，其反应式如下：

$$\text{HM}_n\text{M}^{\oplus}(\text{CR})^{\ominus} + \text{XA} \xrightarrow{K_{\text{tr,s}}} \text{HM}_n\text{MA} + \text{X}^{\oplus}(\text{CR})^{\ominus} \tag{4.21}$$

苯醌既是自由基聚合的阻聚剂,又对阳离子聚合起阻聚作用。其机理是活性链或引发剂体系将质子转移给酯分子,生成稳定的二价离子。因此,不能用苯酯的阻聚作用判断聚合机理是自由基聚合还是阳离子聚合。

$$2\text{HM}_n\text{M}^{\oplus}(\text{CR})^{\ominus} + \text{O}=\!\!\bigcirc\!\!=\text{O} \longrightarrow \text{M}_{n+1} + [\text{HO}-\!\!\bigcirc\!\!-\text{OH}]^{2+}(\text{CR})_2^{\ominus} \tag{4.22}$$

在阳离子聚合中,真正的动力学链终止反应比较少,但又不像阴离子聚合,很难生成活的聚合物。阳离子聚合机理的特点可以总结为:快引发、快增长、易转移、难终止。

4.2.4 阳离子聚合反应动力学

(1)动力学方程

阳离子聚合反应动力学研究比自由基聚合困难得多,主要因为阳离子聚合体系多为非均相,聚合速率快,数据重现性差,共引发剂、微量杂质对聚合速率影响很大。

真正的终止反应不存在,在自由聚合中,活性中心浓度不变的稳态假定,在许多阳离子聚合体系中难以建立。但若考虑特定的反应条件(主要是引发和终止方式),动力学方程仍可参照自由基聚合来推导。以苯乙烯-SnCl$_4$体系反应为例,终止反应是向反离子转移(自发终止),引发剂引发生成碳阳离子的反应是控制速率反应。

动力学方程可参照自由基聚合来推导,首先对各基元反应的速率进行分析,再作稳态假定,然后推导出动力学方程。

①链引发反应:

$$\text{C} + \text{RH} \xrightleftharpoons{K} \text{H}^{\oplus}(\text{CR})^{\ominus} \tag{4.23}$$

$$\text{H}^{\oplus}(\text{CR})^{\ominus} + \text{M} \xrightarrow{k_i} \text{HM}^{\oplus}(\text{CR})^{\ominus} \tag{4.24}$$

链引发速率方程为

$$R_i k_i [\text{H}^{\oplus}(\text{CR})^{\ominus}][\text{M}] = K k_i [\text{C}][\text{RH}][\text{M}] \tag{4.25}$$

②链增长反应:

$$\text{HM}^{\oplus}(\text{CR})^{\ominus} + n\text{M} \xrightarrow{k_p} \text{HM}_n\text{M}^{\oplus}(\text{CR})^{\ominus} \tag{4.26}$$

链增长速率方程为

$$R_p = k_p [\text{HM}^{\oplus}(\text{CR})^{\ominus}][\text{M}] \tag{4.27}$$

③链终止反应(自发终止):

$$\text{HM}_n\text{M}^{\oplus}(\text{CR})^{\ominus} \xrightarrow{k_t} \text{M}_{n+1} + \text{H}^{\oplus}(\text{CR})^{\ominus} \tag{4.28}$$

链终止速率方程为

$$R_t = k_t [\text{HM}^{\oplus}(\text{CR})^{\ominus}] \tag{4.29}$$

作稳态假定 $R_i = R_t$,联立式(4.25)和(4.29),整理后得

$$[\text{HM}^{\oplus}(\text{CR})^{\ominus}] = \frac{K k_i [\text{C}][\text{RH}][\text{M}]}{k_t} \tag{4.30}$$

代入链增长速率方程式,可得自发终止的阳离子聚合速率方程为

$$R_p = \frac{Kk_i k_p}{k_t}[C][RH][M]^2 \qquad (4.31)$$

由上式可见，R_p 对引发剂、共引发剂浓度呈一级反应，对单体浓度呈二级反应。

式(4.31)是假定引发过程中引发剂引发单体生成碳阳离子的反应是控制速率反应，因此 R_i 与单体浓度有关；若引发剂与共引发剂的反应是慢反应，则 R_i 与单体浓度[M]无关，式(4.31)中[M]的方次应减 1，R_p 与单体浓度一次方呈正比；离子聚合无双基终止，不会出现自动加速现象。该动力学方程也适合于苯乙烯-$SnCl_4$ 反应体系，但不宜推广到其他聚合体系。

(2)平均聚合度

阳离子聚合物的聚合度与自由基聚合相似，平均聚合度等于单体消耗速率与聚合物生成速率之比。聚合物生成反应是由链终止和链转移反应而成：

$$\overline{X}_n = \frac{R_p}{R_t + \sum R_{tr}} \qquad (4.32)$$

自发终止为主要终止方式时：

$$R_t = k_t[HM^{\oplus}(CR)^{\ominus}] \qquad (4.33)$$

向单体链转移为主要终止方式时：

$$R_{tr,M} = K_{tr,M}[HM^+(CR)^-] \qquad (4.34)$$

向溶剂链转移为主要终止方式时：

$$R_{tr,S} = K_{tr,S}[HM^+(CR)] \qquad (4.35)$$

综合以上各式，阳离子聚合平均聚合度可表示为

$$\frac{1}{\overline{X}_n} = \frac{k_t}{k_p[M]} + C_M + C_S\frac{[S]}{[M]} \qquad (4.36)$$

式中，C_M 和 C_S 分别为向单体和溶剂转移的链转移常数。

4.2.5 阳离子聚合反应的影响因素

(1)温度的影响

温度对阳离子聚合过程的影响比较复杂，在这里，仅通过活化能讨论温度对阳离子聚合的影响。

首先讨论温度对聚合速率的影响：

$$k_R = \frac{k_i k_p}{k_t}$$

$$k_R = \frac{A_i A_p}{A_t}e^{-\frac{(E_i + E_p - E_t)}{RT}}$$

综合速率常数

$$E_i + E_p - E_t = -21 \sim 41.8 \ kJ/mol$$

式中，E_i、E_p 和 E_t 分别表示链引发、增长和终止反应的活化能。

当综合活化能为正值时，随聚合温度降低，聚合速率减小；综合活化能为负值时，随聚合温度降低，聚合速率加快；但因为综合活化能的绝对值较小，温度对聚合速率的影响比自由基聚合要小。

（2）溶剂的影响

离子聚合中，活性中心离子近旁存在反离子，使增长反应复杂化。它们之间的结合可以是共价键、离子对、自由离子，彼此处于平衡之中。

$$A—B \rightleftharpoons A^{\oplus}B^{\ominus} \rightleftharpoons A^{\oplus}\|B^{\ominus} \rightleftharpoons A^{\oplus}+B^{\ominus}$$
$$\text{共价键} \qquad \text{紧密离子对} \quad \text{被溶剂隔开的离子对} \qquad \text{自由离子}$$

(4.37)

溶剂的极性和溶剂化能力将有利于离子对的疏松和自由离子的形成，也就是说，溶剂的极性和溶剂化能力大，自由离子和疏松离子对的比例增加，聚合速率和相对分子质量增大。

（3）反离子的影响

反离子对于阳离子聚合的影响，主要体现在两个方面，一是反离子的亲核性强，易与碳阳离子结合，使链终止，聚合度减小；二是反离子的体积大，离子对疏松，聚合速率大。

4.2.6　阳离子聚合工业应用

阳离子聚合在工业应用中的例子很少，主要是因为阳离子聚合单体种类少，同时，其聚合条件的苛刻也限制了它在工业上的应用与发展。目前，工业化的阳离子聚合的产品主要是聚异丁烯和丁基橡胶。

（1）聚异丁烯

异丁烯以 $AlCl_3$ 和 H_2O 作引发剂，在 $-40\sim0$ ℃下进行阳离子聚合，得到低相对分子质量产物，用于黏结剂、密封材料等；在低温（-100 ℃）下聚合，得到高相对分子质量产物，可用作蜡、其他聚合物、封装材料的添加剂。

（2）丁基橡胶

丁基橡胶（IIR）是由异丁烯和少量异戊二烯在低温条件下进行阳离子聚合的产物。在丁基橡胶淤浆聚合体系中，异丁烯与异戊二烯在催化剂 $AlCl_3$ 作用下以高反应速率进行共聚反应。其分子结构为规整的线形结构，分子链中含质量分数为 97% 以上的异丁烯结构单元和少量的异戊二烯。IIR 在合成橡胶中具有最优良的气密性和水密性，同时还具有优良的耐候性和耐化学腐蚀性，是内胎和无内胎轮胎密封内衬不可替代的胶种。IIR 的主要应用领域是轮胎工业，消费量占 80% 以上。目前生产丁基橡胶主要有两种生产工艺：淤浆法及溶液法。

淤浆法是以氯甲烷为稀释剂，以 H_2O- $AlCl_3$ 为引发体系，在低温（-100 ℃左右）下将异丁烯与少量异戊二烯通过阳离子聚合制得丁基橡胶。淤浆法生产技术主要包括聚合反应、产品精制、回收循环以及清釜 4 个部分。在用丙烯作冷却剂的带夹套的配制槽内，将精制的异丁烯和异戊二烯单体按 97%～98%（质量分数）和 1.4%～4.5%（质量分数）以及 25%（质量分数）的氯甲烷配制成混合溶液，同时将催化剂——无水粒状 $AlCl_3$ 加入到上述配制的氯甲烷混合溶液中搅匀。单体溶液和催化剂溶液分别经丙烯和乙烯冷却至 -100 ℃后送入聚合反应釜，经搅拌接触，单体在形成的阳离子 $AlCl_3$-MeCl 催化剂体系下发生聚合反应。这种悬浮聚合反应是在足够的低温（-90 ℃以下）下进行的，聚合反应不到 1 s 即可完成,反应热由通入反应釜内冷却列管的液态乙烯带出。聚合反应完成后,含丁基胶粒的淤浆从聚合釜上部导出管溢流入闪蒸塔,在搅拌中与热水和蒸汽接触,未反应的单体和溶剂从塔顶蒸出,丁基胶淤浆进入真空脱气塔。为防止胶粒黏结,脱气塔内加入 1.5%(与橡胶质量之比)分散剂(如硬脂酸锌或硬脂酸钙)和 0~3%(质量分数)的防老剂水悬浮液,或相对分子质量高的多酚类脱气用抗氧剂。含水胶粒混合物在真空脱气塔内脱除残余氯甲烷及未反应单体后送往后处理系统,经振动筛、挤压、脱水、压缩膨胀,在活性氧化铝上干燥,再经压片、称量、包装得成品。

传统的淤浆法 IIR 生产工艺技术成熟,但由于聚合反应温度低,制冷设备庞大,聚合釜连续运转周期短,能耗高。为了能提高反应温度,对用溶液法合成 IIR 进行了大量的研究。溶液法是以烷基氯化铝与水的络合物为引发剂,在烃类溶剂(如异戊烷)中于 $-90 \sim -70\,℃$ 下,异丁烯和少量异戊二烯共聚而成。聚合釜的连续运行周期为 10 d,聚合釜内胶液中的干胶质量分数在 12% 以下。溶液法的优点是可以用聚合物胶液直接卤化 IIR,避免了淤浆法工艺制卤化 IIR 所需的溶剂切换或胶料的溶解工序,可控制工艺条件制备相对分子质量不同的产品。但溶液法合成的 IIR 相对分子质量分布较宽,分子链存在支化现象,性能与淤浆法产品还有一定的差距。

4.3 阴离子聚合

1877 年 Waitz 在碱存在下使环氧乙烷开环聚合生成聚合物,这是最早报道的阴离子聚合反应;1949 年科学家研究了液氨中用氨基钾引发苯乙烯、丙烯腈聚合,提出阴离子聚合机理;1952 年科学家开始了定量的动力学研究;1956 年 Szwarc 首次报道了阴离子活性聚合反应(苯乙烯-萘钠-四氢呋喃体系),从此阴离子聚合受到了极大的重视。

利用阴离子聚合反应,可以合成特定结构的聚合物,如 ABA 型嵌段共聚物,星形、梳形等聚合物,达到了聚合物分子设计的目的。工业上也取得了实际应用,如液体丁苯橡胶、丁苯嵌段共聚物 SBS 树脂等的工业化生产。

阴离子聚合反应通式可表示如下:

$$A^{\oplus}B^{\ominus} + M \longrightarrow BM^{\ominus}A^{\oplus}\cdots\overset{M}{\longrightarrow} —M_n— \tag{4.38}$$

式中,$B^{\ominus}$ 表示阴离子活性中心,一般由亲核试剂提供;$A^{\oplus}$ 为反离子,一般为金属离子。活性中心可以是自由离子、离子对和处缔合状态的阴离子活性种。

4.3.1 阴离子聚合单体

烯类、羰基化合物、含氧杂环都有可能进行阴离子聚合,本节主要介绍烯烃的阴离子聚合。

带有吸电子基的乙烯基单体原则上可以进行阴离子聚合。如果取代基与双键形成 π-π 共轭体系,那么吸电子基减少双键上电子云密度,有利于阴离子进攻,同时形成的碳阴离子的电子云密度分散而稳定,因此,这类单体具有很高的阴离子聚合活性,易进行阴离子聚合。

常见的阴离子聚合单体，如丙烯腈、甲基丙烯酸甲酯、丙烯酸酯、硝基乙烯等，分子中既有吸电子基团，又具有π-π共轭结构，因此容易进行阴离子聚合。根据它们的聚合活性，可分为 4 种：

①高活性，有强吸电子基的烯类单体(图 4.3)。

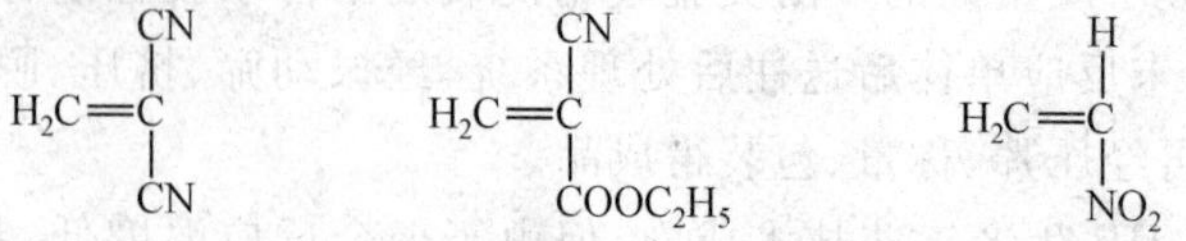

(a) 偏二氰乙烯　　　(b)α-氰基丙烯酸乙酯　　(c) 硝基乙烯

图 4.3　有强吸电子基的烯类单体

②较高活性，有吸电子基的烯类单体(图 4.4)。

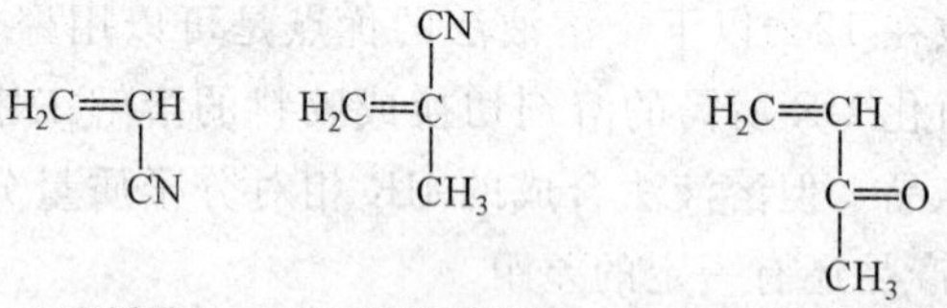

(a) 丙烯腈　　(b) 甲基丙烯腈　　(c) 甲基丙烯酮

图 4.4　有吸电子基的烯类单体

③中活性，含有酯基的烯类单体(图 4.5)。

(a) 丙烯酸甲酯　　　　　　(b) 甲基丙烯酸甲酯

图 4.5　含有酯基的烯类单体

④低活性，有共轭效应的烯类单体(图 4.6)。

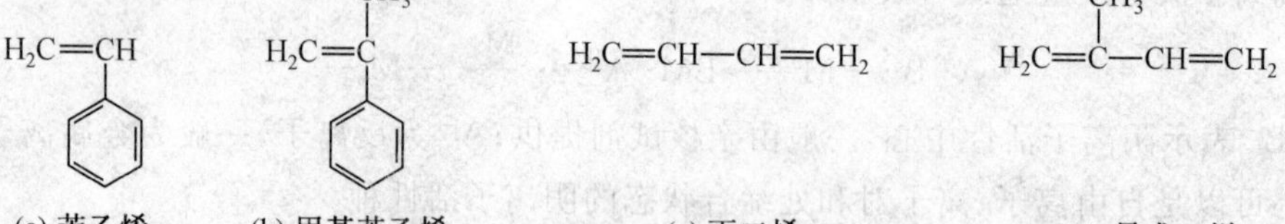

(a) 苯乙烯　　(b) 甲基苯乙烯　　　　(c) 丁二烯　　　　　(d) 异戊二烯

图 4.6　有共轭效应的烯类单体

4.3.2　阴离子聚合引发体系

阴离子聚合引发剂是电子给体，亲核试剂，属于碱类。按引发机理，阴离子聚合引发剂又可分为电子转移引发和阴离子引发两类。

(1)碱金属引发

Li、Na、K 外层只有一个价电子，容易转移给单体或中间体，生成阴离子引发聚合。

①电子直接转移引发。碱金属 M 原子最外层电子直接转移给单体,生成单体自由基-阴离子,其中自由基末端很快耦合终止,生成双阴离子后引发聚合。反应式如下:

$$Na+ \ CH_2{=}CH \longrightarrow Na^{\oplus\ominus}CH_2{-}CH\cdot \longleftrightarrow Na^{\oplus\ominus}CH{-}CH_2^{\cdot}$$
$$\underset{X}{|} \qquad\qquad \underset{X}{|} \qquad\qquad \underset{X}{|}$$

$$\longrightarrow Na^{\oplus\ominus}\underset{X}{\overset{|}{C}H}{-}CH_2{-}CH_2{-}\underset{X}{\overset{|}{C}H}{\ominus\oplus}Na \tag{4.39}$$

碱金属不溶于溶剂,属非均相体系。聚合反应在碱金属粒子表面进行,引发剂利用率低。丁钠橡胶是以金属钠为引发剂,由丁二烯气相或液相聚合制得。它是聚丁二烯系列产品的一个品种,可溶于汽油、苯、甲苯等溶剂,溶液具有很好的黏结能力。在橡胶制品中具有良好的耐磨性和抗屈挠性,弹性低,阻尼性优越,黏着力小,耐寒性较好。

②阴离子间接转移引发。碱金属将电子转移给中间体,形成自由基-阴离子,再将活性转移给单体,如萘钠在 THF 中引发苯乙烯聚合。反应式如下:

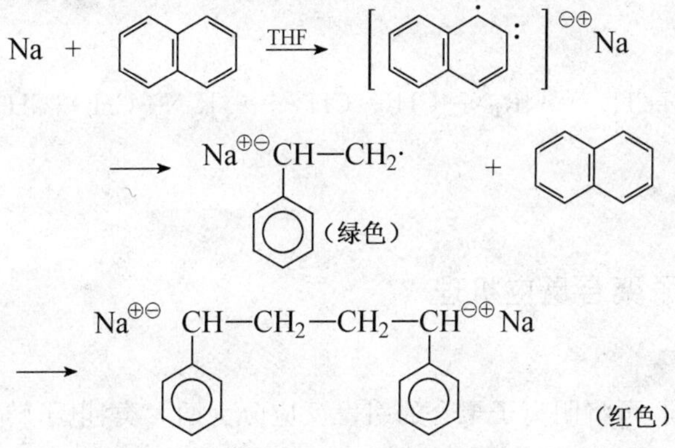

$$\text{(4.40)}$$

萘钠在极性溶剂中是均相体系,碱金属的利用率高。

(2)有机金属化合物引发

有机金属化合物很多,主要有金属氨基化合物、金属烷基化合物、格林雅试剂等。视金属和溶剂不同,其引发活性差别很大。

①金属氨基化合物。金属氨基化合物是研究得最早的一类引发剂,主要有 $NaNH_2$-液氨、KNH_2-液氨体系,由于 Na、K 的金属性比 Li 强,而且液氨的介电常数大和溶剂化能力强,可作自由阴离子引发体系。反应式如下:

$$2K+2NH_3 \Longrightarrow 2KNH_2+H_2 \tag{4.41}$$

$$KNH_2 \Longrightarrow K^{\oplus}+NH_2^{\ominus} \tag{4.42}$$

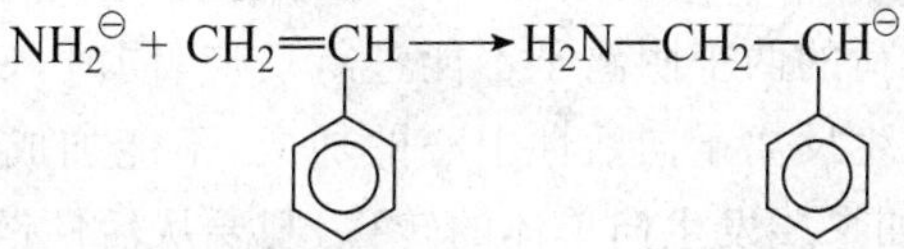

$$\text{(4.43)}$$

②金属烷基化合物。金属烷基化合物是另一类常用的阴离子引发剂。其引发活性与金属的电负性有关,若M—C键极性越强,越趋于离子键,则引发剂活性越大,越易引发阴离子聚合,具体情况见表 4.2。

表 4.2　各种金属烷基化合物引发活性对比表

金属	K	Na	Li	Mg	Al
电负性	0.8	0.9	1.0	1.2~1.3	1.5
金属-碳键	K－C	Na－C	Li－C	Mg－C	Al－C
键的极性	离子性	离子性	极性共价键	极性弱	极性更弱
引发作用	活泼引发剂	活泼引发剂	常用引发剂,如丁基锂以离子对方式引发	不能直接引发制成格氏试剂,引发活泼单体	不能单独用作阴离子聚合引发剂,只能和 TiCl₄、TiCl₃ 等过渡金属络合后引发聚合

（3）其他亲核试剂

R_3P、R_3N、ROH、H_2O 等中性亲核试剂,都有未共用的离子对,引发和增长过程中生成电荷分离的两性离子,但其引发活性很弱,只有很活泼的单体才能用它引发聚合。反应式如下：

$$R_3N : + H_2C =\!\!\!= CH \longrightarrow R_3\overset{\oplus}{N} - CH_2 - \overset{\ominus}{CH} \longrightarrow R_3\overset{\oplus}{N} (CH_2 - CH)_n CH_2 - \overset{\ominus}{CH}$$
$$\quad\quad\quad\quad | \quad\quad\quad\quad\quad\quad | \quad\quad\quad\quad\quad\quad | \quad\quad\quad\quad\quad |$$
$$\quad\quad\quad\quad X \quad\quad\quad\quad\quad\quad X \quad\quad\quad\quad\quad\quad X \quad\quad\quad\quad\quad X$$

$$(4.44)$$

4.3.3　阴离子聚合反应机理

（1）链引发

按引发机理不同,可将阴离子聚合的引发反应分为两大类:电子转移引发和亲核加成引发。前者所用引发剂是可提供电子的物质,后者则采用能提供阴离子的阴离子型引发剂或中性亲核试剂引发剂。如 4.3.2 所述生成碳负离子,通式如下：

$$B^{\ominus}A^{\oplus} + M \longrightarrow BM^{\ominus}A^{\oplus} \quad\quad\quad\quad (4.45)$$

（2）链增长

阴离子聚合反应的链增长反应如下：

$$BM^{\ominus}A^{\oplus} + nM \longrightarrow BM_{n+1}^{\ominus}A^{\oplus} \quad\quad\quad\quad (4.46)$$

单体能连续地插入离子对中间,与链末端碳负离子加成,这就是链增长反应,该反应一直连续地进行,直到单体全部消耗完或链终止反应发生,链增长反应就停止了。

（3）链终止

在自由基聚合中,聚合链的终止方式为双基偶合或双基歧化终止,而在阴离子聚合反应中,由于带有相同负电荷的两个阴离子不能进行反应;同时,反离子为金属离子,碳-金属键解离倾向大,不易发生反离子向活性中心的加成,不能加成终止,这点与阳离子聚合的终止反应是不同的。如果要发生向单体的转移,则要从活性链上脱去负氢原子 H^-,能量很高,向反离子转移也要脱去负氢原子,因此不易发生。因此,大多数阴离子聚合反应,尤其是非极性烯烃类单体如苯乙烯、1,3-丁二烯的阴离子聚合,是没有终止反应的。阴离子聚合在适当条件下（体系非常纯净）,可以不发生链终止或链转移反应,活性链直到单体完全耗尽仍可保持聚合活性。这种单体完全耗尽仍可保持聚合活性的聚合物链阴离子称为"活性聚合物"(Living Polymer)。

有几种方法可以判断活性聚合的无终止特性。萘钠在 THF 中引发苯乙烯聚合,碳阴离子增长链为红色,直到单体 100% 转化,红色仍不消失;重新加入单体,仍可继续链增长,有热量放出,体系内大分子数不变,相对分子质量相应增加。如果加入其他适当单体,如丁二烯,则生成嵌段共聚物。

微量的杂质,如水、氧等都易使碳负离子终止,因此,阴离子聚合需在惰性气体或高真空下、体系非常洁净的条件下进行。

阴离子聚合机理的特点是:快引发、慢增长、无终止。所谓慢增长,是指较引发慢而言,实际上阴离子聚合的增长速率比自由基聚合要快得多。

4.3.4 活性阴离子聚合反应动力学

有终止的阴离子聚合体系并不多,苯乙烯-氨基钾液氨体系是早期研究动力学中有终止的体系。作稳态假定,可以按阳离子聚合的办法,对该体系的动力学作类似处理。阴离子活性增长链以离子对的形式存在,而离子对的结构是比较复杂的,它可能是紧密离子对,也可能是松散离子对,甚至可能是自由离子,即在阴离子聚合体系中,可能存在几种不同形态的增长活性中心,同时进行链增长。这显然比自由基聚合体系复杂得多。

根据阴离子聚合无终止的特点,处理聚合动力学就比较简单。

(1)聚合速率

按照推导自由基聚合反应速率方程的过程,无终止阴离子聚合聚合反应速率方程可以表示为

$$R_p = k_p [M^-][M]$$

式中,k_p 是表观速率常数;$[M^-]$ 和 $[M]$ 分别为阴离子活性增长中心的总浓度和单体浓度。该式的条件是无杂质的活性聚合,且引发快于增长反应。

由于阴离子聚合为活性聚合,聚合前引发剂快速全部转变为活性中心,且活性相同。增长过程中无再引发反应,活性中心数保持不变,则阴离子活性中心的浓度等于引发剂的浓度,$[M^-]=[C]$。

聚合速率方程也可表示为

$$R_p = k_p [M^-][M] = k_p [M][C]$$

式中,$[C]$ 为引发剂的浓度。

(2)聚合度

真正的阴离子"活性"聚合没有链终止反应,单体消耗完,动力学增长也就结束了。根据阴离子聚合特征,引发剂全部很快转化成活性中心,链增长同时开始,各链增长几率相等,无链转移和终止反应,转化率为 100% 时,单体全部平均分配到每个活性端基上,因此活性聚合物的聚合度就等于单体浓度 $[M]$ 与活性链浓度 $[M^-]/n$ 之比,即

$$\overline{X}_n = \frac{[M]}{\dfrac{[M^-]}{n}} = \frac{n[M]}{[C]}$$

式中，[M]和[C]分别为单体浓度和引发剂浓度，n 为每个引发剂分子上的活性中心数，对双阴离子增长的聚合反应，如钠-萘引发苯乙烯聚合，$n=2$；对于单阴离子增长的活性聚合，$n=1$。

阴离子活性聚合得到的产物的相对分子质量分布很窄，接近小分散度。如 St 在 THF 中聚合，相对分子质量分布指数为 1.06～1.12，可用作凝胶渗透色谱仪测试相对分子质量及其分布的标准样品，但仍存在一定分散性，原因：①反应过程中很难使引发剂分子与单体完全混合均匀，即每个活性中心与单体混合的机会总是有些差别；②不可能将体系中的杂质完全清除干净。

活性阴离子聚合可以用来制备带有特殊官能团的遥爪聚合物，指分子链两端都带有活性官能团的聚合物，两个官能团位居于分子链的两端，就像两个爪子，故称为遥爪聚合物。反应式如下：

$$\overset{\oplus}{Li}\,\overset{\ominus}{HC}\!\sim\!\sim\!\sim\!CH^{\ominus}\,Li^{\oplus}\ +CO_2 \longrightarrow HOOCHC\!\sim\!\sim\!\sim\!CHCOOH \qquad (4.47)$$
$$\quad\;\; | \qquad\qquad | \qquad\qquad\qquad\qquad\qquad | \qquad\qquad |$$
$$\quad\;\; X \qquad\qquad X \qquad\qquad\qquad\qquad\qquad X \qquad\qquad X$$

利用活性聚合，先制得一种单体的活性链，然后加入另一种单体，可得到希望链段长度的嵌段共聚物。反应式如下：

$$\sim\!\sim\!\sim\!M_1^{\ominus}\overset{\oplus}{A}\ +M_2 \longrightarrow \sim\!\sim\!\sim\!M_1M_2\!\sim\!\sim\!\sim\!M_2^{\ominus}\overset{\oplus}{A} \qquad (4.48)$$

工业上已经用这种方法合成了苯乙烯-丁二烯、苯乙烯-丁二烯-苯乙烯两嵌段和三嵌段共聚物。这种聚合物在室温具有橡胶的弹性，在高温又具有塑料的热塑性，可用热塑性塑料的加工方法加工，故称为热塑弹性体。并非所有的活性链都可引发另一单体，能否进行上述反应，取决于 M_1^- 和 M_2 的相对活性。

对于快引发、慢增长、无终止的阴离子聚合时，引发剂先定量地产生活性中心，然后几乎同时进行增长，直到单体耗尽仍不终止，保持活性，产物的聚合度与引发剂浓度有关，可以定量计算，称为化学计量聚合。

4.3.5 阴离子聚合反应的影响因素

(1)溶剂对阴离子增长速率常数的影响

离子聚合反应溶剂的选择非常重要，对于阴离子聚合，常要根据不同的需要选择不同性质的溶剂。与阳离子聚合一样，溶剂和反离子性质不同，增长活性中心可以处于共价键、离子紧对、离子松对和自由离子等几种不同的状态，并处于平衡。

$$B—A \longleftrightarrow B^{\ominus}A^{\oplus} \longleftrightarrow B^{\ominus}\,\|\,A^{\oplus} \longleftrightarrow B^- + A^+ \qquad (4.49)$$
$$\;\;\text{共价键} \qquad \text{离子紧对} \qquad\;\; \text{离子松对} \qquad\quad \text{自由离子}$$

一般情况下，溶剂的性质可用两个物理量表示溶剂的极性和溶剂化能力。用介电常数 ε，表示溶剂极性的大小；用电子给予指数，反映溶剂的给电子能力。溶剂的介电常数越大，溶剂极性越强，离子对的离解越容易进行，活性链离子与反离子的离解程度越大，自由离子和松散离子对的相对数量越多，表观增长速率常数也越大，则聚合反应速率快，但是聚合物的结构规整性差。

对于极性溶剂，溶剂化作用都很强烈，阴离子活性中心松离子对和自由离子多，因此，在极性溶剂中进行的阴离子聚合反应,聚合速率快,聚合物规整性差;反之,非极性溶剂的溶剂化能力较弱,其聚合反应速率稍慢,聚合物规整性较好。

(2)反离子的影响

在阴离子聚合反应中,反离子对链增长速率的影响主要表现在反离子体积大小,即反离子半径的不同,导致发生溶剂化作用的强弱存在差异,影响增长活性中心的形态,从而影响阴离子聚合反应速率和聚合物的规整性。

在极性溶剂中,链增长速率常数随反离子半径的增加而降低。在极性溶剂中,溶剂化作用对活性中心的形态起决定的作用,活性种可以是离子对(紧密离子对、松散离子对)和自由离子等多种状态,各种活性种往往相互处于平衡状态,各种活性种的增长速率常数不同,因而影响到综合的表观增长速率常数。随着反离子半径的增加,溶剂分子与反离子之间的溶剂化作用变弱,使得活性中心中松散离子对和自由离子的比例减少,聚合反应速率也就因此降低了,聚合物的规整性同时提高。如在四氢呋喃溶剂中,反离子(由锂到铯)半径增大,溶剂化能力下降(对极性溶剂),离子对离解程度降低,易变成紧对,故反应速率减小。

在非极性溶剂中,链增长速率常数随反离子半径的增加而增加。其原因是,在非极性溶剂中,溶剂化能力差,溶剂化作用十分微弱,活性中心碳负离子与反离子可能以紧离子对的形式存在,反离子半径越大,与活性中心碳负离子的结合越松散,单体越容易插入其中进行增长,聚合反应速率也因此提高。

(3)聚合反应温度的影响

阴离子聚合反应中,温度的影响比较复杂,不同的聚合体系有不同的结果,可以通过实验确定。温度对阴离子聚合反应速率的影响,同自由基聚合类似,根据阴离子聚合反应活化能的大小来进行判断。一般情况下,烯类单体进行阴离子聚合的活化能与进行自由基聚合的活化能处于相同的数量级,而且总的活化能均为正值,因此,温度的升高,使阴离子聚合反应速率升高。但如果同时考虑温度对于离解平衡常数的影响,则情况就复杂得多了。

(4)烷基锂的缔合作用

研究表明,烷基锂,特别是正丁基锂,在非极性溶剂中如苯、甲苯、环己烷、己烷中存在缔合现象。

$$6C_4H_9Li \underset{}{\overset{缔合}{\rightleftharpoons}} (C_4H_9Li)_6 \qquad (4.50)$$

单分子正丁基锂与缔合分子处于平衡中,缔合分子无引发活性,只有单分子的才能聚合。缔合现象使有效的引发剂浓度降低,最终使聚合速率明显变慢。例如,在苯中用丁基锂作引发剂的聚合反应速率,要比用萘钠作引发剂的聚合反应速率降低几个数量级。这种缔合现象在其他烷基锂引发剂中也存在,不过缔合的程度不同。

这种缔合现象只在非极性溶剂中,烷基锂才表现明显的缔合作用,在极性溶剂中,例如在四氢呋喃中就完全消失,聚合速率也大大加快。当引发剂浓度很低时(低于 $10^{-4} \sim 10^{-5}$ mol/L),则基本上不发生丁基锂的缔合现象,其反应是一级反应,其引发速率和增长速率都与正丁基锂的浓度呈正比。

4.3.6 离子聚合与自由基聚合的比较

离子聚合虽然与自由基聚合都属连锁聚合的范畴,但两者还是有比较大的区别,见表4.3。

表4.3 离子聚合与自由基聚合的特征与区别

	自由基聚合	阳离子聚合	阴离子聚合
引发剂种类	采用受热易产生自由基的物质作为引发剂,即偶氮类、过氧类、氧化还原体系。引发剂用量影响聚合速率和聚合度	亲电试剂,主要是 Lewis 酸,需共引发剂	亲核试剂,主要是碱金属及金属有机化合物
聚合单体	大多数乙烯基单体都能自由基聚合,主要是带有弱吸电子基的乙烯基单体、共轭烯烃	带有强推电子取代基的烯类单体,共轭烯烃	带有强吸电子取代基的烯类单体、共轭烯烃、环状化合物、羰基化合物
溶剂的影响	溶剂的加入,降低了单体浓度,聚合速率略有降低;向溶剂链转移,降低相对分子质量;笼蔽效应,降低引发剂效率;水也可作为传热介质,进行水溶液、悬浮和乳液聚合	溶剂的极性和溶剂化能力,对活性种的形态有较大影响,如松、散离子对,自由离子等	溶剂的极性和溶剂化能力影响到聚合速率、聚合度和产物的立构规整性
反应温度	取决于引发剂的分解温度,50～80 ℃,温度对聚合速率和相对分子质量的影响较大	引发活化能很小,为防止链转移、重排等副反应,在低温聚合,阳离子聚合常在－70～－100 ℃进行	总的活化能均为正值,因此,温度升高,使阴离子聚合反应速率升高
链终止机理	自由基聚合多为双基终止,包括双基偶合终止和双基歧化终止	向单体、反离子、链转移剂终止	往往无终止,活性聚合,添加其他试剂终止
阻聚剂种类	氧、DPPH、苯醌等能与自由基结合而终止的化合物	极性物质水、醇,碱性物质等	极性物质水、醇,酸性物质
机理特征	慢引发、快增长、速终止	快引发、快增长、易转移、难终止	快引发、慢增长、无终止

趣味阅读

2000 年 10 月 10 日,瑞典皇家科学院宣布,3 位科学家因为对导电聚合物的发现和发展而获得本年度诺贝尔化学奖,他们是美国加利福尼亚大学的艾伦·J·黑格、美国宾夕法尼亚大学的艾伦·G·马克迪尔米德和日本筑波大学的白川英树。

人们都知道塑料与金属不同,通常情况下,它是不能导电的。在实际生活中,人们经常将塑料用作绝缘材料,普通电线中间是铜导线,外面包着的就是塑料绝缘层。但令人惊奇的是,荣获今年诺贝尔化学奖的人打破了人们的这个常规认识,他们发现,经过某些方面的改造,塑料能够成为导体。塑料是聚合体,构成塑料的无数分子通常都排成长链并且有规律地重复着这种结构。要想让塑料能够传导电流,必须使碳原子之间交替地包含单键和双键黏合剂,而且还必须能够让电子被除去或者附着上来,也就是通常说的氧化和还原。这样,这些额外的电子才能够沿着分子移动,塑料才能成为导体。

白川英树教授在研究有机半导体时使用了聚乙炔黑粉,一次,他的学生错把比正常浓度高出上千倍的催化剂加了进去,结果聚乙炔结成了银色的薄膜。白川想,这薄膜是什么,其有金属的光泽,是否可导电呢? 测定结果显示这薄膜不是导体。但正是这个偶然给了白川极大的启发,在后来的研究中,他发现在聚乙炔薄膜内加入碘、溴,其电子状态就会发生变化。1976 年艾伦·J·黑格教授说,"很想看看那薄膜",邀白川到美国开展共同研究,于是就有了 3 人的合作。合作研究 2 个月后,薄膜的电导率提高了 7 位数。

在他们的努力下,导体塑料已经发展成为化学家和物理学家们重点研究的一个科学领域,这个领域已经孕育出了一些非常重要的实际应用。他们 3 人因为这项杰出贡献获得了今年的诺贝尔化学奖。

导体塑料可以应用在许多特殊环境中,摄影胶卷需要的抗静电物质、计算机显示器的防电磁辐射罩都会用到导体塑料。而近来研发的一些半导体聚合体甚至可以应用在发光二极管、太阳能电池以及移动电话和迷你电视的显示屏中。

有关导体聚合体的研究与分子电子学的迅速发展有着密切的联系。估计将来我们能够生产出只包含单个分子的晶体管和其他电子元器件,这将在很大程度上提高计算机的速度,同时减小计算机的体积。

习 题

1. 试从单体、引发剂、聚合方法及反应的特点等方面对自由基、阴离子和阳离子聚合反应进行比较。

2. 将下列单体和引发剂进行匹配,说明聚合反应类型并写出引发反应式。

单体:(1) $CH_2\!=\!CHC_6H_5$　　　　　(2) $CH_2\!=\!C(CN)_2$

　　　(3) $CH_2\!=\!C(CH_3)_2$　　　　　(4) $CH_2\!=\!CHO(n\text{-}C_4H_9)$

　　　(5) $CH_2\!=\!CHCl$　　　　　　(6) $CH_2\!=\!C(CH_3)COOCH_3$

引发剂:(1)$(C_6H_5CO_2)_2$　　　　　(2)$(CH_3)_3COOH+Fe^{2+}$

　　　(3)Na-萘　　　　　　　(4)BF_3+H_2O

3. 在离子聚合反应过程中,能否出现自动加速效应? 为什么?

4. 在离子聚合反应过程中,活性中心离子和反离子之间的结合有几种形式? 其存在形式受哪些因素的影响? 不同存在形式和单体的反应能力如何?

5. 为什么阳离子聚合反应一般需要在很低温度下进行才能得到高相对分子质量的聚合度?

6. 分别叙述进行阴、阳离子聚合时,控制聚合反应速度和聚合物相对分子质量的主要方法。

7. 为什么进行离子聚合反应时需预先将原料和聚合容器净化、干燥,除去空气并在密封条件下聚合?

8.写出以氯仿为溶剂,以 $SnCl_4$ 为引发剂的异丁烯聚合反应机理。

9.何谓异构化聚合?举例说明产生异构化聚合的原因。

10.在一定条件下异丁烯聚合以向单体转移为主要终止方式,所得聚合物末端为不饱和端基。现有 4 g 聚异丁烯,可恰好使 6 mL 浓度为 0.01 mol/L 的溴-四氯化碳溶液褪色。计算聚异丁烯的相对分子质量。

11.怎样合成稳定的聚甲醛?写出聚合反应过程。

12.说明阴离子聚合的引发剂对单体的引发有无选择性,并判断下列引发剂各能引发哪些单体聚合?

引发剂:

(1)n-C_4H_9OK (2)Li-萘   (3)S-C_4H_9Li

(4)H_2O (5)Et_3N (6)RMgX   (7)Li$\left[CH_2CH=CHCH_2 \right]_4$Li

单体:

(1)$CH_2=CHCN$ (2)$CH_2=CHCH_2CH_3$

(3)$CH_2=CHCH=CH_2$ (4)$CH_2=CHC_6H_5$

(5)$CH_2=CHNO_2$ (6)$CH_2=C(CH_3)CH=CH_2$

(7)$CH_2=CH(CH_3)COOCH_3$

13.何为活性聚合物?为什么阴离子聚合可为活性聚合?

14.写出阴离子聚合方法合成 4 种不同端基(—OH,—COOH,—SH和—NH_2)的聚丁二烯遥爪聚合物的反应过程。

15.合成相对分子质量均一聚合物的聚合反应条件有哪些?

16.以 n-C_4H_9Li为引发剂,分别以硝基甲烷和四氢呋喃为溶剂,在相同条件下使异戊二烯聚合。判断在不同溶剂中聚合速度的大小顺序,并说明其原因。

17.某单体在某引发体系存在下聚合,发现:①聚合度随温度增加而降低;②溶剂对聚合度有影响;③聚合度与单体浓度一次方呈反比;④聚合速率随温度增加而增加。

试回答这一聚合是按自由基、阳离子还是阴离子机理进行的? 简要加以说明。

18.2.0 mol/L 的苯乙烯-二氯乙烷溶液在 25 ℃下,用 $4.0×10^{-4}$ mol/L 的引发聚合,计算起始聚合度。假如单体溶液聚合含 $8.0×10^{-5}$ mol/L 的异丙苯,聚合度又将是多少?(阴离子 $K_p/K_t=10^2$,自由基 $K_p/K_t^{1/2}=10^{-2}$,$C_s=4.5×10^{-2}$)

19.将 $1.0×10^{-3}$ mol 的萘钠溶于四氢呋喃中,然后迅速加入 2.0 mol 的苯乙烯,溶液的总体积为 1 L。假如单体立即均匀混合发现 2 000 s 内已有一半单体聚合,计算在聚合 32 000 s 和 4 000 s 时的聚合度。

20.甲基丙烯酸甲酯分别在苯、四氢呋喃、硝基苯中以萘钠引发聚合,试问哪一种溶液中聚合速率最大? 为什么?

21.环氧丙烷用 CH_3ONa 在 70 ℃下聚合,环氧丙烷和 CH_3ONa 的浓度分别为 0.80 mol/L 和 $2.0×10^{-4}$ mol/L。计算转化率为 80% 时聚合物的数均相对分子质量,并说明向单体链转移的影响。

第5章 配位聚合

按照聚合反应机理分类,配位聚合反应也属于连锁聚合,但其机理比较特殊,与阳离子聚合、阴离子聚合不同,它是烯烃单体的碳-碳双链与引发剂活性中心的过渡元素原子的空轨道配位,然后再插入活性中心离子与反离子之间,最后完成聚合反应的过程。

1953年,德国科学家K. Ziegler以$TiCl_4$-$Al(C_2H_5)_3$作为引发剂,在温度为$60\sim90$ ℃,压力为$0.2\sim1.5$ MPa的条件下,使乙烯聚合得到高结晶度、高熔点、支链少的高密度聚乙烯(HDPE)。随后,1954年意大利科学家G. Natta以$TiCl_3$-$Al(C_2H_5)_3$作为引发剂,使丙烯聚合得到等规聚丙烯,其中甲基侧基在空间作等规定向排布。Ziegler-Natta引发剂用乙烯、丙烯单体制备出高性能的聚合物,获得了巨大的经济效益。同时,在高分子科学研究领域,继自由基、阴离子、阳离子聚合后又出现了一个新的领域——配位聚合。Ziegler和Natta两位科学家,也因其在科学和工业领域做出的革命性的贡献,共同荣获1963年诺贝尔化学奖。

5.1 聚合物的异构现象

在有机化学中,异构体指的是化学组成相同而结构和性质不同的化合物,这种现象也称为异构现象。异构现象通常分为两大类:结构异构和立体异构。在聚合物的异构现象中,也有这两类异构现象,下面分别介绍。

5.1.1 结构异构

结构异构也称为同分异构,指的是由于组成化合物分子的原子或原子团的不同连接方式而产生的异构现象,如果单体为同分异构体,聚合后得到的聚合物也为结构异构体,例如聚乙烯醇、聚乙醛、聚环氧乙烷互为结构异构体。

在聚合物的结构异构中,还包括头-尾、头-头和尾-尾连接的结构异构及两种单体在共聚物分子链上不同排列的序列异构。

5.1.2 立体异构

立体异构是由原子在大分子中不同空间排列所产生的异构现象。聚合物中的立体异构现象比较复杂,聚合物的立体异构现象分为两大类:几何异构和光学异构。

(1)几何异构

几何异构体也称为顺反异构,是由聚合物分子链中双键或环形结构上取代基的构型不同引起的,聚合物的结构特点是主链上有双链或有环状结构。如异戊二烯聚合,1,4-聚合产物有顺反异构体(图5.1)。

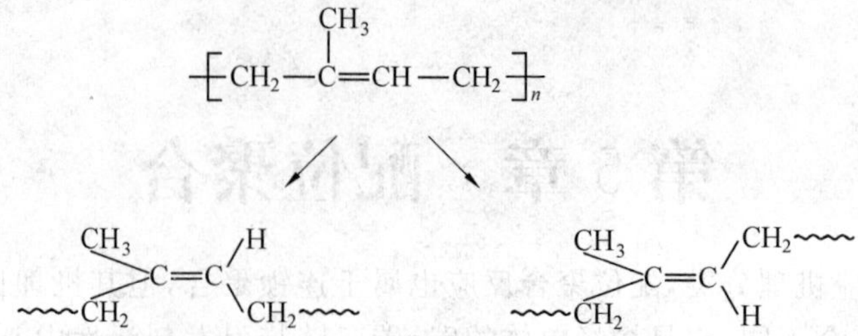

$$\text{—}[CH_2\text{—}\underset{\underset{CH_3}{|}}{C}\text{=}CH\text{—}CH_2]\text{—}_n$$

顺式构型　　　　　　　　　反式构型

图 5.1　聚异戊二烯的顺式构型和反式构型

（2）光学异构

光学异构，是由分子的手性引起的，故也称为对映异构或手性异构，构型分为 R 型和 S 型两种。手性分子中含有手性中心，具有旋光性，对于小分子的光学异构来讲，手性碳具有两种构型，彼此互为镜像，对偏振光旋转的方向相反。

对于 α-烯烃聚合物，分子链中与 R 基连接的碳原子具有的结构如图 5.2 所示。

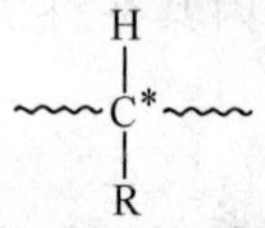

$$\underset{\underset{R}{|}}{\overset{\overset{H}{|}}{C^*}}$$

图 5.2　聚合物中的手性碳原子

由于连接 C* 两端的分子链在绝大多数情况下链长度是不同的，或端基不同，因此 C* 应当是手性碳原子，但这种手性碳原子并不显示旋光性。因为光学活性只取决于与手性碳原子相邻的最初的几个碳原子，而聚合物中大多数情况下是长度不等的两链段近邻 C* 原子，差别很小，因此聚合物中的 C* 不是真正的手性碳原子，只能称为"假手性碳原子"，没有旋光性。

单取代烯烃的聚合物只有一个手性中心，每个构型单元中含一个立构中心，立构中心碳原子可以有R—和S—两种构型，根据手性 C* 的构型不同，这类聚合物分为 3 种立体异构（图 5.3）：

①全同立构（或等规）聚合物：各个手性中心 C* 的构型相同，如 —RRRR— 或 —SSSS，如等规聚丙烯（it - PP）。

②间同立构（间规）聚合物：相邻手性中心的构型相反并且交替排列，如 —RSRSRSR—，如间规聚丙烯（st - PP）。

③无规立构聚合物：手性中心的构型呈无规排列，如 —RRSRSSSRSSRR—，如无规聚丙烯（at - PP）。

全同和间同立构聚合物统称为有规立构聚合物，简称为有规立构体。如果每个结构单元上含有两个立体异构中心，则异构现象就更加复杂。

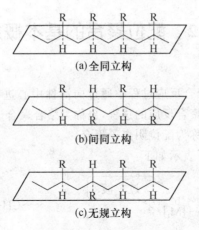

图 5.3 3 种立体异构

5.1.3 立构规整性聚合物的性质

有规立构与非立构规整性聚合物之间的性质差别很大,性能的差异主要是因为聚合物的立构规整性影响聚合物的结晶能力。聚合物的立构规整性好,分子排列有序,有利于结晶,而结果导致聚合物高熔点、高强度、高耐溶剂性,因此在应用方面,有规立构聚合物更具有实际的应用意义。

以聚α-烯烃为例,无规聚丙烯为非结晶聚合物,为蜡状黏滞体,熔点低(75 ℃),用途不大,只能用作塑料的填充母料;而全同聚丙烯和间同聚丙烯,是高度结晶材料,具有高强度、高耐溶剂性,特别是全同聚丙烯,由于容易结晶使得它有高强度、高耐溶剂性和耐化学腐蚀性。全同聚丙烯的熔点为 175 ℃,强度与质量比很大,使它在塑料和合成纤维材料中获得了广泛的应用。

对二烯烃的立构规整聚合物,其全同和间同聚合物的熔点较高。二烯烃聚合物的顺式和反式异构体的性能差异,也是由于分子链的对称性不同而引起的。顺式结构的分子链对称性差,结晶度低,T_g 和 T_m 较低,如顺 1,4-丁二烯是高弹性能良好的橡胶;而反式结构的分子链对称性好,所以结晶度高,相应的 T_g 和 T_m 较高,因此是较硬的低弹性的材料,例如,反式 1,4-聚异戊二烯可用于制造高尔夫球和代替医用石膏。

5.1.4 立构规整度及其测定

聚合物的立构规整性用立构规整度表征,立构规整度是指立构规整聚合物占总聚合物的百分数。

立构规整度是评价聚合物性能、引发剂定向聚合能力的一个重要指标。立构规整聚合物的立构规整度大都根据聚合物的物理性质如结晶、密度、熔点和溶解行为以及化学键的特征吸收或振动来测量。

5.2 配位聚合的基本概念

1. 配位聚合

配位聚合是指单体在聚合反应过程中通过向活性中心进行配位，然后再插入活性中心与反离子之间，最后完成聚合反应的过程，也称为络合聚合。因为配位聚合的活性中心是阴离子，因此配位聚合又称为配位阴离子聚合。

配位聚合链增长反应可表示如下：

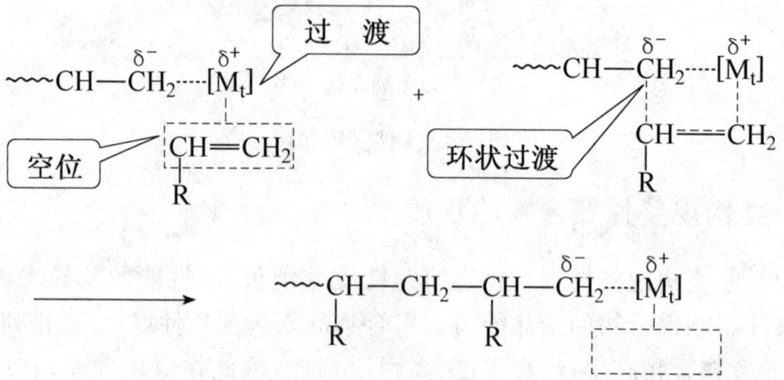

(5.1)

链增长过程的本质是单体对增长链端络合物的插入反应。

2. 配位聚合的特点

配位聚合具有如下特点：

①单体首先在过渡金属上配位形成络合物，其证据是乙烯和 Pt、Pd 生成络合物后仍可分离制得了 4-甲基-1-戊烯-VCl_3 的π络合物。

②反应具有阴离子性质，配位聚合属于配位阴离子聚合，其证据是用标记元素的终止剂终止增长链（$^{14}CH_3OH \longrightarrow {}^{14}CH_3O^- + H^+$）得到的聚合物无$^{14}C$放射性，表明加上的是 H^+，说明链端是阴离子，因此，配位聚合属于配位阴离子聚合。

③单体的插入过程可能有两种途径，一是 α-碳带负电荷与过渡金属相连接，称为一级插入；二是 β-碳带负电荷并与反离子相连，称为二级插入。

一级插入反应式如下：

$$\sim\!\sim CH(R)-\overset{\delta^-}{C}H_2\cdots[\overset{\delta^+}{M_t}] + CH(R){=}CH_2 \longrightarrow \sim\!\sim CH(R)-CH_2-CH(R)-\overset{\delta^-}{C}H_2\cdots[\overset{\delta^+}{M_t}] \qquad (5.2)$$

二级插入反应式如下：

$$\sim\!\sim CH_2-\overset{\delta^-}{C}H(R)\cdots[\overset{\delta^+}{M_t}] + CH_2{=}CH(R) \longrightarrow \sim\!\sim CH_2-CH(R)-CH_2-\overset{\delta^-}{C}H(R)\cdots[\overset{\delta^+}{M_t}] \qquad (5.3)$$

研究发现丙烯的全同聚合是一级插入，丙烯的间同聚合却为二级插入，配位阴离子聚合的特点是：有可能制得立构规整聚合物，但不是一定能得到立规整聚合物，这与定向聚合、有规立构聚合不同。

定向聚合、有规立构聚合这两者是同义语,是以产物的结构定义的,都是指以形成有规立构聚合物为主的聚合过程。任何聚合过程(包括自由基、阳离子、阴离子、配位聚合)或任何聚合方法(如本体、悬浮、乳液和溶液等),只要能形成有规立构聚合物,都可称为定向聚合或有规立构聚合。乙丙橡胶的制备采用 Ziegler-Natta 引发剂,属配位聚合,但结构是无规的,不是定向聚合。

5.3 Ziegler-Natta 引发剂

Ziegler-Natta 引发剂的出现为高分子科学与高分子材料合成工业开创了一个崭新的领域,它可以使难以用自由基聚合或离子聚合的烯类单体聚合成高聚物,并且可能形成立构规整聚合物。

最早使用的配位聚合引发剂是 Ziegler 使用的 $TiCl_4$-$Al(C_2H_5)_3$ 和 Natta 使用的 $TiCl_3$-$Al(C_2H_5)_3$ 引发体系。后来将周期表中ⅠA～ⅢA 主族金属烷基化合物和ⅣB～ⅧB族过渡金属化合物组成的二元体系能引发 α-烯烃进行配位聚合的引发剂通称为 Ziegler-Natta引发体系。

5.3.1 Ziegler-Natta 引发剂的主要组分

(1)主引发剂

Ziegler-Natta 引发剂中的主引发剂是周期表中ⅣB～ⅧB 过渡金属化合物,过渡金属元素 Ti、Zr、V、Cr 等的卤化物、氧卤化物是最常用的,主要用于 α-烯烃的聚合。其中 $TiCl_3$ 的活性较高,$MoCl_5$、WCl_6 专用于环烯烃的开环聚合。ⅧB 族:Co、Ni、Ru、Rh 的卤化物或羧酸盐,主要用于二烯烃的定向聚合。

(2)共引发剂

Ziegler-Natta 引发剂中共引发剂主要是ⅠA～ⅢA 主族的金属有机化合物,主要有 RLi、R_2Mg、R_2Zn、AlR_3,其中 R 为 1～11 个碳的烷基或环烷基,其中有机铝化合物应用最多。

(3)第三组分

两组分的 Ziegler-Natta 引发剂称为第一代引发剂,为了提高引发剂的定向能力和聚合速率,常加入第三组分(给电子试剂),通常是含有 N、P、O、S 的化合物,如六甲基磷酰胺 $[(CH_3)_2N_3]_3P\!=\!O$ 、丁醚$(C_4H_9)_2O$ 和叔胺 $N(C_4H_9)_3$。

加入第三组分的引发剂称为第二代引发剂,引发剂活性提高到 5×10^4 gPP/gTi。第三代引发剂,除添加第三组分外,还使用了载体,如 $MgCl_2$、$Mg(OH)Cl$,引发剂活性达到 6×10^5 g/gTi 或更高,除了可以提高聚合活性还可以提高聚合产物的等规度。

5.3.2 Ziegler-Natta 引发剂的溶解性能

按照在烃类溶剂中的溶解情况可以将 Ziegler-Natta 引发剂分为均相引发剂和非均相引发剂两大类。

（1）均相引发体系

形成均相或非均相引发剂，主要取决于过渡金属的组成和反应条件，如 $TiCl_4$、VCl_4 与 $AlEt_3$、$AlEt_2Cl$ 等的组合是最典型的 Ziegler 引发剂。$TiCl_4$-$AlEt_3$ 在 -78 ℃反应条件下，可形成溶于烃类溶剂的均相引发剂，该溶液能够引发乙烯快速聚合，但是对丙烯聚合的活性却很低；当温度升高，则转化为非均相引发体系，活性略有提高，对丙烯和丁二烯的聚合活性有所提高，但产物的立构规整性仍然不高。

（2）非均相引发体系

低价态的金属卤化物如 $TiCl_3$、$TiCl_2$、VCl_3 等本身为不溶于非极性烃类溶剂的结晶固体，与 AlR_3、AlR_2Cl 反应后仍为非均相，典型的 Natta 引发体系$TiCl_3$-$AlEt_3$就属于此类，这类引发体系是α-烯烃的高活性和高定向引发剂，同时对二烯烃聚合也有活性。

能使丙烯聚合的 Ziegler - Natta 引发剂一般能使乙烯配位聚合；反之，能使乙烯聚合的 Ziegler - Natta 引发剂却未必能使丙烯配位聚合。

5.3.3　使用 Ziegler - Natta 引发剂注意的问题

主引发剂是卤化钛，性质非常活泼，在空气中吸湿后发烟、自燃，并可发生水解、醇解反应等。共引发剂烷基铝，性质极活泼，易水解，接触空气中氧和潮气迅速氧化，甚至燃烧、爆炸等。因此在保持和转移操作中必须在无氧干燥的 N_2 中进行，在生产过程中，原料和设备要求除尽杂质，尤其是氧和水分。聚合完毕，工业上常用醇解法除去残留引发剂。

5.4　α-烯烃的配位聚合反应

5.4.1　α-烯烃配位聚合的机理

配位聚合机理，特别是形成立构规整化的机理，一直是该领域最活跃、最引人注目的课题。对于 Ziegler - Natta 配位聚合机理，目前有双金属和单金属两种解释，后者更易被接受。

（1）Natta 的双金属机理

1959 年，Natta 首先提出双金属机理，该机理的要点是引发剂的两组分首先起反应，形成含有两种金属的桥形络合物，成为聚合活性中心。反应式如下：

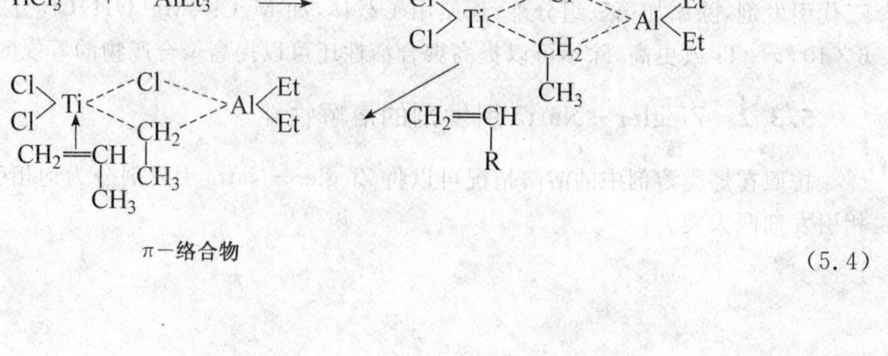

$$\pi-络合物 \tag{5.4}$$

α-烯烃的富电子双键在亲电子的过渡金属 Ti 上配位,生成π-络合物,缺电子的桥形络合物部分极化后,由配位的单体和桥形络合物形成六元环过渡状态。极化的单体插入Al—C键后,六元环瓦解,重新生成四元环的桥形络合物。反应式如下:

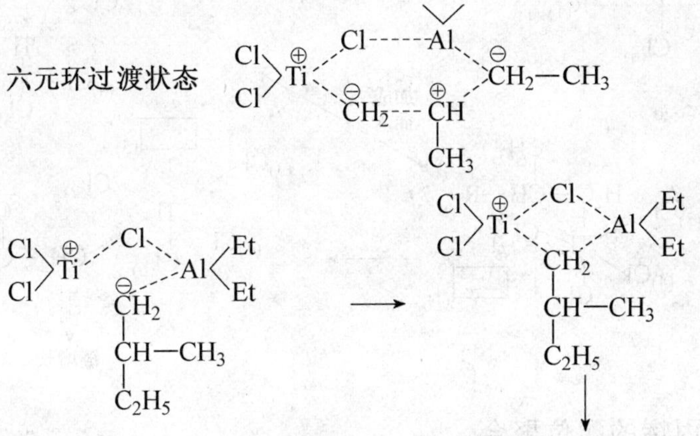

$$\text{链增长} \tag{5.5}$$

双金属理论的观点是,由于单体首先在 Ti 上配位引发,然后Al—CH_2CH_3键断裂,—CH_2CH_3碳负离子连接到单体的α-碳原子上(Al 上增长),因此也称为配位阴离子机理。双金属理论存在的问题是对聚合物链在 Al 上增长有异议,同时,该机理没有涉及规整结构的成因。

(2) Cossee - Arlman 单金属机理

单金属机理是 Cossee(荷兰物理化学家)于 1960 年首先提出,活性中心是带有一个空位的以过渡金属为中心的正八面体,该理论后来经 Arlman 补充完善,得到一些人的公认。插入反应是配位阴离子机理,首先烯类单体的双键插入到 Ti 的空位上,由于单体π电子的作用,使原来的Ti—C 键活化,极化的$Ti^{\delta+}$—$C^{\delta-}$ 键断裂,完成单体的插入反应重新释放出空位(1)(见式(5.6))。单体如果在空位(5)和空位(1)交替增长,所得聚合物将是间同立构,实际上得到的是全同立构。假定是空位(5)和(1)的立体化学和空间位阻不同,R 基在空位(5)上受到较多Cl^-的排斥而不稳定,因而在下一个丙烯分子占据空位(1)之前,它又回到空位(1)。单金属机理存在的问题主要是增长链飞回原来的空位的假定,在热力学上不够合理,不能解释共引发剂对聚丙烯立构规整度的影响。目前得到普遍公认的仅仅是配位阴离子聚合机理,定向机理有待于进一步发展完善。反应式如下:

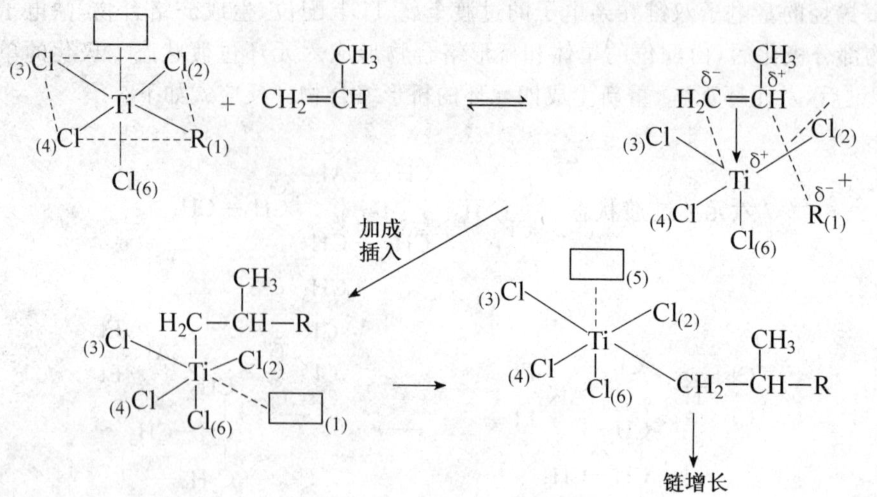

加成
插入

链增长

$$(5.6)$$

5.4.2　丙烯的配位聚合

丙烯不能进行自由基聚合，也不能进行阳离子和阴离子聚合。高相对分子质量的有规聚丙烯只能利用配位聚合才能得到。等规聚丙烯性能优异，可制作纤维（丙纶）、薄膜、注塑件、（热水）管等，是发展最快的塑料品种，产量仅次于聚乙烯。

聚丙烯常用的引发剂为 TiCl$_3$—AlEt$_2$Cl（或者 AlEt$_3$），或添加第三组分和载体。我国北京燕山石油化工公司在聚丙烯生产中选用四组分高效 Ziegler - Natta 引发剂，其组成为

$$TiCl_3—Al(C_2H_5)Cl_2—K_2TiF_6—CH_2\!\!=\!\!CH—CH_2—OC_4H_9$$

三氯化钛-乙基二氯化铝-氟钛酸钾-烯丙基正丁醚

目前，聚丙烯的生产方法主要包括：无溶剂聚合法（即本体聚合法）和有溶剂聚合法（包括溶液聚合和淤浆聚合（聚丙烯不溶于溶剂））。本体聚合又有液相本体法和气相本体法。目前工业上主要是采用淤浆聚合和液相本体聚合。

丙烯的淤浆聚合采用烷烃（如己烷、庚烷、汽油等）作为溶剂，聚合温度为 $50\sim80$ ℃，聚合压力为 $0.4\sim2.0$ MPa，引发剂的 $n(Al)/n(Ti)$ 为 $1:4$。将引发剂加入配料槽，并连续向聚合釜内加入配好的引发剂、溶剂、单体和聚合度调节剂（H$_2$）。生成的等规聚丙烯不溶于溶剂，沉析成淤浆状，故称为淤浆聚合。聚合结束后，进行溶剂回收、洗涤、干燥等后处理工序。

丙烯本体聚合法实际上是液体丙烯作稀释剂的淤浆聚合，聚合后用闪蒸法除去未聚合的丙烯单体即得产品，后处理比较简单。

丙烯除均聚外还能与 α-烯烃、二烯烃和乙烯等单体共聚。

5.4.3　乙烯的配位聚合

聚乙烯主要有低密度聚乙烯（又称为 LDPE 或高压聚乙烯）、高密度聚乙烯（又称为 HDPE 或低压聚乙烯）和线形低密度聚乙烯（又称为 LLDPE）3 类。LDPE 主要是由自由

基聚合方法聚合得到,此节只介绍 HDPE 的聚合工艺。

　　HDPE 使用的配位聚合引发剂与聚丙烯相似,常用的主引发剂有 $TiCl_4$、$TiCl_3$、$Ti(OR)_4$、$VOCl_3$、CrO_2Cl_2、$ZrCl_4$ 等,其中 $TiCl_4$ 最为常用,助引发剂有三烷基铝($AlEt_3$)、三异丁基铝($Al(i-Bu)_3$)、一氯二乙基铝(Et_2AlCl)等。

　　乙烯配位聚合可选择淤浆聚合和气相聚合两种方法。聚合前,将引发剂的两组分以一定比例($n(Al)/n(Ti)=0.8\sim2$)在烃溶液中混合并在 $-5\sim0$ ℃下反应。将棕黑色的悬浮的反应产物投入到有汽油或其他烷烃的反应釜中,通入乙烯,反应 $2\sim4$ h。由于聚乙烯不溶于溶剂中,该法也是淤浆聚合。

　　乙烯结构对称,无取代基,向活性中心配位插入聚合时,不存在定向问题,对所用的引发剂只希望有高的活性,并无立构规整度的要求。主引发剂 $TiCl_4$ 与 $AlEt_3$ 反应得到 $\beta-TiCl_3$,它作为引发剂所得的产物的等规度很低,但对于乙烯来说,由于分子的对称性,向活性中心的配位插入无定向问题,它的引发效率高,一般为 $1\,000\sim2\,000$ gPE/gTi,留在聚合物中的残渣经后处理工序除去。经过长期研究改进,现在多用负载技术,常用载体有 $MgCl_2$、$Mg(OH)_2$、$Mg(OH)Cl$、MgO、$MgCO_3$ 等,其中以 $MgCl_2$ 为最好,可使引发剂的活性提高成百上千倍,活性达到 $10^5\sim10^6$ gPE/gTi。

　　在聚合过程中,单体和聚合体系中所含的微量杂质和 O_2、CO、H_2O 及炔烃等将会使引发剂失活,所以对单体的纯度要求很高。

5.4.4　二烯烃的配位聚合

　　共轭二烯烃(如丁二烯、聚异戊二烯等)的均聚物或共聚物是合成橡胶的重要品种,主要是通过配位聚合反应生产的。

　　(1)丁二烯配位聚合

　　丁二烯有规立构聚合可生成顺-1,4 和反-1,4 结构的聚丁二烯,也可得到 1,2-聚丁二烯,决定于所用的引发剂和反应条件。顺 1,4-聚丁二烯(顺丁胶)弹性好、耐低温、耐老化、耐水,特别是耐磨性比天然橡胶还好,广泛用作轮胎。顺聚1,4-丁二烯合成所用的配位聚合引发剂可分为可溶性引发剂和不溶性引发剂。

　　可溶性引发剂Ni—B—Al,能溶于溶剂(苯、氯苯或庚烷等)中,如环烷酸镍-三乙基铝-三氟化硼乙醚络合物的三组分体系,当 $n(Ni):n(B):n(Al)=0.7:1:1.0$ 时,所得顺丁胶(Ni 胶)的顺-1,4 结构质量分数可达 96%～98%。

　　不溶性引发剂,由四氯化钛和三异丙基铝或三乙基铝配制而成,其 $n(Ti):n(Al)=2:1$,所得顺丁胶的顺式 1,4-结构质量分数为 95%。

　　上述引发剂用于聚合反应的条件大致为聚合温度 $30\sim40$ ℃、压力为 $0.05\sim0.5$ MPa,聚合时间 $1\sim4$ h。使用可溶性引发剂效率较高,便于连续生产,顺式-1,4 结构含量高,后处理容易,但所得聚合物的聚合度分布较宽。

　　(2)1,4-聚异戊二烯

　　通过人工合成,利用配位聚合引发剂,也可使异戊二烯聚合得到顺式-1,4-聚异戊二烯,其中顺式质量分数可达到 97%,性能与天然橡胶相似,又称为合成天然橡胶。异戊二烯单体的合成原料来自石油裂解产品,可利用丙烯的二聚反应制备异戊二烯或者利用异丁烯和甲醛的缩合反应一步合成异戊二烯。合成异戊橡胶的引发剂是 Ziegler - Natta 引发剂，$TiCl_4$—$AlEt_3$（或 $Al(i-Bu)_3$）体系。引发剂的 Al 与 Ti 的摩尔比对聚合物的结构影响较大，当 $n(Al):n(Ti)<1$ 时，顺-1,4-结构含量降低，以反式为主，当 $n(Al):n(Ti)>1$ 时，虽以顺式为主，但产率下降，只有当 $n(Al):n(Ti)\approx 1$ 时两者可兼备。

除 Ziegler - Natta 引发剂外，异戊二烯还可用阴离子引发剂。丁基锂引发聚合成顺-1,4-结构质量分数为 94% 的锂胶。合成异戊橡胶具有良好的弹性、耐磨性、耐热性、导电性，加工容易，可代替天然橡胶，用于汽车和飞机的轮胎、胶带、胶管、鞋底等。

5.5　新型配位聚合引发剂体系

5.5.1　茂金属引发剂

1980 年，德国汉堡大学的 Kaminsky 教授偶然发现向 Cp_2ZrCl_2/三甲基铝（TMA）体系中加入少量水，引发剂活性会明显增大。研究结果发现，少量水的引入使 TMA 转变成了甲基铝氧烷（MAO），由此揭开了烯烃聚合引发剂又一个新的篇章。

茂金属引发剂是继 Ziegler - Natta 引发剂之后，基于金属有机和均相催化研究的发展，获得的新一类聚烯烃引发剂。

茂金属是指过渡金属与环戊二烯相连所形成的有机金属配位化合物，现在研究配体的范围已扩大到茚环与芴环。常用的金属是锆、钛及铬，助引发剂为甲基铝氧烷（MAO）或含硼阳离子活化剂。

目前开发应用的茂金属引发剂有传统茂金属、桥联型茂金属和限定几何型茂金属配合物 3 种基本结构，如图 5.4 所示。传统茂金属引发剂是以普通茂基（如环戊二烯基、茚基、芴基等）为配体的过渡金属卤代或烷基化物；桥联型则是烷基或硅烷基将两个茂环连接起来，以防止茂环旋转，给茂金属化合物以主体刚性；限定几何型茂金属结构（CGC）是采用一个环戊二烯基，用氨基取代另一个环戊二烯基，通过烷基或硅烷基桥联。配合物的结构和对称性对催化聚合反应的活性、选择性和聚烯烃产物的空间结构起决定作用。目前研究比较多的主要是限定几何型茂金属引发剂及桥联型茂金属引发剂。

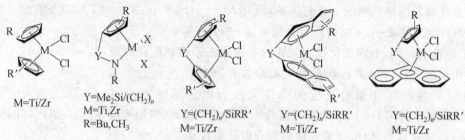

$$M=Ti/Zr$$

$$Y=Me_2Si/(CH_2)_n$$
$$M=Ti,Zr$$
$$R=Bu,CH_3$$

$$Y=(CH_2)_n/SiRR'$$
$$M=Ti/Zr$$

$$Y=(CH_2)_n/SiRR'$$
$$M=Ti/Zr$$

$$Y=(CH_2)_n/SiRR'$$
$$M=Ti/Zr$$

图 5.4　各种类型的茂金属引发剂

与传统的 Ziegler - Natta 引发剂相比较，茂金属引发剂有如下特点：

①茂金属引发剂，特别是茂锆引发剂，具有非常高的催化活性。

②茂金属引发剂属于单一活性中心的引发剂，所得的聚合物均一性高，主要表现在相

对分子质量分布相对较窄,共聚单体在聚合物主链中分布均匀。

③优异的催化共聚合能力,几乎能使大多数共聚单体与乙烯共聚,可以获得许多新型的聚烯烃材料。用茂金属引发剂进行烯烃聚合的研究和开发,至今已经涉及 50 种以上不同性能的单体,其中的许多单体用传统的 Ziegler - Natta 引发剂很难进行聚合。

④通过改变茂金属引发剂的结构,例如改变配体、取代基或聚合条件可以控制聚合物产品的各种参数,如相对分子质量和组成分布、共单体含量、侧链支化度、密度、熔点、结晶度等,从而可以按照应用的要求实现相对分子质量等的控制。

茂金属引发剂用于烯烃聚合,已经成功合成了线形低密度聚乙烯、高密度聚乙烯、等规聚丙烯、间规聚丙烯、无规聚丙烯、间规聚苯乙烯、聚环烯烃等,并可采用淤浆聚合、溶液聚合、气相聚合方法,无需脱灰工序。

5.5.2 后过渡金属引发剂

20 世纪 90 年代,美国 North Carolina 大学的 Brookhart 等人报道了利用适当的配体,可使元素周期表中的第ⅧB 族中的 Ni 和 Pd 的配合物用来引发烯烃聚合,从而由单一烯烃可获得高相对分子质量的、有各种支化度的聚合物,并能实现与极性单体的共聚。他们将这一类催化剂称为烯烃聚合后过渡金属引发剂。这一发现,打破了人们长期以来认为后过渡金属引发剂只能引发烯烃低聚而难以获得高聚物的观念,开拓了烯烃聚合引发剂研究的新领域。

后过渡金属引发剂具有高的亲电性和空间立体位阻,因而可用于聚合高相对分子质量的聚合物,它可以从乙烯制备具有预期结构的线形低密度聚乙烯,这使得为专门应用而设计乙烯均聚获得具有预期性质的聚合物成为可能。与茂金属引发剂相比,后过渡金属引发剂,尤其是 Fe 和 Co 引发剂合成相对简单,产率也较高,该引发剂成本远低于茂金属引发剂;而且在聚合时助引发剂的用量也比较低,一般与负载的茂金属引发剂相当。这样在工业化时,引发剂的费用将大大下降,有利于降低生产成本。这类新型引发剂在聚合方面的特点有利于生产牌号多样的聚烯烃产品,即从高线性、高密度聚乙烯到宽峰甚至双峰分布的聚乙烯、α-烯烃齐聚物、乙烯与极性单体共聚物以及烯烃嵌段共聚物等。可以预期,在不久的将来后过渡金属引发剂将与传统 Ziegler - Natta 催化剂和茂金属引发剂一起推动聚烯烃工业的发展。

1998 年,Brookhart 与 Gibson 小组分别报道了吡啶二亚胺铁、钴的乙烯聚合引发剂。该类引发剂的结构特点是:亚胺芳环近似垂直于吡啶环,配位的 3 个氮原子处于纬线位置,而氯原子处于经线位置。吡啶二亚胺铁配合物(图 5.5)催化乙烯聚合,活性高,聚合物高度线性,相对分子质量高,重均相对分子质量超过 100 000。

后过渡金属引发剂具有低的亲电性、稳定性高的特点,在配体空间立体位阻作用下,可用于乙烯聚合获得高相对分子质量的聚乙烯。与茂金属引发剂相比,后过渡金属引发剂,尤其是 Fe 和 Co 引发剂合成相对简单,产率也较高,该引发剂成本远低于茂金属引发剂;而且在聚合时助引发剂的用量也比较低,一般与负载的茂金属引发剂相当,引发剂的费用比较低,有利于降低聚烯烃的生产成本。

这类新型引发剂在聚合方面的特点有利于生产牌号多样的聚烯烃产品,即从高线性

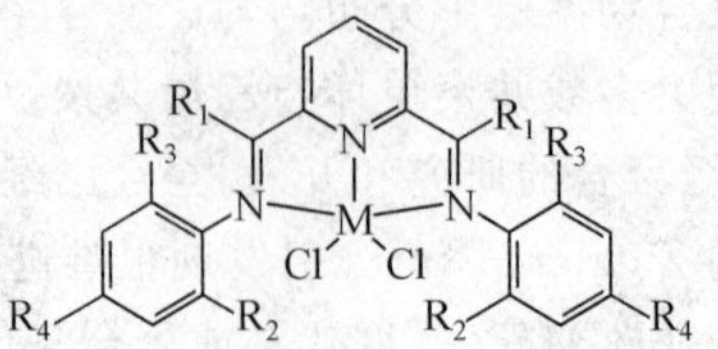

M=Fe 或 Co;
R₁=Me 或 H;R₂=Me 或 iPr;
R₃=H,Me 或 iPr;R₄=H 或 Me

图 5.5　吡啶二亚胺 Fe(II) Co(II)配合物

高密度聚乙烯到宽峰甚至双峰分布的聚乙烯、α-烯烃齐聚物、乙烯与极性单体共聚物以及烯烃嵌段共聚物等。可以预期,在不久的将来后过渡金属引发剂将与传统 Ziegler‐Natta 引发剂和茂金属引发剂一起推动聚烯烃工业的发展。

后过渡金属引发剂是以 Fe、Co、Ni、Pd 等金属为中心原子的金属配合物,它们有如下一些特点:

①后过渡金属引发剂属于单一活性中心引发剂。

②催化活性高,在许多方面可以达到甚至超过茂金属引发剂。

③可以通过配体的调节以及聚合条件的变化实现对聚合物的相对分子质量和支化度的调控。

④主引发剂易于合成、性能稳定、价格便宜。

⑤助引发剂的用量少甚至可以不用,有利于降低生产成本。

⑥亲氧性弱,可以实现烯烃与极性单体的共聚,生产出性能优异的功能化聚烯烃材料。

趣味阅读

卡尔·齐格勒(Karl Waldemar Ziegler),德国化学家,在聚合反应催化剂研究方面做出很大贡献,并因此与意大利化学家居里奥·纳塔共同获得 1963 年诺贝尔化学奖。

1920 年,齐格勒在卡尔·冯·奥沃斯教授指导下获得博士学位。1923 年,齐格勒取得讲师资格,曾在马尔堡大学和法兰克福大学短期执教。1926 年起他任海德堡大学教授,随后 10 年一直在海德堡大学执教和研究有机化学。1936~1945 年,他担任哈雷—维滕贝格大学教授并任化学所所长,同时任芝加哥大学访问教授。战后齐格勒积极参加了德国化学会的建立工作,并担任了 5 年主席工作,并于 1954~1957 年间担任德国石油科学与煤化学学会主席。

1927 年,齐格勒发现将烯烃分子加入苯异丙基钾的乙醚溶液中时,颜色立刻从红色变为黄色。他实际上观察到的是有机碱金属化合物进攻烯烃的碳碳双键产生自由基的过程。进一步的工作发现,可以通过不断加入丁二烯分子到溶液中来得到链长越来越长的聚丁二烯,其末端的阴离子可以保持活性,不易终止,这被称为活性聚合。1930 年,齐格勒以金属锂和卤代烃为反应物,合成了有机锂试剂。有机锂试剂在反应中容易形成碳负离子,可以进攻有取代基团的碳碳双键,因此成为有机化学家重要的合成工具。

1943~1969 年,齐格勒担任马克斯·普朗克煤炭研究所所长,从事有机金属化合物在催化剂上的应用。此时乙烯已经可以作为煤气的副产品大量供应,由于成本低廉且和煤炭关系密切,齐格勒开始进行有关乙烯的实验,以从乙烯合成高相对分子质量聚乙烯为目标。他使用烷基铝作为引发剂,却发现链终止的速率要大于链增长的速率,这使得产品总是乙烯的二聚物——1-丁烯。齐格勒最终发现是烷基铝中含有的镍盐提高了链终止的速率,他希望找到另一种金属的盐可以降低链终止速率。齐格勒和他的学生 Breil 发现了钛盐不会提高链终止速率,而会大大提高链增长速率。他将乙烯在常温常压下通过三氯化钛和烷基铝的混合物,得到了高相对分子质量的聚乙烯。1952 年,齐格勒将专利卖给了意大利的 Montecatini 公司,当时居里奥·纳塔正在该公司做咨询工作。纳塔称这一类催化剂为"齐格勒催化剂",并且对它的催化能力和未来在聚丙烯等等规聚合上的前景十分有兴趣。

居里奥·纳塔(Giulio Natta),意大利化学家,在聚合反应的催化剂研究上做出很大贡献,因此与德国化学家卡尔·齐格勒共同获得 1963 年诺贝尔化学奖。1924 年毕业于米兰理工大学化学工程系。1925 年他获得了奖学金到弗赖堡大学学习,接触到了赫尔曼·施陶丁格领导的研究组,对很有前景的聚合物研究发生兴趣。1932～1935 年纳塔担任帕维亚大学教授和普通化学研究所所长。1936 年起,纳塔来到都灵理工大学,任正教授与工业化学研究所所长。1938 年纳塔回到米兰理工大学担任化学工程系主任与工业化学研究所所长,开始研究合成橡胶。

1938 年起纳塔开始关注烯烃的合成。1953 年意大利化学工业公司 Montecatini 资助纳塔研究,希望扩展由卡尔·齐格勒发现的催化剂,用于合成等规聚合物。1954 年,在齐格勒用乙烯低压聚合制成聚乙烯重大发现的基础上,他发现以三氯化钛和烷基铝为催化剂,丙烯在低压下聚合生成分子结构高度规整的立体定向聚合物——聚丙烯,具有高强度和高熔点,开创了立体定向聚合的崭新领域。他和卡尔·齐格勒合作,发展了齐格勒-纳塔催化剂。

习　题

1. 简要解释以下概念:

(1)配位聚合和插入聚合

(2)有规立构聚合和立构选择聚合

(3)定向聚合和 Ziegler - Natta 聚合

(4)光学异构、几何异构和构象异构

(5)全同聚合指数

2. 什么是配位阴离子聚合? 它和典型的阴离子聚合有何不同? 其特点如何?

3. 聚合物的立构规整性的含义是什么? 如何评价聚合物的立构规整性? 光学异构体和几何异构体有何不同? 它和单体的化学结构有何关系?

4. 下列单体可否发生配位聚合? 如果能,试写出相应引发剂体系和立构规整聚合物的结构。

(1) $CH_2=CH-CH_3$

(2) $CH_3-CH=CH-CH_3$

(3) $CH_2\!=\!C(CH_3)_2$

(4) $CH_2\!=\!CH\!-\!CH\!=\!CH_2$

(5) $CH_2\!=\!CH\!-\!C(CH_3)\!=\!OH_2$

(6) $CH_2\!=\!CH\!-\!CH\!=\!CH\!-\!CH_3$

(7) $CH_2\!\overset{\displaystyle O}{\overset{\diagup\diagdown}{\!-\!}}CH\!-\!CH_3$

(8) $H_2N\!\!\left[CH_2\right]_5\!COOH$

(9) 环己烯

(10) 环戊烯

5. 下列引发剂何者能引发乙烯、丙烯或丁二烯的配位聚合？形成何种立构规整聚合物？

(1) $n-C_4H_9Li$

(2) $\alpha-TiCl_3/ALEt_2Cl$

(3) 萘-钠

(4) $(\pi-C_4H_9)_2Ni$

(5) $(\pi-C_3H_5)NiCl$

(6) $TiCl_4/AlR_3$

6. 简述配位聚合反应的主要特征及配位聚合术语的由来。

7. α-烯烃和二烯烃的配位聚合，在选用 Zieggler - Natta 引发剂时有哪些不同？除过渡金属种类外，还需考虑哪些问题？

8. 使用 Zieggler - Natta 引发剂时，为保证实验成功，需采取哪些必要的措施？用什么方法除去残存的引发剂？怎样分离和鉴定全同聚丙烯？

9. 列举丁二烯进行顺式 1,4 聚合的引发体系和反应条件，并讨论顺式 1,4 结构的成因。

10. 简要回答下列问题：

(1) MMA 形成全同和间同立构聚合物的条件；

(2) 丙烯用 $\alpha-TiCl_3-AlEt_3$ 聚合时，R_p 随 $AlEt_3$ 用量的变化，用 H_2 调节相对分子质量，为什么 R_p 和 $\overline{M}_n$ 都下降？

(3) 丙烯用 VCl_3(或 VCl_4)$-ALEt_3$ 聚合，为什么在低温下才能获得间同立构聚丙烯？

11. 讨论丙烯进行自由基、离子及配位阴离子聚合时能否形成高相对分子质量聚合物？并分析原因。

12. 使用 Ziggler - Natta 引发剂时，为保证实验成功，需采取哪些必要的措施？用什么方法除去残存的引发剂？怎样分离和鉴定全同聚丙烯？

第 6 章　逐步聚合

逐步聚合反应是高分子材料合成的重要方法之一,在高分子化学和高分子合成工业中占有重要地位。该方法合成的聚合物包括人们熟知的涤纶、尼龙、聚氨酯、酚醛树脂及脲醛树脂等高分子材料。特别是近年来,逐步聚合反应的研究无论在理论上,还是在实际应用上都有了新的发展,一些高强度、高模量及耐高温等综合性能优异的高分子材料不断问世,例如聚碳酸酯、聚砜、聚苯醚、聚酰亚胺、聚苯并咪唑等。

6.1　逐步聚合反应的特征

逐步聚合反应是合成高聚物的一类重要的聚合反应,通常是由单体所带的两种不同的官能团之间发生化学反应而进行的,例如,羟基和羧基之间的反应。两种官能团可在不同的单体上,也可在同一单体内。聚酰胺是通过氨基(—NH_2)和羧基(—COOH)发生缩聚反应获得的,它可由二胺和二酸的缩聚反应得到,反应式如下:

$$n\ H_2N—R—NH_2 + n\ HOOC—R'—COOH \longrightarrow$$
$$H(HN—R—NHCO—R'—CO)_n OH + (2n-1)H_2O \tag{6.1}$$

也可以从氨基酸自缩聚制得,反应式如下:

$$n\ H_2N—R—COOH \longrightarrow H(HN—R—CO)_m OH + (n-1)H_2O \tag{6.2}$$

以上反应通式为

$$n\ A—A + n\ B—B \longrightarrow (A—AB—B)_m \tag{6.3}$$
$$n\ A—B \longrightarrow (A—B)_n \tag{6.4}$$

式中,A 和 B 分别代表两种不同的官能团。

由此可见,聚酰胺的合成与酰胺化合物合成类似,都是利用氨基和羧基之间脱水反应形成酰胺键。不同的是,对于聚合物,只有其相对分子质量足够大时才具有实用意义。一个聚酰胺分子要经过许多次缩合反应才能完成。因此只有在反应达到高转化率($98\%\sim99\%$)时,才能得到高相对分子质量的聚合物。对于有机反应,例如乙酸乙酯的合成,转化率达到 90% 已是相当好的了,但若用同样的条件合成相应的聚酯,却意味着一次失败。逐步聚合反应有以下几个特征:

①反应是通过单体官能团之间的反应逐步进行的,反应中没有特定的活性种和自由基。

②每步反应的速率和活化能大致相同。

③反应体系始终由单体和相对分子质量递增的一系列中间产物组成,单体以及任何中间产物两分子间都能发生反应。

④聚合产物的相对分子质量是逐步增大的,只有在高转化率下才能生成高相对分子质量的聚合物。

综上所述,逐步聚合最重要的特征就是聚合体系中任何两分子(单体或聚合产物)间都能相互反应生成聚合度更高的聚合产物。这一聚合方法在高分子化学和高分子工业中占有重要的地位,绝大多数的主链上含有杂原子的高聚物都是通过逐步聚合反应实现的。

6.1.1 逐步聚合反应的类型

(1)缩聚反应

聚合反应是通过官能团之间的缩合反应完成的,反应过程中同时有小分子产生,反应式如下:

$$n\ HO—R—OH + HOOC—R'—COOH \rightleftharpoons$$
$$H\{O—R—OCO—R'—CO\}_n OH + (2n-1)H_2O \qquad (6.5)$$

(2)聚加成反应

通过两官能团之间的加成反应,逐步生成聚合物。形式上是加成反应,但反应机理是逐步进行的,如聚氨酯的合成反应如下:

$$n\ HO—R—OH + n\ OCN—R'—NCO \rightleftharpoons$$
$$HO\{R—OOCNH—R'—NHCOO\}_{n-1}ROOCNH—R'—NCO \qquad (6.6)$$

(3)开环反应

开环反应中一部分为逐步反应,如环氧树脂的聚合反应和水、酸引发己内酰胺的开环;环氧树脂的聚合反应的每一步都依次交替经历开环和闭环两个反应过程,反应式如式:

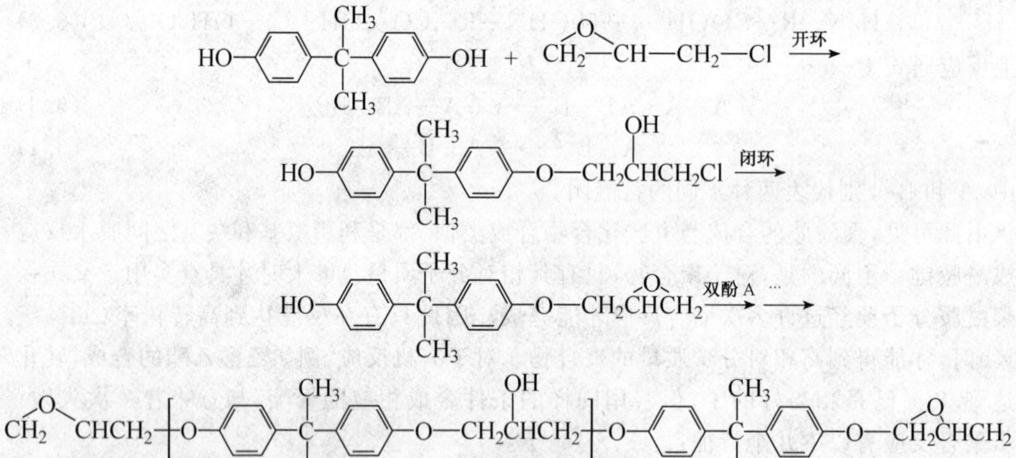

$$(6.7)$$

(4)氧化偶合

在特殊催化剂存在下,苯或某些苯衍生物可以通过氧化反应而实现偶联聚合,如2,6-二甲基苯酚和氧气形成聚苯撑氧,见反应式(6.8),也称聚苯醚。反应机理研究显示这类聚合反应属于不可逆的逐步聚合反应机理。迄今为止,已经发现有五大类化合物可以进行氧化偶合聚合反应,分别是酚、炔、芳胺、芳烃衍生物和硫醇。

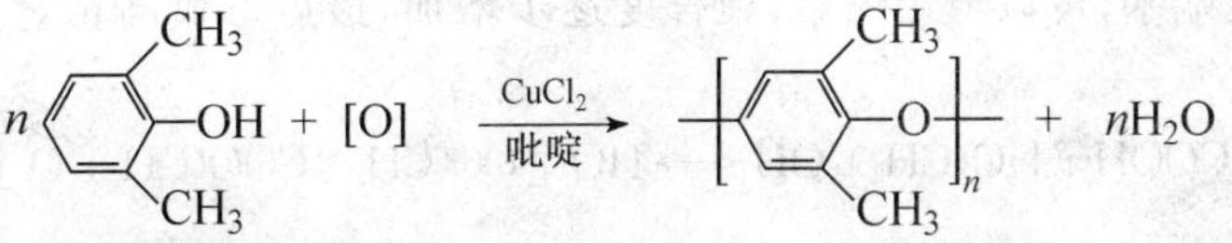

$$(6.8)$$

(5)Diels-Alder 反应

将某些共轭二烯烃加热或与另一烯烃共同加热,即发生 Diels-Alder 反应,可生成环状二聚体,然后继续生成环状三聚体、四聚体,直至多聚体,见反应式(6.9)。由于Diels-Alder聚合合成的聚合物通常是梯形结构,因而引起了人们的注意。

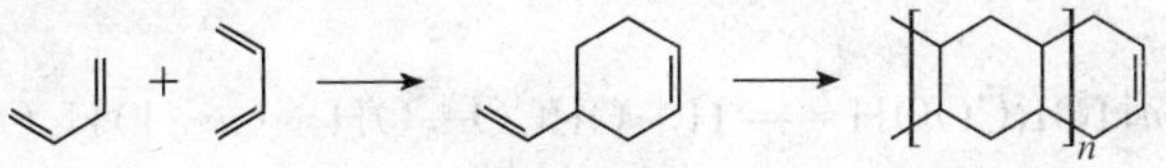

$$(6.9)$$

乙烯基丁二烯与苯醌反应,得到可溶性梯形聚合物,反应式如下:

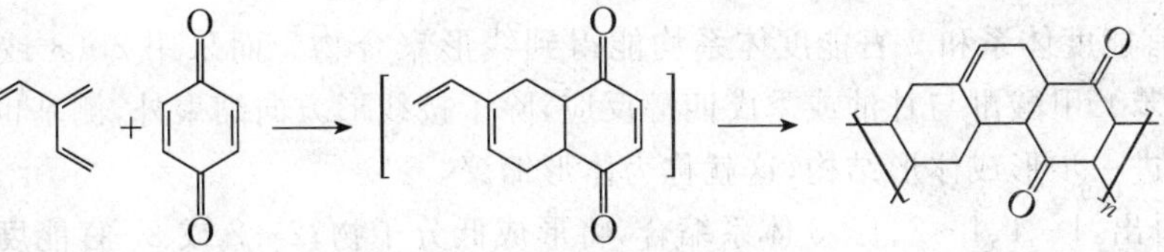

$$(6.10)$$

6.2 缩聚反应

缩聚反应是缩合聚合的简称,是多次重复缩合形成缩聚物的过程。缩合和缩聚都是基团间(如羟基和羧基)的反应,两种不同基团可以分属于两种单体分子,如乙二醇和对苯二甲酸,也可能同在一种单体分子上,如羟基酸。

(1)缩合反应

醋酸与乙醇的酯化是典型的缩合反应,除主产物醋酸乙酯外,还有副产物水产生。反应式如下:

$$CH_3COOH + HOC_2H_5 \longrightarrow CH_3COOC_2H_5 + H_2O \qquad (6.11)$$

一分子中能参与反应的官能团数称为官能度(f),醋酸和乙醇的官能度都是1,该反应体系简称1-1(官能度)体系。单官能度的辛醇和二官能度的邻苯二甲酸酐缩合反应,主产物为邻苯二甲酸二辛酯,可用作增塑剂,该体系就称作1-2体系。反应式如下:

$$C_6H_4(CO)_2O + 2C_8H_{17}OH \longrightarrow C_8H_{17}OOCC_6H_4COOC_8H_{17} + 2H_2O \qquad (6.12)$$

1-1、1-2、1-3等体系都有一种原料是单官能度,缩合只能形成低分子化合物,属缩合反应,而缩聚反应是缩合反应多次重复形成聚合物的过程。

考虑官能度时,应该以参与反应的基团为准,例如苯酚在一般反应中,酚羟基是反应基团,官能度为1;而与甲醛反应时,酚羟基的邻、对位氢才是参与反应的基团,官能度就应该是3;对甲酚的官能度为2。

(2)缩聚反应

二元酸和二元醇的缩聚反应是缩合反应的发展。例如,己二酸和己二醇进行酯化反应时,第一步缩合成羟基酸二聚体(如式(6.13)中 $n=1$),以后相继形成的低聚物都含有羟端基和(或)羧端基,可以继续缩聚,聚合度逐步增加,最后形成高相对分子质量线形聚酯。

$$n\text{HOOC(CH}_2)_4\text{COOH}+\text{HO(CH}_2)_6\text{OH} \longrightarrow \text{HO} \{ \text{OC(CH}_2)_4\text{COO(CH}_2)_6\text{O} \}_n \text{H}+(2n-1)\text{H}_2$$

$$(6.13)$$

己二酸和己二胺缩聚成聚酰胺-66(尼龙-66)是另一重要线形缩聚的例子。

以 a、b 代表官能团,A、B 代表残基,则 2-2 官能度体系线形缩聚的通式可表示为

$$\text{aAa}+\text{bBb} \longrightarrow \text{a}[\text{AB}]_n\text{b}+(2n-1)\text{ab} \qquad (6.14)$$

同一分子带有能相互反应的两种基团,如羟基酸,经自缩聚,也能制得线形缩聚物,例如:

$$n\text{HORCOOH} \Longrightarrow \text{H} \{ \text{ORCO} \}_n \text{OH}+(n-1)\text{H}_2\text{O} \qquad (6.15)$$

氨基酸的缩聚也类似,这类单体称为 2-官能度体系,其缩聚通式如下:

$$n\text{aRb} \longrightarrow \text{a}-\text{R}_n-\text{b}+(n-1)\text{ab} \qquad (6.16)$$

2-2 官能度体系和 2 官能度体系均能得到线形聚合物。而采用 2-3 或 2-4 体系时,例如邻苯二甲酸酐与甘油或季戊四醇反应,除了按线形方向缩聚外,侧基也能缩聚,先形成支链,进一步形成体形结构,这就称为体形缩聚。

可以看出,1-1、1-2、1-3 体系缩合,将形成低分子物;2-2 或 2-官能度体系缩聚,形成线形缩聚物;2-3、2-4 或 3-3 体系则形成体形缩聚物。本章先介绍线形缩聚和体形缩聚的机理,然后,再介绍重要缩聚物和逐步聚合物。

可用来进行缩聚的基团种类很多,如 OH、NH_2、COOH、COOR、COCl、$(CO)_2O$、H、Cl、SO_3H、SO_2Cl 等。缩聚物大分子链中都留有特征基团,如聚醚(—O—)、聚酯(—OCO—)、聚酰胺(—NHCO—)、聚氨酯(—NHCOO—)、聚砜(—SO_2—)等。

改变官能团种类、官能度及官能团以外的残基,就可以合成出众多缩聚物。

(3)共缩聚

羟基酸或氨基酸一种单体的缩聚,可称为均缩聚或自缩聚;由二元酸和二元醇两种单体进行的缩聚是最普通的缩聚,可以称为混缩聚或杂缩聚。从改进缩聚物结构性能角度考虑,还可以将一种二元酸和两种二元醇、两种二元酸和两种二元醇等进行所谓"共缩聚"。例如,以少量丁二醇、乙二醇与对苯二甲酸共缩聚,可以降低涤纶树脂的结晶度和熔点,增加柔性,改善熔纺能力。

均缩聚、共缩聚间反应并无本质差异,但从改变聚合物组成结构、改进性能、扩大品种角度考虑,却很重要,因此,不必使用这些名词,统称缩聚或逐步聚合即可。

6.3　线形缩聚反应的基本过程

6.3.1　大分子的生长过程

线形缩聚反应的单体必须带有两个官能团,大分子的生长是由于官能团间相互反应的结果。两种单体分子互相反应生成二聚体,二聚体与单体反应又生成三聚体,二聚体与二聚体反应得到四聚体,…,低聚物与低聚物相互反应生成相对分子质量更大的聚合物。

相对分子质量逐步长大,分子链逐渐变长。

小分子变为大分子的过程并不是无限制地进行的,实践证明缩聚物的相对分子质量都不太高,一般为 10^4 数量级。造成大分子不能继续增长的原因,既有热力学平衡的限制,也有官能团失活导致的动力学终止。

6.3.2 大分子生长过程的停止

1. 热力学平衡的限制

缩聚反应通常是热力学平衡的可逆反应,在缩聚反应初期,反应物浓度很大,所以正反应速度比逆反应速度大得多。随着反应进行,体系里反应物浓度不断减小,产物特别是小分子产物浓度增加,使逆反应速度越来越明显。在缩聚反应后期,体系黏度很大,生成的小分子不易除去,当正逆反应速度相等,即达到热力学平衡。

缩聚反应的逆反应是解缩聚,例如聚酯合成中的醇解和酸解,反应式如下:

$$
\begin{aligned}
&\sim\!\!\!\sim\!\!R'\!-\!\!\overset{\overset{\text{O}}{\|}}{C}\!+\!O\!-\!R\!-\!O\!-\!\overset{\overset{\text{O}}{\|}}{C}\!-\!R'\!\!\sim\!\!\!\sim\; + \;HORO\!+\!H \longrightarrow \\
&\sim\!\!\!\sim\!\!R'\!-\!\!\overset{\overset{\text{O}}{\|}}{C}\!-\!OROH\; + \;HORO\!-\!\overset{\overset{\text{O}}{\|}}{C}\!-\!R'\!\!\sim\!\!\!\sim \\[8pt]
&-\!R'\!-\!\!\overset{\overset{\text{O}}{\|}}{C}\!+\!O\!-\!R\!-\!O\!-\!\overset{\overset{\text{O}}{\|}}{C}\!-\!R'\!- \; + \;HO\!+\!\overset{\overset{\text{O}}{\|}}{C}\!-\!R'\!-\!\overset{\overset{\text{O}}{\|}}{C}\!-\!OH \longrightarrow \\
&-\!R'\!-\!\!\overset{\overset{\text{O}}{\|}}{C}\!-\!OH\; + \;HO\!-\!\overset{\overset{\text{O}}{\|}}{C}\!-\!R'\!-\!\overset{\overset{\text{O}}{\|}}{C}\!-\!ORO\!-\!\overset{\overset{\text{O}}{\|}}{C}\!-\!R'\!-
\end{aligned}
\tag{6.17}
$$

这种化学降解使相对分子质量降低。

在缩聚反应中还存在大分子链之间的链交换反应,这种反应也是可逆的,尤其是在较高温度下,这种可逆反应更应该受到重视,反应式如下:

$$
\sim\!\!\!\sim\!\!R\overset{\overset{\text{O}}{\|}}{C}\!-\!NHR'\; + \;\sim\!\!\!\sim\!\!R''\overset{\overset{\text{O}}{\|}}{C}\!-\!NHR''\!\!\sim\!\!\!\sim \longrightarrow R''\overset{\overset{\text{O}}{\|}}{C}\!-\!NHR'\; + \;\sim\!\!\!\sim\!\!R\overset{\overset{\text{O}}{\|}}{C}\!-\!NHR'''\!\!\sim\!\!\!\sim
\tag{6.18}
$$

这种链交换反应不影响体系分子链的数目,但却有利于相对分子质量的均匀化,或者说,链交换反应使聚合物的相对分子质量分布变窄。通常相对分子质量较大的分子对黏度影响较大,所以,链交换反应使体系黏度下降。

如果将聚酰胺和聚酯放在一起进行链交换,会得到嵌段共聚物,反应式如下:

$$
\begin{aligned}
&\sim\!\!\!\sim\!\!\overset{\overset{\text{O}}{\|}}{C}\!-\!O\!-\!\overset{\overset{\text{O}}{\|}}{C}\!-\!O\!\!\sim\!\!\!\sim \; + \;\sim\!\!\!\sim\!\!\overset{\overset{\text{O}}{\|}}{C}\!-\!NH\!-\!\overset{\overset{\text{O}}{\|}}{C}\!-\!NH\!\!\sim\!\!\!\sim \longrightarrow \\
&\sim\!\!\!\sim\!\!\overset{\overset{\text{O}}{\|}}{C}\!-\!O\!-\!\overset{\overset{\text{O}}{\|}}{C}\!-\!NH\!\!\sim\!\!\!\sim \; + \;\sim\!\!\!\sim\!\!\overset{\overset{\text{O}}{\|}}{C}\!-\!NH\!-\!\overset{\overset{\text{O}}{\|}}{C}\!-\!O\!\!\sim\!\!\!\sim
\end{aligned}
\tag{6.19}
$$

大分子链终止增长的另一个原因是缩聚反应中原料（官能团）的非化学计量比。在投料时即使设法准确称量，但由于原料纯度和在反应过程中官能团的变化等原因，也不能保证严格的化学计量比，从而造成反应体系中的一种官能团过量。当反应达到一定程度后，大分子端基由于原料纯度（特别是含单官能团物质）和在反应过程中官能团的变化（如高温脱羧）等原因，使得反应体系中有一种官能团过量。反应达到一定高度后，大分子端基都被过量的官能团占有，缩聚反应被迫终止。

2. 动力学终止

动力学终止是由于官能团完全失去活性造成的，有以下几种情况：

(1)单官能团物质封端

反应体系中含有单官能团物质起着封闭端基，终止大分子继续增长的作用，反应式如下：

$$a \{ AB \}_n b + R'a \longrightarrow a \{ AB \}_n R' + ab \tag{6.20}$$

(2)环化反应

在一定条件下，线形缩聚反应同时伴有环化反应。环化反应依分子链的长短可以发生在分子内，也可以发生在分子间，如分子内环化，其反应式如下：

$$H_2N \{ CH_2 \}_3 COOH \longrightarrow \begin{array}{c} CH_2-CH_2 \\ | \quad\quad | \\ CH_2 \quad NH \\ \backslash \quad / \\ C \\ \| \\ O \end{array} + H_2O \tag{6.21}$$

$$HO \{ CH_2 \}_4 COOH \longrightarrow \begin{array}{c} CH_2-CH_2 \\ | \quad\quad | \\ CH_2 \quad C=O \\ \backslash \quad / \\ CH_2-O \end{array} + 2H_2O \tag{6.22}$$

单体间的环化反应，其反应式如下：

$$2H_2NCH_2COOH \longrightarrow \begin{array}{c} H \\ | \\ N——CH_2 \\ | \quad\quad\quad | \\ O=C \quad\quad C=O \\ | \quad\quad\quad | \\ CH_2——N \\ \quad\quad | \\ \quad\quad H \end{array} + 2H_2O \tag{6.23}$$

另外，低聚物之间在一定条件下也可以进行环化反应。

一般随着聚合产物相对分子质量的增大，聚合物分子末端功能基之间的碰撞概率下降，其成环反应的动力学可行性下降，但其热力学稳定性增加。环化发生的难易程度取决于上述动力学因素和热力学因素的综合作用。成环反应和缩聚反应是一对竞争反应，如用己内酰胺制造尼龙-6时，总有7%的单体留下来，纺丝前必须用水洗去。用γ-氨基酸（丁基）、δ-氨基酸（戊基）几乎得不到聚合物，只能得到相应的内酰胺。

对于线形缩聚反应来说，成环反应是一种副反应，应尽量避免，常用的措施有两个：

①增加单体浓度，线形缩聚是双分子反应，增加单体浓度对其有利。

②降低反应温度，环化反应活化能通常高于线形缩聚，降低温度对后者有利。

分子内的环化反应也被利用,目的是合成环化低聚物和特殊性能的环化高分子。环化低聚物可以用作开环聚合的单体。分子内环化通常利用局部的极稀浓度来实现,例如双酚 A 氯甲酸酯的二氯甲烷溶液逐滴加到三乙胺的二氯甲烷溶液和 NaOH 水溶液的混合物中,通过分子内环化反应得到双酚 A 聚碳酸酯环状低聚物,反应式如下:

$$(6.24)$$

(3)反应官能团的消除

在一定条件下,参加缩聚反应的单体、低聚物等容易发生官能团脱除反应等变化,从而导致失去反应能力,如羧基在高温下易分解产生 CO_2;氨基发生脱除氨气的反应等。

6.3.3 官能团等活性概念

一元酸和一元醇的酯化反应只需一步就成酯,某温度下只有一个速率常数。由二元酸和二元醇来合成聚合度为 100 的聚酯,就要缩聚 100 步,如果每步速率常数都不同,动力学将无法处理。

可从分子结构和体系黏度两方面因素来考虑基团的活性问题。

一元酸系列和乙醇的酯化研究表明(表 6.1),当 $n=1\sim3$ 时,速率常数迅速降低,但 $n>3$,酯化速率常数几乎不变。因为诱导效应只能沿碳链传递 $1\sim2$ 个原子,对羧基的活化作用也只限于 $n=1\sim2$。当 $n=3\sim17$ 时,活化作用微弱,速率常数趋向定值。二元酸系列与乙醇的酯化情况也相似,并与一元酸的酯化速率常数相近。可见在一定聚合度范围内,基团活性与聚合物相对分子质量大小无关,形成官能团等活性的概念。

表 6.1　羧酸和乙醇的酯化速率常数(25 ℃)　　单位:10^4 L·mol^{-1}·s^{-1}

n	H$(CH_2)_n$COOH	$(CH_2)n(COOH)_2$	n	H$(CH_2)_n$COOH	$(CH_2)_n(COOH)_2$
1	22.1		8	7.5	
2	15.3	6.0	9	7.4	
3	7.5	8.7	11	7.6	
4	7.5	8.4	13	7.5	
5	7.4	7.8	15	7.7	
6		7.3	17	7.7	

聚合体系的黏度随相对分子质量而增加,一般认为分子链的移动减弱,从而使基团活性降低。但实际上端基的活性并不决定于整个大分子重心的平移,而与端基链段的活动有关。大分子链构象改变,链段的活动以及羧基与羟基相遇的速率要比重心平移速率高得多。在聚合度不高、体系黏度不大的情况下,并不影响链段的运动,两链段一旦靠近,适当的黏度反而不利于分开,有利于持续碰撞,这给"等活性"提供了条件。但到聚合后期,黏度过大后,链段活动也受到阻碍,甚至包埋,端基活性才降低。

6.4 线形逐步反应动力学

6.4.1 反应程度

在逐步聚合中,带不同官能团的任何两分子都能相互反应,无特定的活性种,因此,缩聚早期单体很快消失,转变成二聚体、三聚体等低聚物,单体的转化率很高,而相对分子质量却很低。因此在逐步聚合反应中,转化率无意义,而改用反应程度来描述反应的进程。

在逐步聚合反应中,官能团之间相互作用,其数目不断减少,生成物的相对分子质量逐渐增加,因此把参加反应的官能团的数目与起始官能团的数目的比值称为反应程度,记为 P。

通常逐步聚合中,两单体采用等官能团配比。设起始官能团总数为 N_0,反应到一定程度后剩余官能团总数为 N,则根据定义,有

$$P = \frac{\text{已参加反应的官能团数}}{\text{起始官能团数}} = \frac{N_0 - N}{N_0}$$

如果将大分子结构中结构单元数定义为聚合度 $\overline{X}_n$,则

$$\overline{X}_n = \frac{\text{结构单元总数}}{\text{大分子数}} = \frac{N_0}{N}$$

由此可以建立聚合度与反应程度的关系,即

$$\overline{X}_n = \frac{1}{1-P}$$

由此可知,当反应程度不高时,聚合度随反应程度的增加而增加,但变化不大。反应后期,反应程度提高不大,但聚合度却急剧增加。以涤纶为例,聚合度与反应程度的关系如图 6.1 所示。

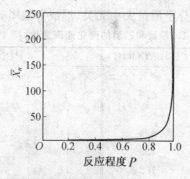

图 6.1 聚合度与反应程度的关系

表 6.2 为聚合度与反应程度的关系(以涤纶为例)。由表 6.2 可见,反应程度达 0.90,聚合度还只有 10,远未达到材料的要求。这时残留单体已少于 1%,转化率已高达 99%。合成纤维和工程塑料的聚合度一般为 100~200,相应的,反应程度为 0.99~0.995。

表 6.2　聚合度与反应程度的关系(以涤纶为例)

反应程度 P	聚合度 $\overline{X}_n$	相对分子质量 $\overline{M}_n$
0.50	2	194
0.90	10	962
0.95	20	1 938
0.99	100	9 618
0.995	200	19 216
0.997	300	28 812

6.4.2　不可逆条件下的线形逐步聚合动力学

依据官能团等活性假设,逐步聚合反应的动力学处理大大简化,以二元醇和二元酸反应为例,在忽略分子内环化反应和酯交换反应的情况下,聚合反应就可以以羧基和羟基之间的酯化反应来表示。首先是羧酸的质子化,反应式如下:

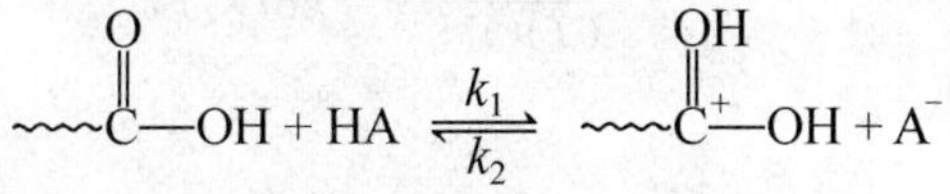

$$(6.25)$$

继续与醇反应生成酯:

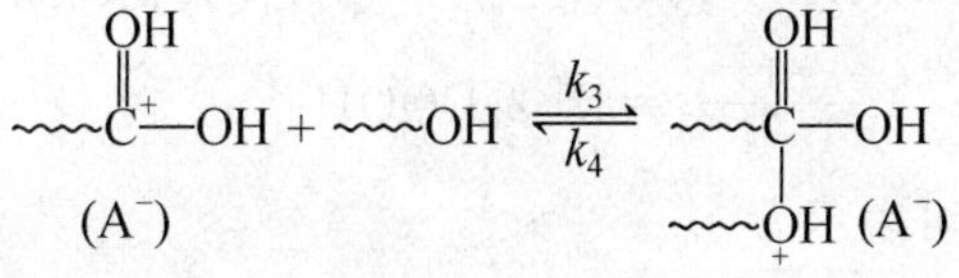

$$(6.26)$$

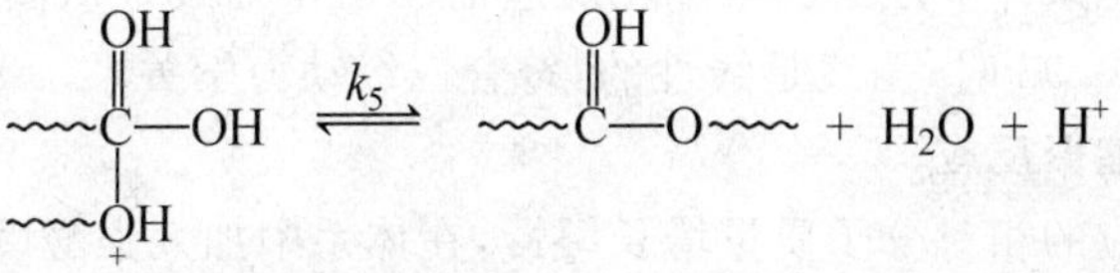

$$(6.27)$$

逐步聚合反应的速率通常以官能团消失速率表示。对于聚酯化反应来说,聚合速率 R_p 用羧基消失速率 $-d[COOH]/dt$ 来表示,也可以用活性物种Ⅲ的生成速率来表示。若反应在非平衡条件下进行,k_4 可以忽略,k_1,k_2 和 k_5 大,因此,聚酯化反应速率可以表示为

$$R_p = \frac{-d[COOH]}{dt} = k_3[C^+(OH)_2][OH] \qquad (6.28)$$

式中,$[COOH]$,$[OH]$ 和 $[C^+(OH)_2]$ 分别表示羧基、羟基和质子化羧基的浓度,浓度用每升溶液中官能团的摩尔数表示。由于质子化羧基的浓度在实验测定上比较困难,故式(6.28)用起来不是很方便,可以利用质子化反应平衡表达式:

$$k = \frac{k_1}{k_2} = \frac{[C^+(OH)_2][A^-]}{[COOH][HA]} \qquad (6.29)$$

消去羧基质子化浓度,得

$$R_p = \frac{-d[COOH]}{dt} = k_1 k_3 [COOH][OH][HA]/[A^-] \qquad (6.30)$$

或

$$R_p = \frac{-d[COOH]}{dt} = k_1 k_3 [COOH][OH][H^+]/k_2 K_{HA} \tag{6.31}$$

式中，K_{HA} 表示酸 HA 的电离平衡常数。

1. 无外加酸催化缩聚反应——自催化聚合反应

无外加强酸催化剂时，单体二元酸本身就可以作为酯化反应的催化剂。在这种情况下，用 $[COOH]$ 代替 $[HA]$，式 (6.31) 就可以写成

$$R_p = \frac{-d[COOH]}{dt} = k[COOH]^2[OH] \tag{6.32}$$

式中，$k = k_1 k_3/k_2 K_{HA}$，自催化反应是三级反应。若投料时官能团等摩尔配比，则

$$R_p = \frac{-d[COOH]}{dt} = k[COOH]^3 \tag{6.33}$$

或

$$-\frac{d[COOH]}{[COOH]^3} = k dt \tag{6.34}$$

将式 (6.34) 积分后得到

$$\frac{1}{[COOH]^2} - \frac{1}{[COOH]_0^2} = 2k dt \tag{6.35}$$

根据反应程度定义，$[COOH] = [COOH]_0(1-p)$，代入式 (6.35) 则有

$$\frac{1}{(1-P)^2} = 1 + 2[COOH]_0^2 k dt \tag{6.36}$$

聚合度和时间的关系可表示为

$$\overline{X}_n^2 = 1 + 2[COOH]_0^2 kt \tag{6.37}$$

图 6.2 是自催化条件下己二酸聚酯化反应的动力学曲线。从图 6.2 中可以发现，在反应程度 $P = 0.8 \sim 0.93$ 时，图线是线性的，符合三级动力学关系。

2. 外加酸催化缩聚反应

自催化聚酯反应的相对分子质量增长缓慢，在体系中加入强酸（如硫酸、对甲苯磺酸）作为催化剂，可以大大提高反应速度。当催化剂为外加酸时，催化剂的浓度在反应过程中保持不变，则式 (6.31) 可以写成

$$R_p = \frac{-d[COOH]}{dt} = k'[COOH][OH] \tag{6.38}$$

若二元酸和二元醇为等摩尔比投料，则式 (6.38) 可以简化成

$$R_p = \frac{-d[COOH]}{dt} = k'[COOH]^2 \tag{6.39}$$

式中，$k' = k_1 k_3 [H^+]/k_2 K_{HA}$。

可见，外加强酸催化剂时，聚合反应为二级反应。将式 (6.39) 积分，得

$$\frac{1}{[COOH]} - \frac{1}{[COOH]_0} = k't \tag{6.40}$$

将 P、$\overline{X}_n$ 的定义式代入式 (6.40)，则有

$$\overline{X}_n = 1 + [COOH]_0 k't \tag{6.41}$$

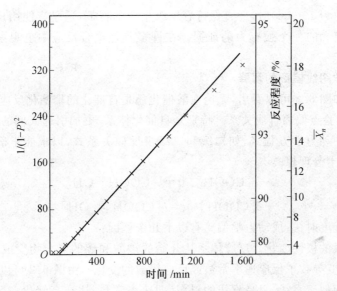

图 6.2 己二酸和一缩乙二醇在 166 ℃下自催化聚酯化反应三级动力学曲线

用对甲基苯磺酸催化一缩乙二醇与己二酸聚合反应得曲线如图 6.3 所示,曲线与方程式(6.41)相符,即聚合度随反应时间线性增加。外加催化剂的聚酯反应中,$\overline{X}_n$ 随反应时间的增长速率(图 6.3)比自催化聚酯化反应(图 6.2)更大得多,这是一个很普遍、很重要的现象。从实用角度出发,外加酸催化聚酯化反应更加经济可行,而自催化聚酯反应则没有多大的用途。

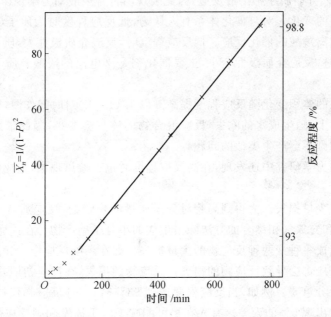

图 6.3 己二酸和一缩乙二醇在 109 ℃下、摩尔分数为 0.4% 对甲基苯磺酸催化聚酯化反应动力学曲线

和图 6.2 一样,在图 6.3 中反应初期也存在着非线性现象。一般来说,这是酯化反应的特征,而不是聚合反应的特征。图 6.3 表明,聚酯化反应至少在聚合度达到 90(相当于

相对分子质量约为 10 000)时,一直保持着二级反应的特征,这是官能团反应活性与分子大小无关这一概念的一个强有力的证据。在许多其他聚合反应中也观察到了类似的结果。

3. 对动力学图线偏离的解释

从图 6.2 和图 6.3 可以看出,无论在酸催化还是自催化的聚酯化反应中,当反应程度低于 80% 时,实验点偏离直线关系。特别是自催化体系,更加引起人们的研究兴趣,并且提出了一些新的动力学方程式,如二级和二级半反应关系式,以求能正确表达动力学行为,但结果并不十分理想。

$$-d[COOH]/dt = k[COOH][OH] \tag{6.42}$$

$$-d[COOH]/dt = k[COOH]^{\frac{3}{2}}[OH] \tag{6.43}$$

在低反应程度时,造成动力学偏离有以下几个原因:

①反应体系的极性变化。反应体系从开始的羧酸和醇的混合物变成了酯,极性大大降低,极性的改变导致了反应速率常数或反应级数的变化。由图 6.2 可以看出,三级曲线在低转化率区近似于直线,只是直线的斜率(即速率常数)比在高转化率区小。这一变化表明质子化羧基与中性亲核醇生成过渡态这一反应的存在,因为当过渡态比反应物带有更少的电荷时,反应速率常数将随介质极性的减小而增加。

②反应物的浓度由活度代替。当 $P<0.8$ 时,反应实际上是复杂的浓溶液反应,热力学上属非理想体系,即官能团的活性并不与反应物的浓度呈正比。典型的小分子研究表明,只有在稀的或中等浓度下,活度才与浓度成正比,即可以用浓度来代替活度。当 $P>0.8$ 时,反应才开始属于稀溶液反应,因此表现出符合一般动力学规律。

③催化机理的变化。对自催化体系有人认为,低反应程度时为质子(H^+)催化,高反应程度时为未电离羧酸的催化反应。低反应程度时,反应介质极性大,质子的浓度相对较高;高反应程度时,反应介质极性变小,主要催化剂是未电离的羧酸。质子比羧酸的催化更有效。

④反应体系的体积变化随反应程度提高。以 $1/(1-P)$ 对时间作图,其中未考虑体积的变化。但实际上,随生成水的除去,反应混合物的体积会变小,因此带来误差。如果以浓度对时间作图则不会产生类似的问题。

对自催化动力学研究中还发现,在高反应程度时也有偏离现象,造成偏离的原因有以下几点:

①反应物的少量损失。为得到高相对分子质量的聚合物,反应通常在中温或高温下进行,采用减压和充氮气相结合的方法除去生成的小分子副产物。在这样的条件下,由于分解或挥发会造成一种或两种反应物的少量损失。如在聚酯反应中,二醇的脱水、二酸的脱羧和其他副反应都会导致反应物的损失。反应物的损失,在反应初期并不显得重要,但在反应后期却十分重要。例如,当反应程度达到 93% 时,一种反应物仅损失 0.3%,就会使反应物的浓度出现 5% 的误差。有人在尽可能减少由于挥发和副反应使反应物损失的条件下,进行了聚酯反应的动力学研究。其做法是,把第一阶段合成的聚酯经钝化后用作第二阶段的反应物,其起始浓度相当于反应程度为 80% 时的浓度。研究表明,直到反应程度达 98%~99% 时,仍为三级反应(更高的反应程度没有研究)。

②体系黏度增大,反应速率下降。聚酯化反应以及许多其他逐步聚合反应是平衡反应。随着反应程度的提高,使平衡向着生成聚合物的方向移动变得越来越困难。这主要是由于在高反应程度下,反应介质的黏度大大增加。例如,在己二酸与一缩乙二醇的聚合反应过程中,黏度从 0.015 Pa·s 增加到 0.30 Pa·s。反应体系黏度的增大,降低了水的排除效率,从而导致随反应程度增大,反应速率下降的结果。

事实上,就合成高分子而言,只有在后期($P>0.8$)的反应动力学分析才真正有意义,因为大分子主要在这一阶段形成,在 $P \leqslant 0.8$ 以前,基本是低聚物。从这一角度出发,聚酯化反应的动力学关系是成立的。

6.4.3 平衡可逆条件下的线形逐步聚合动力学

许多逐步聚合反应都是平衡反应,因此分析平衡对反应程度和聚合物相对分子质量产生的影响就变得十分必要。根据在反应过程中是否从体系中排除小分子,又把平衡体系分为封闭体系和开放体系,二者对聚合反应程度和聚合物相对分子质量的影响完全不同。

平衡常数较小的可逆反应,如果小分子副产物不能及时从体系中排除,则逆反应不能忽略。以酸催化聚酯反应为例:

$$—COOH+—OH \underset{k_{-1}}{\overset{k_1}{\rightleftharpoons}} —\overset{\overset{O}{\|}}{C}O—+H_2O$$

反应时间为 t 时,正逆反应的速率分别为

$$R_1=k_1[COOH][OH] \tag{6.44}$$

$$R_{-1}=k_{-1}[—COO—][H_2O] \tag{6.45}$$

总反应速率为

$$R=R_1-R_{-1}=k_1[COOH][OH]-k_{-1}[—COO—][H_2O] \tag{6.46}$$

1. 封闭体系

封闭体系是指在反应过程中,反应生成的小分子始终保留在体系中,不采取任何排除措施。如果羧基与羟基等摩尔反应,令羧基反应初始浓度为 C_0,时间 t 时的浓度为 C,则酯的浓度为 C_0-C,水的浓度也为 C_0-C,则式(6.46)可以写成

$$R=k_1C^2-k_{-1}(C_0-C)^2 \tag{6.47}$$

将反应程度 P 的关系式和平衡常数 $K=k_1/k_{-1}$ 代入式(6.47)得

$$R=k_1C_0^2\left[(1-P)^2-\frac{P^2}{K}\right] \tag{6.48}$$

式(6.48)表明,总反应速率受反应程度和平衡常数的影响。

当正反应和逆反应速率相等,即总的聚合速率为零时,反应程度达到最大值,即

$$(1-P)^2-\frac{P^2}{K}=0 \tag{6.49}$$

$$P=\frac{\sqrt{K}}{\sqrt{K}+1} \tag{6.50}$$

$$\overline{X}_n = \frac{1}{1-P} = \sqrt{K} + 1 \qquad (6.51)$$

由此可见,平衡常数对于合成聚合物相对分子质量的限制很大。例如,在封闭体系中,要想得到聚合度为100(在大多数体系中相当于相对分子质量为 10^4),平衡常数必须接近 10^4。而要合成具有使用意义的高相对分子质量聚合物,就需要有更大的平衡常数。所以在封闭体系中进行聚合反应难以合成满足实用要求的聚合物。例如,聚酯反应的平衡常数一般为 $1 \sim 10$,酯交换反应为 $0.1 \sim 1$,聚酰胺为 $10^2 \sim 10^3$。

2. 开放的驱动体系

将小分子副产物不断从反应体系中移走,这种体系称为开放的驱动体系。小分子的排除,有利于平衡体系向生成物方向移动,得到高相对分子质量的聚合物。当小分子副产物是水时,可以通过提高温度、降低压力和通入惰性气体等方法把它移走。如果小分子副产物是氯化氢时,可以采用与除水同样的方法或加碱中和除掉。

如果羧基与羟基等摩尔反应,令羧基反应初始浓度为 C_0,时间 t 时的浓度为 C,则酯的浓度为 $C_0 - C$,水的浓度为 n_w,则式(6.46)可以写成

$$R = k_1 C^2 - k_{-1}(C_0 - C) \cdot n_w \qquad (6.52)$$

将反应程度 P 的关系式和平衡常数 $K = k_1/k_{-1}$ 代入式(6.52)得

$$R = k_1 C_0^2 \left[(1-P)^2 - \frac{P \cdot n_w}{K \cdot C_0} \right] \qquad (6.53)$$

式(6.53)表明,总反应速率与反应程度、小分子副产物含量和平衡常数有关。当反应达到平衡时:

$$(1-P)^2 - \frac{P \cdot n_w}{K \cdot C_0} = 0 \qquad (6.54)$$

$$\overline{X}_n = \frac{1}{1-P} = \sqrt{\frac{K \cdot C_0}{P \cdot n_w}} \qquad (6.55)$$

式(6.55)表明,聚合度与平衡常数的平方根呈正比,与低分子副产物浓度的平方根呈反比。上述关系曾得到一些实验的证明,如图 6.4 和图 6.5 所示。

对于 K 值很小($K=4$)的聚酯化反应,欲得到 $\overline{X}_n > 100$ 的缩聚物,要求水分残余量很低($< 4 \times 10^{-4}$ mol/L),这就要求在高真空(< 66.66 Pa)下脱水。聚合后期,体系黏度很大,水扩散困难,要求聚合设备创造较大的扩散界面。对于聚酰胺反应,当 $K=400$ 时,可以允许稍高的水含量(如 4×10^{-2} mol/L)和稍低的真空度,也能达到同样的聚合度。至于 K 值很大(10^3)而对聚合度要求不高(几至几十),例如可溶性酚醛树脂预聚物,则完全可在水介质中反应。

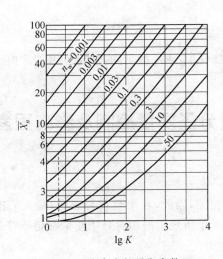

图 6.4 聚合度与平衡常数、
低分子副产物关系

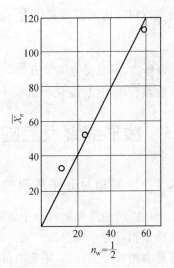

图 6.5 ω-羟基十一烷酸缩聚物的聚合度
与水浓度的关系

6.4.4 逐步聚合热力学和动力学特征

表 6.3 列出典型逐步聚合反应热力学和动力学的一些特征数据。可以看出,缩聚的聚合热一般不大(20~25 kJ/mol),但活化能要大(40~100 kJ/mol),与自由基聚合正相反。为了提高聚合反应速率,逐步聚合一般在 150~275 ℃ 的较高温度下进行,有时还需使用催化剂。为此要考虑如何防止高温反应时体系中的副反应及单体的挥发等问题。

表 6.3 典型逐步聚合反应热力学和动力学参数

反应物	催化剂	$T/℃$	$k \times 10^3$ /$(L \cdot mol^{-1} \cdot s^{-1})$	E_n /$(kJ \cdot mol^{-1})$	$-\Delta H$ /$(kJ \cdot mol^{-1})$
聚酯化					
$HO(CH_2)_{10}OH + HOOC(CH_2)_4COOH$	无	161	7.5×10^{-2}	59.4	
$HO(CH_2)_{10}OH + HOOC(CH_2)_4COOH$	酸	161	1.6		
$HOCH_2CH_2OH + p\text{-}HOOC\text{—}\phi\text{—}COOH$	无	150			10.5
$p\text{-}HOCH_2CH_2OOC\text{—}\phi\text{—}COOCH_2CH_2OH$	无	275	0.5	188	
$p\text{-}HOCH_2CH_2OOC\text{—}\phi\text{—}COOCH_2CH_2OH$	SbO	275	10	58.6	
$HO(CH_2)_4OH + ClOC(CH_2)_8OCl$	无	58.8	2.9	41	
聚酰胺化					
哌嗪 + $p\text{-}ClOC\text{—}\phi\text{—}C\text{—}OCl$	无		$10^7 \sim 10^8$		
$H_2N(CH_2)_6NH_2 + HOOC(ĊH_2)_8COOH$	无	185	1.0	100.4	
$H_2N(CH_2)_5COOH$	无	235			24
酚醛反应					
$\phi\text{—}OH + H_2CO$	酸	75	1.1		
$\phi\text{—}OH + H_2CO$	碱	75	0.048		
聚氨酯化					
$m\text{-}OCN\text{—}\phi\text{—}NCO +$		60	$0.4(k_1)$	31.4	
$HOCH_2CH_2OOC(CH_2)_4COOCH_2CH_2OH$			$0.03(k_2)$	35	

平衡常数对反应温度的变化为

$$\frac{d\ln K}{dT} = \frac{\Delta H}{RT}$$ (6.56)

ΔH 为负值,表明反应温度升高,平衡常数变小,正反应下降,逆反应增加。由于逐步聚合的聚合热较小,这种变化率也较小。

6.5 线形缩聚反应的相对分子质量控制及影响因素

6.5.1 控制相对分子质量的方法

聚合物的性质通常与相对分子质量密切相关,因此,在聚合物合成时,最关心的问题就是得到特定相对分子质量的产物。高于或低于所规定的相对分子质量都是不符合要求的。如何控制相对分子质量,通常有如下几种方法:

1. 控制反应程度

因为聚合度是反应时间或反应程度的函数,所以在适当的反应时间内,通过降温冷却使反应停止,就可以得到所要求相对分子质量的聚合物。但是用这种方法所合成的聚合物,在以后加热时不稳定,会引起相对分子质量的改变。这是因为聚合物链端的官能团,在加热时仍能进一步相互反应。

2. 控制反应官能团的当量比

这种方法克服了前一种方法的缺点,得到的聚合物再加热时,其相对分子质量不会明显发生变化。具体的做法是,调节两种单体(A—A和B—B)的浓度,使其中一种稍过量一点儿,聚合反应到一定程度时,所有的链端基都成了同一种官能团,即过量的那一种官能团,它们之间不能再进一步反应,聚合反应就停止了。例如,用过量的二元胺与二元酸进行聚合反应,最终得到的是末端全部为氨基的聚酰胺,反应式如下:

$$H_2N-R-NH_2(过量)+HOOC-R'-COOH\longrightarrow$$
$$H\text{-}NH-R-NHCO-R'-CO\text{-}_nNH-R-NH_2$$ (6.57)

3. 加入少量单官能团单体

例如,在合成聚酰胺的反应体系中,往往加入少量的乙酸或月桂酸来使相对分子质量稳定。单官能团单体一旦与增长的聚合物链反应,聚合物链末端就被单官能团单体封住了,不能再进行反应,因而使相对分子质量稳定,所以常把加入的单官能团单体称为相对分子质量稳定剂。又如,在聚酰胺反应体系中,当单官能团单体是苯甲酸时,就会得到在两端都带有苯甲酰胺基的聚酰胺,反应式如下:

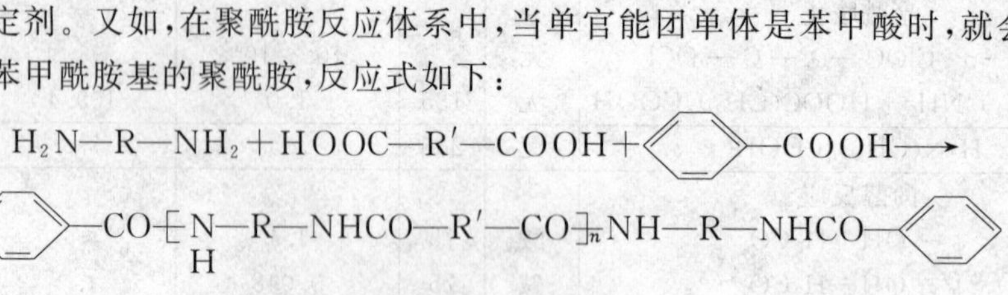

$$H_2N-R-NH_2+HOOC-R'-COOH+\langle\!\!\!\bigcirc\!\!\!\rangle-COOH\longrightarrow$$
$$\langle\!\!\!\bigcirc\!\!\!\rangle-CO\text{-}N_H\text{-}R-NHCO-R'-CO\text{-}_nNH-R-NHCO-\langle\!\!\!\bigcirc\!\!\!\rangle$$ (6.58)

6.5.2 相对分子质量的定量控制

这里主要介绍官能团配比对聚合物相对分子质量的影响,分以下几种情况:

1. 两单体非等当量比,其中 B—B 稍过量(类型 I)

双官能团单体 A—A 和 B—B,在 B—B 过量的情况下的聚合反应。例如,二元醇和二元酸或二元胺和二元酸的反应体系。

以 N_A 和 N_B 分别表示 A 和 B 官能团的数量,N_A 为起始官能团 A 的总数,N_B 为起始官能团 B 的总数。

定义 γ 为两种官能团的当量系数,即

$$\gamma = \frac{N_A}{N_B} \quad (\gamma \leqslant 1) \tag{6.59}$$

定义 q 为单体的过量分率,即

$$q = \frac{\dfrac{N_B}{2} - \dfrac{N_A}{2}}{\dfrac{N_A}{2}} \tag{6.60}$$

过量分率和当量系数是表示非等当量比的两种方法,工业上常用过量分率,理论分析时则采用当量系数。

设官能团 A 的反应程度为 P,则 A 的反应数为 $N_A P$,官能团 B 的反应数与 A 相同,也为 $N_A P$。

相应地,A 的残留数为 $N_A - N_A P$,B 的残留数为 $N_B - N_A P$。

于是,聚合物链端的官能团数为

$$N_A + N_B - 2N_A P$$

大分子链数等于端基数的一半,即

$$(N_A + N_B - 2N_A P)/2$$

$\overline{X}_n$ 等于结构单元数除以大分子总数,得

$$\overline{X}_n = \frac{\dfrac{N_A + N_B}{2}}{\dfrac{N_A + N_B - 2N_A P}{2}} = \frac{1 + \gamma}{1 + \gamma - 2\gamma P} \tag{6.61}$$

或

$$\overline{X}_n = \frac{\dfrac{N_A + N_B}{2}}{\dfrac{N_A + N_B - 2N_A P}{2}} = \frac{q + 2}{q + 2(1 - P)} \tag{6.62}$$

式(6.61)和(6.62)是平均官能度与当量系数、过量分数及反应程度的关系。当两种官能团等摩尔比时,即 $\gamma = 1.000$ 或 $q = 0$,式(6.60)和(6.61)可以简化为

$$\overline{X}_n = \frac{1}{1 - P}$$

当聚合反应程度达到 100% 时,即 $P = 1.00$,式(6.61)和(6.62)简化为

$$\overline{X}_n = \frac{1 - \gamma}{1 + \gamma} \text{或} \overline{X}_n = \frac{2}{q} \tag{6.63}$$

实际上,P 可以趋近 1,但永远不等于 1。

图 6.6 是在一些 P 值下用式(6.61)、(6.62)计算得到的 $\overline{X}_n$ 随当量比的变化曲线。当量比可用当量系数 γ 来表示。这些不同的曲线表明了如何通过控制 γ 和 P 值,使聚合反应达到某一特定的聚合度。但是在聚合反应中,γ 和 P 的值通常不允许完全自由地选择。例如,要考虑经济效益和反应物纯化上的困难,往往很难做到使 γ 的值非常接近 1。同样,考虑经济效益和反应时间,在聚合反应程度低于 100％时就结束了($P<1.00$)。因为,在聚合反应的最终阶段,要想使反应程度提高 1％,所要花的时间等于反应从最初进行到反应程度为 97％～98％所需要的时间。

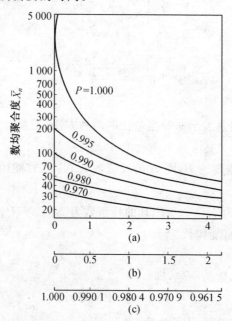

图 6.6　聚合度与反应程度和当量系数之间的关系
(a)B-B 过量百分数;(b)当 $N_A = N_B$ 时,B 过量百分数;(c)当量系数 γ

举几个例子来说明图 6.6 和式(6.61)、(6.62)的应用。当过量摩尔分数分别为 0.001 和 0.01(即 γ 值分别为 1000/1001 和 100/101)时,在 100％的反应程度下,$\overline{X}_n$ 分别为 2001 和 201;在 99％的反应程度下,$\overline{X}_n$ 分别降到 96 和 66;在 98％的反应程度下,$\overline{X}_n$ 就降到了 49 和 40。显然,逐步聚合反应的反应程度必须达到 98％以上,这意味着聚合度可达到 50～100,否则生成的聚合物是没有多大用处的。

2. A—A 和 B—B 等摩尔比,另加少量单官能团单体(类型 Ⅱ)

用单官能团单体来控制聚合物的相对分子质量已在上面提到了。例如,当加入的单官能团单体为 B 时,式(6.61)和式(6.62)在这里仍然适用。只是要将 γ 和 q 值重新定义为

$$\gamma = \frac{N_A}{N_B + 2N_{B'}} \tag{6.64}$$

$$q = \frac{2N_{B'}}{N_A} \tag{6.65}$$

式中,N_B 是加入 B 的官能团数,也是它的分子数,N_A 和 N_B 的意义不变,且 $N_A = N_B$。$N_{B'}$

前面的系数 2 是因为在控制聚合物链增长上，一个 B 分子和一个B—B分子的作用是相同的。

3. B 型单体加少量单官能团单体(类型 III)

在A—B型单体的聚合反应体系中，其官能团 A 和 B 总是等摩尔的，即 $\gamma=1$。可以加入单官能团单体，以达到控制和稳定聚合物相对分子质量的目的。

A—B单体中两种官能团分别为 N_A 和 N_B，另加单官能团分子数为 $N_{B'}$。体系中总分子数为

$$N_0 = N_B + N_{B'}$$

当反应程度为 P 时，分子数 $N = N_B(1-P) + N_{B'}$，得

$$\overline{X}_n = \frac{N_0}{N} = \frac{N_B + N_{B'}}{N_B(1-P) + N_{B'}} \tag{6.66}$$

令 $Q = N_B/(N_B + N_{B'})$，上式变为

$$\overline{X}_n = \frac{1}{(1-P)(1-Q) + Q} \tag{6.67}$$

6.6　线形缩聚物的相对分子质量分布

聚合产物是相对分子质量不等的大分子的混合物，相对分子质量存在一定的分布。

6.6.1　相对分子质量分布函数

Flory 应用统计方法，根据官能团等活性理论，推导出线形缩聚物的聚合度分布函数式，对于 aAb 和 aAa/bBb 基团数相等的体系都适用。

考虑含有 x 结构单元 A 的 x 聚体(aA$_x$b)，定义 t 时 1 个 A 基团的反应概率为反应程度 P。x 聚体中 $(x-1)$ 个 A 基团持续缩聚的概率为 P^{x-1}，而最后 1 个 A 基团未反应的概率为 $(1-P)$，于是，形成 x 聚体的概率为 $P^{x-1}(1-P)$。

$$\text{a—A—A—A—A—A} \cdots \cdots \text{A—A—A—A—A—A—b}$$

从另一角度考虑，x 聚体的概率应等于聚合产物混合体系中 x 聚体的摩尔分数(N_x/N)，其中 N_x 为 x 聚体的分子数，N 为大分子总数。

因此，x 聚体的数量分布函数为

$$N_x = NP^{x-1}(1-P) \tag{6.68}$$

反应程度 P 时的大分子总数 N 未知，可从 P 的定义式，导出 t 时大分子总数 N 与起始单体分子数(或结构单元数)N_0、反应程度 P 的关系：$N = N_0(1-P)$，代入式(6.68)，得

$$N_x = N_0 P^{x-1}(1-P)^2 \tag{6.69}$$

如果忽略端基的质量，则 x 聚体的质量分数或质量分布函数为

$$W_x = \frac{xN_x}{N_0} = xP^{x-1}(1-P)^2 \tag{6.70}$$

式(6.48)和式(6.70)代表线形缩聚反应程度 P 时的数量分布函数和质量分布函数,往往称为最可几分布函数,或 Flory、Flory-Schulz 分布函数,其图像如图 6.7 和图 6.8 所示。

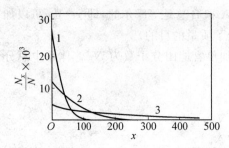
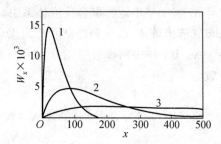

图 6.7 不同反应程度下线形缩聚物   图 6.8 不同反应程度下线形缩聚物
相对分子质量的数量分布曲线   相对分子质量的质量分布曲线
$1-P=0.960\ 0;2-P=0.987\ 5;3-P=0.995\ 0$ $1-P=0.960\ 0;2-P=0.987\ 5;3-P=0.995\ 0$

从图 6.7 可以看出,不论反应程度如何,单体分子比任何 x 聚体大分子都要多,这是数量分布的特征。质量分布函数的情况则不相同,以质量为基准,低分子的所占的质量分数都非常小。

6.6.2 相对分子质量分布宽度

参照数均相对分子质量的定义,数均聚合度可表示为

$$\overline{X}_n=\frac{\sum xN_x}{\sum N_x}=\frac{\sum xN_x}{N}=\sum_{x=1}^{\infty}x\ \frac{N_x}{N} \tag{6.71}$$

将式(6.64)代入,并经数学运算,得

$$\overline{X}_n=\sum xP^{x-1}(1-P)=\frac{1-P}{(1-P)^2}=\frac{1}{1-P} \tag{6.72}$$

同理,可以得重均聚合度为

$$\overline{X}_w=\sum x\ \frac{W_x}{W}=\sum x^2 P^{x-1}(1-P)^2=\frac{1+P}{1-P} \tag{6.73}$$

联立式(6.71)和式(6.72),得相对分子质量分布宽度为

$$\frac{\overline{X}_w}{\overline{X}_n}=1+P\approx 2 \tag{6.74}$$

尼龙-66 经凝胶色谱分级后,由实验测得的相对分子质量分布情况与上述理论推导结果相近。许多逐步聚合物的 $\dfrac{\overline{X}_w}{\overline{X}_n}$ 实验值接近 2,都说明了统计理论分布的可靠性。

如果官能团活性随分子大小而变,则相对分子质量分布就要复杂得多,也难做数学处理。

6.7 体形缩聚反应

所谓体形缩聚反应,是指单体组成中至少有一种含两个以上官能团、单体的平均官能度大于2、在一定条件下能够生成具有空间三维交联结构聚合物的缩聚反应。体形聚合物与线形聚合物在性能上的最大差异在于体形聚合物具有不溶、不熔性和更高的机械强度,而线形聚合物具有可溶、可熔性,后者又被称为热塑性聚合物(树脂)。正是由于体形聚合物具有更好的力学性能和热稳定性,因此在许多领域得到了广泛的应用,使它成为十分重要的一类聚合物。

6.7.1 体形缩聚反应的特点

1. 可以分阶段进行

即反应前期总是按线形缩聚反应进行,反应中后期才转化为迅速发生交联的体形缩聚反应。事实上,一个不分阶段、无法控制的体形聚合反应几乎无法实现大规模的工业化生产。绝大多数体形缩聚反应能够分阶段进行的原因包括以下3个方面:

①大多数多官能团单体分子中各官能团的空间位置及反应活性并不完全相同。例如丙三醇的仲羟基的反应活性相对较低。

②体形缩聚反应第一阶段,往往控制单体的平均官能度等于或仅略大于2,反应后期(往往在加工成型时)再补加某种单体。

③体形缩聚反应初期往往选择比较温和的催化剂和较低的反应温度。例如,线形酚醛树脂的合成多采用酸催化,后期再补加六次甲基四胺并改换用碱催化以促进交联反应的进行。

2. 体形缩聚反应存在凝胶化过程

凝胶化过程也称为凝胶化现象,即当体形缩聚反应的反应程度达到某一数值时,反应体系的黏度会突然增加,突然转变成不溶、不熔、具有交联网状结构的弹性凝胶的过程。此时的反应程度被称为凝胶点。

研究发现,凝胶化过程发生的时候,体系中存在凝胶和溶胶两个部分。凝胶呈巨型交联网状结构,不溶于一切溶剂;溶胶则被包裹在凝胶的网状结构中,其相对分子质量较小,是可以溶解的。溶胶的一大特点是数均相对分子质量很低而重均相对分子质量却很高。实践证明,凝胶化过程具有突然性,所以无论对于实验室小试还是工业性生产的控制,提前预测凝胶点都是至关重要的。

3. 凝胶点以后的反应速率较凝胶点以前降低

体形缩聚反应的这个特点不难理解。由于聚合物分子链的交联三维网络大大限制了连接在网络上的官能团的运动能力和反应活性,即使存在未被高度交联的溶胶及少数低相对分子质量的同系物分子,它们在大分子交联网络中的扩散也变得相当困难,所以凝胶点以后的反应速率明显降低。如果需要达到较高的反应程度,则必须有更加苛刻的条件。

6.7.2 无规预聚物和结构预聚物

通常将在接近凝胶点时终止聚合反应而得到的相对分子质量不高、可以在加工成型过程中交联固化的聚合物称为预聚物。预聚物包括无规预聚物和结构预聚物两大类，都属于相对分子质量不是很高的线形缩聚物。

1. 无规预聚物

体形缩聚反应在线形聚合阶段结束反应的产物，即热固性预聚物就属于无规预聚物。这种线形聚合物分子两端官能团的种类和分布都是无规的，只要加热到一定温度即可继续进行聚合反应并完成交联固化过程。将这种分子链端的未反应官能团完全无规的预聚物通常称为无规预聚物，例如酚醛树脂、脲醛树脂、醇酸树脂、三聚氰胺树脂（即密醛树脂）都属于此类。下面分别予以简单介绍，在 6.9 节会进一步介绍。

（1）酚醛树脂

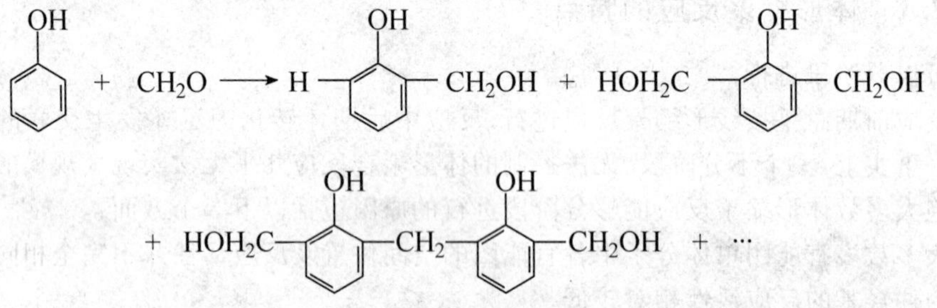

$$\text{(化学反应式)} \tag{6.75}$$

可见这种预聚物是一种组成十分复杂的混合物，其分子两端的官能团即苯环邻对位的—H 和—CH_2OH（羟亚甲基）的排布是完全无规的。将这种所谓线形的"甲阶酚醛树脂"，加热到较高温度下即可发生交联固化反应，最后得到不溶、不熔的体形酚醛树脂制品。在 20 世纪 40～60 年代期间，制造电器元件的原料就是在这种树脂中加入干燥木粉并加热成型的体形酚醛树脂（俗称电木）。

（2）脲醛树脂

脲醛树脂是以尿素和甲醛为原料单体在弱碱性条件下聚合而生成的线形无规预聚物。

$$H_2NCONH_2 + CH_2O \Longrightarrow H_2NCONH—CH_2OH \; +$$
$$HOCH_2—NHCONH—CH_2OH \; +$$
$$HOCH_2—NHCONH—CH_2—NHCONH_2 \; + \cdots \tag{6.76}$$

该预聚物与酚醛树脂相似，聚合物分子两端的氨基和羟亚甲基的分布完全无规。这种预聚物在碱性水溶液中稳定，但是作为木材胶黏剂使用时通常加入低浓度无机酸调至偏酸性，这样即使在常温条件下也会立刻发生交联固化，这就是胶合板生产中普遍使用的胶黏剂。

（3）三聚氰胺树脂

三聚氰胺树脂是一种以三聚氰胺和甲醛为原料经加成缩合反应而制成的，被称为"密醛树脂"的特殊体形聚合物。该聚合反应初期是按照类似线形酚醛树脂的聚合方式生成带有不同数目羟亚甲基的三聚氰胺，其后则进行分子之间的脱水反应（未写出）。

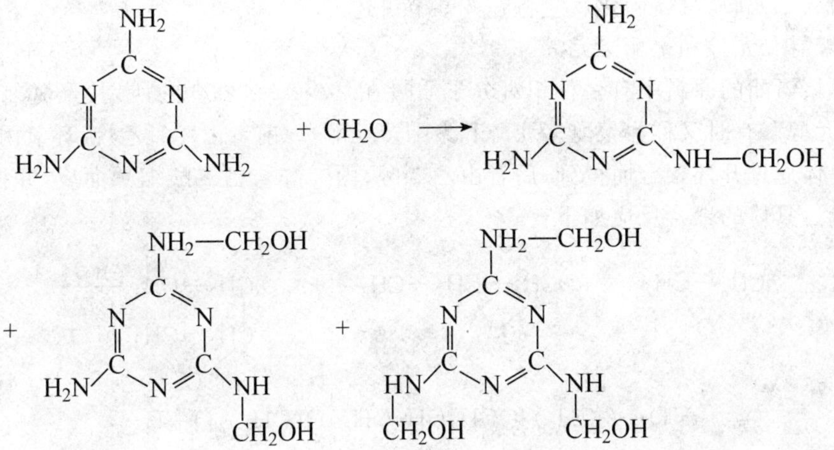

（式 6.77）

(4)醇酸树脂

醇酸树脂聚合反应方程式如下：

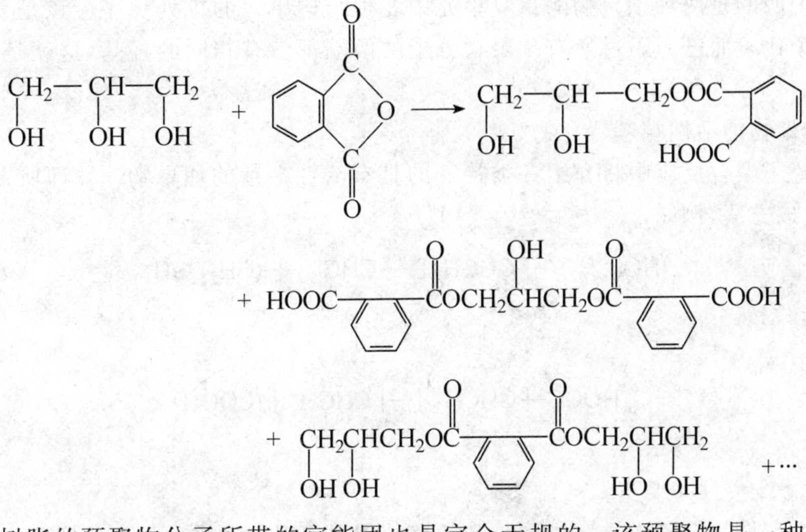

（式 6.78）

醇酸树脂的预聚物分子所带的官能团也是完全无规的。该预聚物是一种传统的涂料，其主要原料是甘油和邻苯二甲酸酐(俗称苯酐)或顺丁烯二酸酐。为了提高涂层的柔韧性和耐候性能，往往还需加入适量二元醇和不饱和高级脂肪酸，如丁二醇和亚麻酸等。

2. 结构预聚物

结构预聚物是一类新型的热固性预聚物，其分子末端官能团是根据材料的要求而通过分子设计确定的，一般只含有同一种官能团，所以结构预聚物本身不能进一步聚合和固化，在储存期间是相当稳定的。当需要交联固化时，需加入一种通常称为"交联剂"的活性化合物和催化剂。下面列举几种重要的结构预聚物。

(1)环氧树脂

通常环氧树脂的反应是在碱性条件下进行的，用碱性物质以中和反应生成的氯化氢。按照产品的相对分子质量要求控制两种单体的摩尔系数，使环氧氯丙烷适当过量即可获得相对分子质量符合要求而且分子两端都带有环氧基团的产品。环氧树脂的固化剂通常采用脂肪族二元胺,具体固化反应将在 6.9 节讲述。

(2)聚醚二元醇和聚酯二元醇

合成聚氨酯的原料中有一种相对分子质量在 2 000～4 000 的所谓"聚醚二元醇"和"聚酯二元醇"(有时又称为聚醚多元醇和聚酯多元醇)。前者由环氧乙烷、环氧丙烷、四氢呋喃等单体通过开环聚合而得到;后者由乙二醇、丙二醇与己二酸缩聚而成,并控制乙二醇稍过量。具体的聚合反应如下:

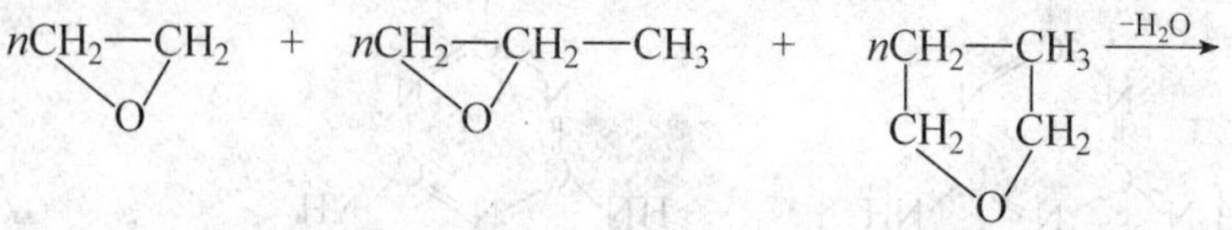

$$nCH_2\!\!-\!\!CH_2 \ + \ nCH_2\!\!-\!\!CH_2\!\!-\!\!CH_3 \ + \ nCH_2\!\!-\!\!CH_3 \xrightarrow{-H_2O}$$

$$HO\!\!\left[\!\!\left(CH_2\right)_2OCH_2CH(CH_3)O(CH_2)_4O\right]_{\!n}\!\!H$$

$$(n+1)HO(CH_2)_2OH + nHO(CH_2)_3OH + 2nHOOC(CH_2)_4COOH \xrightarrow{-H_2O}$$

$$H[O(CH_2)_2OOC(CH_2)_4COO(CH_2)_3OOC(CH_2)_4CO]_nO(CH_2)_2OH \qquad (6.79)$$

需要说明的是两种预聚物的重复单元中 3 种结构单元的排列顺序应该是无规的,此处仅是一个代表而已。不过所有预聚物分子的两端都带有相同的羟基,这就是结构预聚物的特点。

(3)加聚物的活性端基聚合物

在阴离子聚合反应中将介绍一类特殊的具有活性端基的加聚物——即所谓"遥爪聚合物"的合成方法,例如:

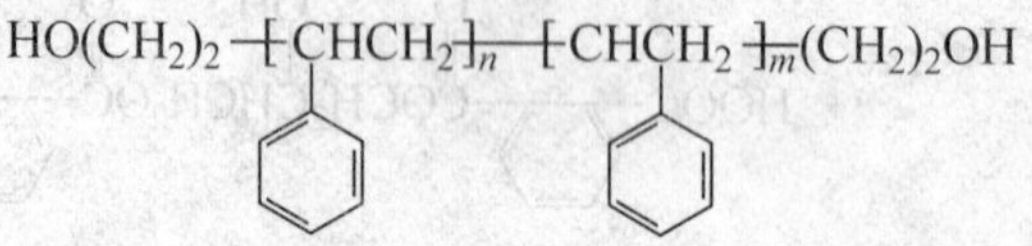

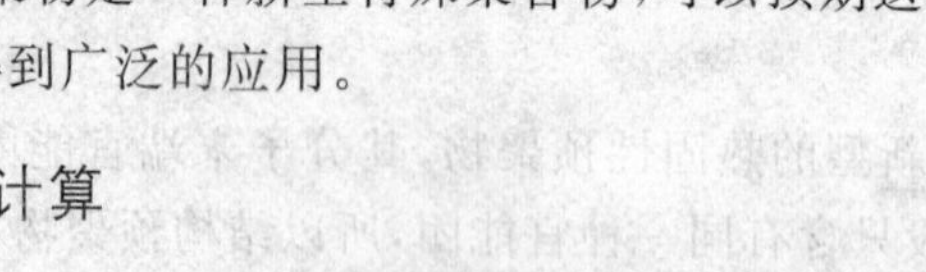

$$HO(CH_2)_2\!\!\left[CHCH_2\right]_n\!\!\left[CHCH_2\right]_m\!(CH_2)_2OH$$

$$HOOC\!\!\left[CHCH_2\right]_n\!\!\left[CHCH_2\right]_m\!COOH$$

这两种大分子两端分别带有羟基和羧基的聚苯乙烯可以同许多种类的缩聚单体或它们的结构预聚物进行缩聚(或缩合)反应,得到各种既含有碳链链段,又含有杂链链段的嵌段共聚物。加聚-缩聚嵌段共聚物是一种新型特殊聚合物,可以预期这种兼具两类聚合物性能特点的嵌段共聚物将会得到广泛的应用。

6.7.3 凝胶点的计算

交联反应发生到一定程度时,体系黏度变得很大,难以流动,反应及搅拌产生的气泡无法从体系中溢出,可以看到凝胶或不溶性聚合物明显生成的实验现象,这一现象称为凝胶化(gelation)。出现凝胶化时的反应程度称为凝胶点,以 P_c 表示。

产生凝胶化现象时,并非所有的聚合物分子都是交联高分子,而是既含有不溶性的交联高分子,同时也含有溶解性的支化高分子。不能溶解的部分称为凝胶,能溶解的部分称为溶胶。这时产物的相对分子质量分布无限宽。随着反应程度的进一步提高,溶胶逐渐反应变成凝胶。

在工艺上,往往根据反应程度的不同,将体形聚合物的合成分为甲、乙、丙 3 个阶段。甲阶段聚合物的反应程度 P 小于凝胶点,有良好的溶、熔性能。乙阶段的 P 接近 P_c,溶解性能变差,但仍能熔融。丙阶段 $P > P_c$,已经交联,不能再溶、熔。甲阶、乙阶聚合物均为预聚物。

P_c 的研究对于预聚物的制备和预聚物的交联固化反应都是十分重要的。在合成预聚物阶段,要控制反应程度低于凝胶点。凝胶点的预测主要有以下两种方法:

1. Carothers 方程

Carothers 理论的核心是当反应体系开始出现凝胶时,聚合物的数均聚合度 $\overline{X}_n \to \infty$,根据数均聚合度与反应程度的关系求出 $\overline{X}_n \to \infty$ 时的反应程度即为凝胶点。

(1)反应物等摩尔

定义单体的平均官能度 $\overline{f}$ 为各种单体官能度的平均值。

$$\overline{f} = \frac{\sum N_i f_i}{\sum N_i} \tag{6.80}$$

式中,N_i 是单体 i 的分子数;f_i 是单体 i 的官能度。例如,由 2 mol 丙三醇和 3 mol 邻苯二甲酸组成的体系,$\overline{f} = \frac{2 \times 3 + 3 \times 2}{2 + 3} = 2.4$。

在 A 和 B 官能团等当量的体系中,若起始单体分子数是 N_0,那么官能团总数就是 $N_0 \overline{f}$。设反应后体系的分子数为 N,于是 $2(N_0 - N)$ 就是反应了的官能团数。消耗掉的官能团的分数就是此时的反应程度 P,即

$$P = \frac{2(N_0 - N)}{N \overline{f}} \tag{6.81}$$

将 $\overline{X}_n$ 定义式代入上式,得

$$\overline{X}_n = \frac{2}{2 - P \overline{f}} \tag{6.82}$$

或

$$P = \frac{2}{\overline{f}} - \frac{2}{\overline{X}_n \overline{f}} \tag{6.83}$$

式(6.83)常称为 Carothers 方程,它表达了反应程度、聚合度和平均官能度之间的定量关系。

在凝胶点时,数均聚合度趋于无穷大,此时的反应程度称为临界反应程度,P_c 为

$$P_c = \frac{2}{\overline{f}} \tag{6.84}$$

由式(6.84),从单体的平均官能度可以计算出发生凝胶化时的反应程度。例如上面提到的丙三醇与邻苯二甲酸(摩尔比为 2:3)反应体系,临界反应程度的计算值为 0.833。

(2)反应物不等摩尔

式(6.82)和式(6.83)只适用于反应官能团等当量的反应体系,而用于官能团不等当量的体系时会产生很大误差。例如,考虑一个极端情况,用 1 mol 丙三醇和 5 mol 邻苯二

甲酸反应时,从式(6.80)计算 $\bar{f}$ 得 13/6,即 2.17,这表明能生成高相对分子质量聚合物。再从式(6.84)计算可知 $P_c \approx 0.922$ 时出现凝胶,这两个结论都是错误的。从前面的 6.5 节讨论已知,这个反应体系由于 A 和 B 官能团不等摩尔($r = 0.3$),二元酸过量太多,链端都被羧基封锁,无法得到高相对分子质量聚合度。

两种单体非等摩尔时,可以简单地认为,聚合反应程度是与量少的单体有关。另一单体的过量部分对相对分子质量增长不起作用。因此平均官能度定义为:用等摩尔部分的官能团总数除以所有的单体分子数。

例如,对一个三元混合物体系,单体 A_{fA}、A_{fB} 和 A_{fc} 的摩尔数分别为 N_A、N_B 和 N_C,官能度分别为 f_A、f_B 和 f_C。单体 A_{fA} 和 A_{fc} 含有同样的 A 官能团,并且 B 官能团过量,即($N_A f_A + N_C f_C$)$<N_B f_B$,则平均官能度为

$$\bar{f} = \frac{2(N_A f_A + N_C f_C)}{N_A + N_B + N_C} \tag{6.85}$$

或

$$\bar{f} = \frac{2\gamma f_A f_B f_C}{f_A f_C + \gamma \rho f_A f_B + \gamma(1-p) f_B f_C} \tag{6.86}$$

$$\gamma = \frac{N_A f_A + N_C f_C}{N_B f_B} \tag{6.87}$$

$$\rho = \frac{N_C f_C}{N_A f_A + N_C f_C} \tag{6.88}$$

式中,γ 是 A 和 B 官能团的当量系数,它等于或小于 1;ρ 是 $f > 2$ 的单体所含 A 官能团占总的 A 官能团的分数。

从式(6.86)~(6.88)可以看出,A 和 B 官能团越接近等当量(γ 趋近于 1)的反应体系、多官能团单体含量高(ρ 接近于 1)的体系和含高官能度单体的体系(f_A、f_B 和 f_C 的值大时),都更容易发生交联反应(P_c 值变小)。

凝胶点 P_c 是对 A 官能团而言的,对于 B 官能团的凝胶点反应程度应是 γP_c。

2.统计学方法

Flory 和 Stockmayer 在官能团等反应活性和无分子内反应两个假定的基础上,应用统计学方法,推导出当 $\bar{X}_n$ 趋于无穷大时预测凝胶点的表达式。推导时引入支化系数 α,它被定义为高分子链末端支化单元上一给定的官能团连接到另一高分子链的支化单元的概率。对于 A—A 与 B—B 和 A_f 的聚合反应,可以得到如下结构:

$$A{-}A \ + \ B{-}B \ + A_f \longrightarrow A_{f-1}{+}B{-}BA{-}A{-}_n B{-}BA{-}A_{(f-1)}$$

式中,n 可以是从零到无限大的任何值。多官能团单体 A_f 看作是一个支化单元,两个支化单元之间的一段链称为支链。凝胶化发生的条件是,从支化点长出的($f-1$)条链中,至少有一条能与另一支化点相连接。发生这种情况的概率是 $\frac{1}{(f-1)}$,那么产生凝胶时的临界支化系数为

$$\alpha_c = \frac{1}{f-1} \tag{6.89}$$

式中,f 是支化单元的官能度($f > 2$)。如果体系中有几种多官能团单体时,f 就应取平均

值。

当 $\alpha(f-1)=1$ 或大于 1 时,形成支链的数目增多,产生凝胶;相反,当 $\alpha(f-1)<1$ 时,不形成支链,所以不发生凝胶化。

A 和 B 官能团的反应程度分别是 P_A 和 P_B,支化点上 A 官能团的数目与 A 官能团总数之比为 ρ,B 官能团与支化点上 A 官能团的反应概率为 $P_B\rho$,B 官能团与非支化点 A 官能团的反应概率为 $P_B(1-\rho)$,因此生成支链的概率为 $P_A[P_B(1-\rho)P_A]^n P_B\rho$,对所有的 n 值求和后,得

$$\alpha = \frac{P_A P_B \rho}{1 - P_A P_B (1-\rho)} \tag{6.90}$$

A 官能团与 B 官能团的当量比为 γ,把 $P_B = \gamma P_A$ 代入式(6.59)中,消去 P_A 或 P_B 得到

$$\alpha = \frac{\gamma P_A^2 \rho}{1 - \gamma P_A^2 (1-\rho)} = \frac{P_B^2 \rho}{\gamma - P_B^2 (1-\rho)} \tag{6.91}$$

把式(6.90)与式(6.91)联立后,就得到了凝胶化时 A 官能团的反应程度表达式:

$$P_c = \frac{1}{\{\gamma[1+\rho(f-2)]\}^{\frac{1}{2}}} \tag{6.92}$$

当两种官能团等摩尔时,$\gamma=1$,且 $P_A = P_B = P$,式(6.91)和(6.92)就变为

$$\alpha = \frac{P^2 \rho}{1 - P^2 (1-\rho)} \tag{6.93}$$

和

$$P_c = \frac{1}{[1+\rho(f-2)]^{\frac{1}{2}}} \tag{6.94}$$

当没有 A—A 单体时($\rho=1$),$\gamma<1$,式(6.91)和(6.92)又简化成

$$\alpha = \gamma P_A^2 = \frac{P_B^2}{\gamma} \tag{6.95}$$

和

$$P_c = \frac{1}{[\gamma(f-1)]^{\frac{1}{2}}} \tag{6.96}$$

上面两个条件同时满足时,$\gamma=\rho=1$,式(6.91)和式(6.92)变成

$$\alpha = P^2 \tag{6.97}$$

和

$$P_c = \frac{1}{(f-1)^{\frac{1}{2}}} \tag{6.98}$$

以上方程式对于有单官能团反应物和有 A 和 B 两种支化单元存在的反应体系不适用。因此,需要考虑更普遍适用的表达式,如反应体系:

$$A_1 + A_2 + A_3 \cdots\cdots A_i + B_1 + B_2 + B_3 \cdots\cdots B_j \longrightarrow 交联聚合物$$

单体含 A、B 官能团的数目分别从 1 到 i 和从 1 到 j 都有时,凝胶点的反应程度为

$$P_c = \frac{1}{[\gamma(f_{w,A}-1)(f_{w,B}-1)]^{\frac{1}{2}}} \tag{6.99}$$

式中,γ 是当量系数;$f_{w,A}$ 和 $f_{w,B}$ 分别为 A 和 B 官能团的重均官能度,分别定义为

$$f_{w,A} = \frac{\sum f_{Ai}^2 N_{Ai}}{\sum f_{Ai} N_{Ai}} \tag{6.100}$$

$$f_{w,B} = \frac{\sum f_{Bj}^2 N_{Bj}}{\sum f_{Bj} N_{Bj}} \tag{6.101}$$

式中，N_{Ai} 和 N_{Bj} 分别是单体 A_i 和 B_j 的分子数；f_{Ai} 和 f_{Bj} 分别是官能度。

例如，含 A 官能团单体：4 mol A_1、51 mol A_2、2 mol A_3、3 mol A_4，含 B 官能团单体：2 mol B_1、50 mol B_2、3 mol B_3、3 mol B_4，f、$f_{w,A}$、$f_{w,B}$ 和 P_c 的计算如下：

$$\gamma = \frac{1 \times 4 + 2 \times 51 + 3 \times 2 + 4 \times 3}{1 \times 2 + 2 \times 50 + 3 \times 3 + 5 \times 3} = 0.984\,1$$

$$f_{w,A} = \frac{1^2 \times 4 + 2^2 \times 51 + 3^2 \times 2 + 4^2 \times 3}{1 \times 2 + 2 \times 50 + 3 \times 3 + 5 \times 3} = 2.209\,7$$

$$f_{w,B} = \frac{1^2 \times 4 + 2^2 \times 51 + 3^2 \times 2 + 4^2 \times 3}{1 \times 2 + 2 \times 50 + 3 \times 3 + 5 \times 3} = 2.412\,7$$

$$P_c = \frac{1}{(0.984\,1 \times 1.209\,7 \times 1.412\,7)^{\frac{1}{2}}} = 0.771\,1$$

3. 凝胶点的实验测定

凝胶点在实验上就是测定反应体系失去流动性（以气泡不能上升为标志）时的反应程度。例如，在甘油与官能团等摩尔的二元酸反应体系中，测得凝胶点的反应程度为 0.765。而用 Carothers 方程和统计学方法计算得到的 P_c 分别为 0.833 和 0.709。Flory 曾详细地研究了由一缩乙二醇、1,2,3-丙三羧酸和己二酸或丁二酸组成的反应体系。表 6.4 列举了 1,2,3-丙三羧酸一缩乙二醇酯和己二酸或丁二酸体系临界反应程度 P_c 的实验测定值和根据 Carothers 方程和统计学方法的理论预测值。

表 6.4　1,2,3-丙三羧酸一缩乙二醇酯和己二酸或丁二酸体系的凝胶点测定值和预测值

$\gamma = \dfrac{[COOH]}{[OH]}$	P	凝胶点的反应程度（P_c）		
		Carothers 法计算值	统计学法计算值	实验测定值
1.000	0.293	0.951	0.879	0.911
1.000	0.194	0.968	0.916	0.939
1.002	0.404	0.933	0.843	0.894
0.800	0.375	1.063	0.955	0.991

由表 6.4 可见，对于同一个反应体系，两种理论预测凝胶点的方法所得出的结论却大不相同，Carothers 方程的计算值大于实验测定值。因为该方程推导中，要求 P_c 为 $\overline{X}_n$ 到无限大时的反应程度，而实际反应体系中存在各种聚合度的聚合物，$\overline{X}_n$ 还没有达到所要求的值时就已凝胶化了。统计学方法算出的凝胶点与实验测定值比较接近，但总是偏小。出现这种偏差的原因有两个，即分子内环化反应的存在和官能团反应活性不等。因为分子内环化反应白白地消耗了反应物，这样实际达到凝胶点时的反应程度要比预测值高。Stockmayer 在研究季戊四醇（$f=4$）与己二酸的聚合反应时，测定了不同浓度的凝胶点，将所得结果外推到浓度无限大，此时分子内环化反应可以忽略，所得值为 0.577，与实验值 0.578 ± 0.005 十分吻合。

在有些聚合反应体系中，官能团等反应活性的假设是不正确的。例如上述的甘油和

邻苯二甲酸反应体系,甘油的仲羟基活性较低,若对此加以校正后,P_c 的计算值与实验值的偏差会减小,但不能完全消除。

虽然 Carothers 方法和统计学方法都能预测凝胶点,但统计学方法使用更为普遍。因为用 Carothers 方法预测的 P_c 总是比实际值高,这就意味着在聚合反应釜中会发生凝胶化,这是工业生产不希望的,统计学方法不存在这个问题,所以得到广泛的应用。

6.8 逐步聚合的实施方法

合成缩聚物所能够选择的聚合反应方法包括熔融缩聚、溶液缩聚、界面缩聚和固相缩聚 4 种。其中熔融缩聚和溶液缩聚的应用最为广泛。

6.8.1 熔融缩聚

熔融缩聚是一种最为简单有效的缩聚反应方法,反应物料只有单体和适量催化剂,因而产物纯净,无须分离,相对分子质量较高,而且反应器的生产效率也较高。所谓"熔融"是指聚合反应温度一定在单体和聚合物的熔点之上,聚合反应物料处于"熔融状态"下而进行的缩聚反应。不同种类缩聚物所要求的熔融缩聚反应条件各不相同,这里仅就熔融缩聚反应器和反应条件作一般性归纳。

(1)熔融缩聚反应器

熔融缩聚反应器通常要求配备加热和温度控制装置、减压和通入惰性气体装置、无级可调速搅拌装置三大要件。当然对于平衡常数很大的缩聚反应这些条件可以适当放宽。

(2)单体配料要求

单体配料要计量准确。如果反应平衡常数较小,同时期望得到尽可能高聚合度的产物,则要求严格的等物质的量配比以及加入适量能够充分溶解于单体的催化剂。

(3)聚合反应操作要点

逐步缓慢升温,反应初期不必减压,当单体沸点较低时反应初期应密闭反应器(反应器当然应该能够承受一定的压力),反应中后期逐步升高温度,同时逐步减压,维持连续搅拌等以利于排除生成的小分子。减压时必须特别重视高黏稠物料可能发生爆沸甚至外喷的危险,采用毛细管导入空气或通入惰性气体能有效避免这种危险。对于体形缩聚反应,应该特别注意跟踪检测物料黏度,在反应程度接近凝胶点以前立即停止反应并出料。

大多数缩聚反应都采用熔融缩聚方法。在涤纶和尼龙生产中,还采用熔融缩聚和纺丝连续进行的工艺和专用设备,其上部是连续聚合反应器,下部是纺丝和牵伸装置。

6.8.2 溶液缩聚

溶液缩聚是单体在惰性溶剂中进行的缩聚反应。由于溶液聚合反应受溶剂沸点的限制,聚合反应温度相对较低,所以单体应该具有较高的反应活性,否则只能采用高沸点溶剂的所谓高温溶液聚合。溶液缩聚在相对较低温度条件下进行时,副反应较少,产物的相对分子质量较熔融缩聚物低。除此以外,溶剂的分离回收较困难,反应器的生产效率较低,而聚合物的生产成本相对较高。但是在以下两种情况采用溶液缩聚是最适当的:

①涂料和胶黏剂的合成。由于它们均以聚合物的溶液使用,所以采用溶液聚合反而省去了聚合物溶解的麻烦。

②当单体热稳定性较低,在熔融温度条件下可能发生分解时,采用溶液缩聚不失为最佳的选择。选择溶液缩聚反应的溶剂时,下述几点必须予以考虑:溶剂对缩聚反应表现惰性;沸点相对适中,因为沸点太低必然限制反应温度,同时溶剂挥发损失并对空气造成污染;沸点过高则存在分离回收困难;价格相对较低,毒性相对较小等。

6.8.3　界面缩聚

在两种互不相溶、分别溶解有两种单体的溶液界面附近进行的缩聚反应称为界面聚合。显而易见,该方法只能适用于两种单体混缩聚的情况。界面缩聚具有如下特点:

①单体中至少有一种属于高活性单体,才能保证界面缩聚反应快速进行。

②两种溶剂的密度应该存在一定差异,才能保证界面的相对稳定,以及溶剂分离回收的方便可行。

③不要求两种单体的高纯度和严格的等物质的量配比,就可以保证获得高相对分子质量的聚合物,这是界面缩聚的最大特点。

界面缩聚的典型例子是用二元胺与二元酰氯合成尼龙,反应式如下:

$$n\mathrm{H_2N(CH_2)_6NH_2} + n\mathrm{ClOC(CH_2)_4COCl} \longrightarrow$$
$$\mathrm{H} \mathbin{\hspace{-2pt}\vdash\hspace{-4pt}} \mathrm{NH(CH_2)_6NHOC(CH_2)_6CO} \mathbin{\hspace{-4pt}\dashv\hspace{-2pt}}_{\overline{n}} \mathrm{ONa} + 2n\mathrm{NaCl} \tag{6.102}$$

当两种单体的溶液被加入一个烧杯以后,缩聚反应立即发生,如图 6.9 所示。在两相界面附近生成聚合物膜,如果用玻璃棒将生成的聚合物膜挑出液面,可以看到聚合物膜源源不断地生成,好像取之不尽,甚是有趣。其实二元胺与二元酰氯之间的极高反应速率常数($10^4 \sim 10^5$ L/(mol·s))是界面缩聚得以顺利进行的关键。所以在设计反应条件时都必须保证以不降低单体的反应活性为前提,水相中 NaOH 的存在对于中和反应生成的HCl 是必须的,否则后者将与己二胺反应生成盐从而降低己二胺的反应活性;另一方面,NaOH 浓度过高将导致酰氯水解生成活性较低的羧酸,所以碱浓度的控制十分重要。与此同时,有机溶剂的选择对于相对分子质量控制也相当重要。

事实上,界面缩聚反应并非真正发生在两相界面上,而主要是在界面偏向于有机相一侧进行的。原因在于水相中己二胺向有机相的扩散速率明显快于有机相中己二酰氯向水扩散的速率 。基于此,溶剂对聚合物的溶解能力就直接关系到产物相对分子质量的大小。总的规律是:溶剂的溶解能力强则获得的聚合物相对分子质量高,反之则聚合物相对分子质量较低。例如,有氯仿和甲苯+四氯化碳两种溶剂,前者甚至能够溶解高相对分子质量的尼龙,而后者则几乎不能溶解即使较低相对分子质量的尼龙。因此。以后者为有机相的界面缩聚产物尼龙在较低相对分子质量时便沉淀析出,当然生成聚合物的相对分子质量不高。

虽然界面缩聚具有不少优点,然而因其必需的高活性单体(如二元酰氯)价格的昂贵以及使用大量有毒溶剂的回收困难和造成环境污染等原因,决定了该方法无法普遍采用。聚碳酸酯是目前工业上采用界面缩聚生产的极少数缩聚物例子之一。

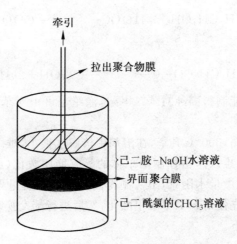

图 6.9　己二胺与己二酰氯界面缩聚示意图

6.8.4　固相缩聚

固相缩聚是在聚合物熔点以下进行的缩聚反应。它往往作为一种辅助手段用于进一步提高熔融缩聚物的相对分子质量,一般不可能单独用来进行以单体为原料的缩聚反应。以合成专门用于纺织航空降落伞的聚对苯二甲酸乙二醇酯(涤纶)为例,由于要求其相对分子质量在 30 000 以上,采用常规熔融缩聚很难达到。于是将采用熔融缩聚法制得的聚酯粒料置于反应器中,在稍低于聚酯熔点的温度下通入氮气,由于氮气和反应生成的水蒸气在固相聚合物分子链间空隙的扩散相对于在熔融状态的扩散更为容易,所以随着氮气源源不断地带走生成的水,缩聚反应反而能够顺利地进行。当然由于非均相扩散的不均匀性,导致树脂颗粒外层的相对分子质量将大于颗粒内部的相对分子质量,使相对分子质量分布变宽。

6.9　重要的逐步聚合产品

6.9.1　重要的线形缩聚物

1. 涤纶(PET)

前面介绍线形缩聚反应机理和动力学时,大都选用脂肪族二元酸和二元醇为例,但所合成的脂肪族聚酯熔点较低(50~60 ℃),强度不够,不宜用作塑料和纤维。如果以对甲苯二甲酸乙二醇缩聚,在主链中引入芳环,就可提高刚性和熔点(258 ℃),所得聚酯就成为目前重要的商业化聚酯,俗名涤纶。它大量用作合成纤维,也可作工程塑料。如果以少量丁二醇与乙二醇混用,与对苯二甲酸进行共缩聚,进行改性,则可适当降低熔点,增加柔性,便于成型加工。

聚酯可以由酸和醇直接酯化、酯交换、醇和酰氯或酸酐反应等方法来合成,如用乙二醇和对苯二甲酸合成涤纶的反应式如下:

$$n\,HOCH_2CH_2OH + n\,HOOC\!-\!\bigcirc\!-\!COOH \longrightarrow$$

$$H\!\!\left[\!OH_2CH_2CO\!-\!\overset{\displaystyle O}{\underset{\displaystyle }{C}}\!-\!\bigcirc\!-\!\overset{\displaystyle O}{\underset{\displaystyle }{C}}\!\right]_n\!OH + 2n\,H_2O \tag{6.103}$$

目前工业化技术已能制得高纯对苯二甲酸,涤纶也可由对苯二甲酸和乙二醇用一步法直接合成。

对苯二甲酸熔点很高,300 ℃升华,在溶剂中溶解度很小,难以用精馏、结晶等方法来提纯。原料纯度不高时,难以严格控制两单体的等官能团数比(或摩尔比)。此外,聚酯化反应平衡常数小,排除微量水困难,不易制得高相对分子质量聚酯。因此,工业上生产涤纶比较成熟的技术是先使对苯二甲酸甲酯化,然后进行酯交换反应,最后缩聚。涤纶的工业化生产历程简述如下:

(1)甲酯化

对苯二甲酸与稍过量的甲醇反应,合成对苯二甲酸二甲酯,其反应式如下:

$$2CH_3OH + HOOC\!-\!\bigcirc\!-\!COOH \longrightarrow H_3CO\!-\!\overset{\displaystyle O}{\underset{\displaystyle }{C}}\!-\!\bigcirc\!-\!\overset{\displaystyle O}{\underset{\displaystyle }{C}}\!-\!OCH_3 + 2H_2O \tag{6.104}$$

蒸出水分、多余甲醇以及苯甲酸甲酯等低沸物,再经精馏,可得纯制品,其中特别重要的是可以除净单官能团杂质。

(2)酯交换

在 200 ℃下,以乙酸铜和三氧化锑作催化剂,使对苯二甲酸二甲酯与乙二醇进行酯交换反应,得到对苯二甲酸乙二醇酯和少量低聚物。两原料摩尔配比约为 1:2.4,其反应式如下:

$$H_3CO\!-\!\overset{\displaystyle O}{\underset{\displaystyle }{C}}\!-\!\bigcirc\!-\!\overset{\displaystyle O}{\underset{\displaystyle }{C}}\!-\!OCH_3 + 2HOCH_2CH_2OH \rightleftharpoons$$

$$HOCH_2CH_2O\!-\!\overset{\displaystyle O}{\underset{\displaystyle }{C}}\!-\!\bigcirc\!-\!\overset{\displaystyle O}{\underset{\displaystyle }{C}}\!-\!OCH_2CH_2OH + 2CH_3OH \tag{6.105}$$

甲醇的馏出,可使反应向右移动,保证酯交换的充分完成。

(3)缩聚

在高于涤纶熔点(280 ℃)的温度下,以三氧化锑为催化剂,使对苯二甲酸乙二醇酯自缩聚,缩聚的副产物是乙二醇。

$$n\,HOCH_2CH_2O\!-\!\overset{\displaystyle O}{\underset{\displaystyle }{C}}\!-\!\bigcirc\!-\!\overset{\displaystyle O}{\underset{\displaystyle }{C}}\!-\!OCH_2CH_2OH \rightleftharpoons$$

$$H\!\!\left[\!OCH_2CH_2O\!-\!\overset{\displaystyle O}{\underset{\displaystyle }{C}}\!-\!\bigcirc\!-\!\overset{\displaystyle O}{\underset{\displaystyle }{C}}\!\right]_n\!OCH_2CH_2OH + (n-1)HOCH_2CH_2OH$$

$$\tag{6.106}$$

在减压和高温下,不断馏出乙二醇,以逐步提高聚合度。

在甲酯化和酯交换阶段,并不考虑等官能团。在缩聚阶段,根据乙二醇的馏出量,打破平衡,自然地调节两种官能团数的比例,逼近等比。一般通过体系中乙二醇的控制以达到预定聚合度。直接酯化和酯交换反应都比较慢,而且都是可逆反应,所以应加催化剂,并设法排除低分子副产物,方能使反应完全。

随着反应程度的提高,体系黏度增加。在工程上,将缩聚分在两个反应器内进行更为有利,前段在 270 ℃和 2 000～3 300 Pa 下进行,后段在 180～285 ℃和 60～130 Pa 下完成反应。与此同时,温度不能过高,否则会发生裂解反应。

涤纶有许多优点,如熔点高(270 ℃)、150～175 ℃以下机械强度好、耐溶剂、耐腐蚀、耐磨、耐油腻、与棉混纺后,手感好,透气性提高。因此,目前涤纶已成为合成纤维中第一大品种。涤纶也可以用作胶卷、磁带片基和工程塑料。

2. 聚碳酸酯(PC)

聚碳酸酯是碳酸的聚酯类。碳酸本身并不稳定,但其衍生物如尿素、碳酸盐和酯都有一定稳定性,是重要的化学品。

脂肪族聚碳酸酯玻璃化温度低,使用价值小。以双酚 A 为基础的聚碳酸酯主链中有苯环和四取代的季碳原子,链的刚性增加,$T_m = 230$ ℃,$T_g = 149$ ℃,在 15～130 ℃内能保持良好的机械性能,抗冲性好,并具有高透明性、尺寸稳定性以及好的抗蠕变性,应用范围广泛,是重要的工程塑料,可作计算机光盘、CD 盘、VCD 盘的基础材料以及眼镜片、汽车挡风屏、仪表板等。加工时,聚碳酸酯对水解特别敏感,应在加工前充分干燥。

聚碳酸酯制法有两种:双酚 A 与碳酸二苯酯经酯交换,或与光气直接反应。

(1)酯交换法

采用熔融缩聚法制造聚碳酸酯的原理与涤纶生产相似。双酚 A 与碳酸二苯酯进行酯交换反应,双酚 A 取代了碳酸二苯酯中的苯酚,而成为碳酸双酚 A 酯。苯酚沸点高,从高黏熔体中脱除很不容易。反应式如下:

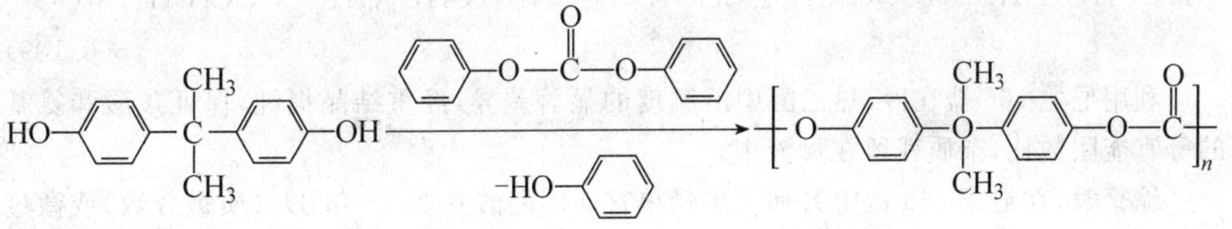

$$(6.107)$$

熔融缩聚分为两个阶段:第一阶段,温度为 180～200 ℃,压力为 2 700～4 000 Pa,转化率为 80％～90％;第二阶段,温度渐升至 290～300 ℃,减压至 130 Pa 以下,加深反应程度,完成反应。起始碳酸二苯酯过量,在高温减压条件下酯交换,不断排出苯酚。由苯酚排出量来自动调节两种官能团摩尔数比,从而达到控制相对分子质量的目的。

与涤纶相比,聚碳酸酯的熔体黏度要高得多,例如相对分子质量 30 000、300 ℃时的黏度达 600 (Pa·s),对反应设备的搅拌混合和传热有着更高的要求。因此,酯交换法聚碳酸酯的相对分子质量受到了限制,不超过 30 000。

（2）光气直接法

光气属于酰氯，具有很高的反应活性，可以与羟基化合物直接起酯化反应。光气法合成聚碳酸酯采用界面缩聚技术，双酚 A 和氢氧化钠配成双酚钠水溶液作为水相，光气的有机溶液（例如二氯甲烷为溶剂）为另一相，以胺类作催化剂，在室温至 50 ℃下反应。反应主要在水相一侧，反应器内的搅拌要保证有机相中的光气能及时地扩散至界面，以利于反应进行。反应式如下：

$$\text{HO}-\left\langle\bigcirc\right\rangle-\overset{\underset{\displaystyle CH_3}{|}}{\underset{\underset{\displaystyle CH_3}{|}}{C}}-\left\langle\bigcirc\right\rangle-\text{OH} \xrightarrow[-HCl]{\underset{Cl-\overset{\displaystyle O}{\overset{\|}{C}}-Cl}{}} \left[O-\left\langle\bigcirc\right\rangle-\overset{\underset{\displaystyle CH_3}{|}}{\underset{\underset{\displaystyle CH_3}{|}}{C}}-\left\langle\bigcirc\right\rangle-O-\overset{\displaystyle O}{\overset{\|}{C}}\right]_n$$

$$(6.108)$$

界面缩聚是不可逆反应，对两种官能团数比并不严格要求按化学式计量计算。一般光气稍过量，以弥补其水解损失，也可加少量单官能团物质进行端基封锁，控制相对分子质量。聚碳酸酯用双酚 A 的纯度要求较高，有特定的规格，不宜含有单酚和三酚，否则，得不到高相对分子质量的聚碳酸酯，或产生交联。

3. 聚酰胺(PA)

纤维和工程塑料用聚酰胺有两类：一类是由二元酸和二元胺缩聚而成的，如尼龙-66 和尼龙-1010；另一类是由己内酰胺开环聚合而成的，如尼龙-6。

（1）尼龙-66 和尼龙-1010

尼龙-66 是重要的合成纤维和塑料，由己二酸和己二胺缩聚而成。胺类活性高，聚酰胺化时不需要催化剂，且平衡常数较大（约 400）。缩聚前期，可以在水介质中预缩聚，而达到一定聚合度，也可以预先将己二酸和己二胺相互中和成尼龙-66 盐，达到等官能团数配比和纯化的目的。反应式如下：

$$NH_2(CH_2)_6NH_2 + HOOC(CH_2)_4COOH \longrightarrow {}^+NH_3(CH_2)_6NH_3^+ \; {}^-OOC(CH_2)_4COO^-$$

$$(6.109)$$

利用尼龙-66 盐在冷、热乙醇中溶解度的显著差异，经重结晶提纯，保证羧酸和氨基的等官能团数比，杂质残留在母液中。

缩聚时，在尼龙-66 盐中另加入少量单官能团醋酸 $0.2\% \sim 0.3\%$（质量分数）或微过量的己二酸进行端基封锁，控制相对分子质量。反应式如下：

$$n\left[{}^+NH_3(CH_2)_6NH^+ \; {}^-OOC(CH_2)_4COO^-\right] + CH_3COOH \longrightarrow$$
$$H_3COC\left[NH(CH_2)_6NHOC(CH_2)_4CO\right]_nOH + 2nH_2O \qquad (6.110)$$

尼龙-66 盐不稳定，温度稍高，盐中的己二胺（沸点 196 ℃）易挥发，己二酸易脱羧，将使得等官能团数比失调。因此，具体操作程序为：将少量醋酸加入 60%（质量分数）尼龙-66盐的水浆液中，在密闭系统内，较低的温度（如 215 ℃）下加热 1.5～2 h，然后慢慢（2～3 h）升温至尼龙-66 的熔点（265 ℃）以上（如 270～275 ℃），在水蒸气压 1.6～1.7 MPa下，进行水溶液预缩聚，以防己二胺的挥发和己二酸的脱羧。这一阶段反应程度和聚合度均低，逆反应影响可以忽略。然后，保持 270～275 ℃，不断排气，降至常压，在

2 700 Pa的减压熔融条件下完成最终缩聚。

正常合成的尼龙-66结晶度为50％,经拉伸后结晶度进一步提高。它有许多优点,强度高、柔韧性好、耐磨、易染色等,是重要的合成纤维,尼龙-66也可作塑料用于汽车工业。

尼龙-1010是我国开发成功的聚酰胺品种,主要用于工程塑料。其单体为癸二酸和癸二胺,合成技术与尼龙-66相似,也分为尼龙-1010盐配制和缩聚两阶段。所不同是尼龙-1010盐不溶于水,自始至终属于熔融缩聚。尼龙-1010熔点较低(194 ℃),缩聚可在较低的温度(240～250 ℃)下进行。癸二胺沸点较高,在缩聚温度下,不易挥发损失。

(2)尼龙-6

尼龙-6是另一类聚酰胺,其产量仅次于尼龙-66,工业上由己内酰胺开环聚合而成。随着催化剂的不同,聚合机理也有差异。碱作催化剂时属于阴离子开环聚合,采用模内浇注聚合技术,制备机械零部件。

制造锦纶纤维时,以水或酸作催化剂,按逐步机理开环,伴有3种平衡反应:

①己内酰胺水解成氨基酸,反应式如下:

$$H_2O + O = \overset{\overset{\displaystyle (CH_2)_5}{\frown}}{C - NH} \rightleftharpoons H_2N(CH_2)_5COOH \tag{6.111}$$

②氨基酸本身逐步缩聚,反应式如下:

$$\sim\sim\sim COOH + H_2N \sim\sim\sim \rightleftharpoons \sim\sim\sim CONH \sim\sim\sim \tag{6.112}$$

③氨基上氮向己内酰胺亲电进攻、开环、不断增长,反应式如下:

$$\sim\sim\sim NH_2 + O = \overset{\overset{\displaystyle (CH_2)_5}{\frown}}{C - NH} \rightleftharpoons \sim\sim\sim NHCO(CH_2)_5NH_2 \tag{6.113}$$

己内酰胺开环聚合的速率比氨基酸自缩聚的速率至少要大1个数量级,可以预见上述反应中氨基酸自缩聚只占很少的比例,反应以开环聚合为主。

在机理上,氨基酸以双离子[$^-OOC(CH_2)_5NH^{3+}$]形式存在,先使己内酰胺质子化,然后开环聚合,因为质子化单体对亲电进攻要活泼得多。无水时,聚合速率较低;有水存在时,速率随转化率提高而降低。反应式如下:

$$\sim\sim\sim NH_3^+ + O = \overset{\overset{\displaystyle (CH_2)_5}{\frown}}{C - NH} \rightleftharpoons \sim\sim\sim NH_2 + O = \overset{\overset{\displaystyle (CH_2)_5}{\frown}}{C - \underset{+}{N}H_2} \rightleftharpoons \sim\sim\sim NHCO(CH_2)_5NH_2^+$$

$$\tag{6.114}$$

工业上己内酰胺水催化聚合时,将单体和5％～10％水加热到250～270 ℃经12～24 h,才能结束。最终产物的聚合度与水的浓度有关。转化率到达80％～90％时,须将大部分催化用的水脱除。采用加单官能团酸的方法能控制相对分子质量,己内酰胺开环聚合最终产物中含有8％～9％单体和3％低聚物。纯尼龙-6加热时也有单体生成,这是七元环状单体和线形聚合物的热力学平衡问题。聚合结束后,切片可用热水浸取,除去平衡单体和低聚物,再在100～120 ℃和130 Pa下真空干燥,将水分降至0.1％以下。

4. 全芳聚酰胺

聚酰胺主链中如引入芳环,可增加耐热性和刚性。由对苯二胺和对苯二甲酸(或酰氯)缩聚成的聚对苯二甲酰对苯二胺(PPD-T)是全芳聚酰胺的代表,属于溶致性液晶高分子,可加工成纤维,Du Pont 公司商品为 Kevlar。反应式如下:

$$H_2N\!-\!\!\bigcirc\!\!-\!NH_2 \ + \ HOOC\!-\!\!\bigcirc\!\!-\!COOH \longrightarrow$$

$$\!\!-\!\![HN\!-\!\!\bigcirc\!\!-\!NH\!-\!OC\!-\!\!\bigcirc\!\!-\!CO]_n\!+\!H_2O \qquad\qquad (6.115)$$

PPD-T 结构单元中有刚性的苯环和强极性的酰胺键,结构简单对称,排列规整,所成纤维具有高强度(2 400～3 000 MPa)、高模量(62～143 GPa)、耐高温($T_m=375$ ℃,$T_g=530$ ℃)等优异性能,但密度并不很高(1.14～1.47 g·mL^{-1}),适用于航天、军事装备、体育用品等方面。PPD-T 经浓硫酸溶液纺丝,可制成纤维,其强度超过钢丝,500 ℃以上才分解而不熔融,可用于制造轮胎帘子线。纤维强度首先决定于相对分子质量,要求对数比浓黏度 η_{inh} 在 4.0 dL·g^{-1} 以上,同时要求纺丝工艺合理。

PPD-T 的制法有两种:

(1)对苯二胺(PPD)和对苯二酰氯(TDC)缩聚

酰氯活性高,反应剧烈,须采用低温(10 ℃)溶液聚合工艺。缩聚时,常用二甲基乙酰胺(DMAC)、甲基吡咯烷酮(NMP)作溶剂,氯化锂、氯化钙等作助熔盐,吡啶叔胺类作酸吸收剂。

操作过程大致如下:将溶剂和助熔盐加入反应器内,搅拌溶解,冷却至 0～10 ℃,在搅拌下加入 PPD、TDC 和酸吸收剂,即缩聚成淡黄色微细粉末从溶液中析出,经洗涤干燥,可得 $\eta_{inh}=6.5$ dL·g^{-1} 的 PPD-T。酸吸收剂主要用来中和副产物 HCl,以免与二胺作用生成胺盐,保证有效官能团的等化学计量。

PPD 和 TDC 也可在 200～300 ℃进行气相聚合,不需要溶剂、助熔盐和酸吸收剂,使PPD-T 缩聚物沉积在薄膜上,但 η_{inh} 较低,为 2.0～3.6 dL·g^{-1}。

(2)对苯二胺和对苯二甲酸(TDA)直接缩聚

在活化剂和催化剂的作用下,PPD 和 TDA 也可缩聚得 PPD-T,但相对分子质量较低。例如,以二氯亚砜或四氯化硅为活化剂,将 PPD 转化为 N,N′-对苯二(N,N′-二甲苯甲脒),所得 PPD-T 的 $\eta_{inh}<1.0$ dL·g^{-1}。在液态三氧化硫中,或以对甲苯磺酸和硼酸作催化剂,或将 TDA 转化为对苯二甲酸二甲酯,所得 PPD-T 的 $\eta_{inh}<2.5$ dL·g^{-1}。若以亚磷酸三苯酯为磷酰化剂,在 NMP/吡啶体系中加入氯化锂/氯化钙复合盐,控制反应温度在 115 ℃,则可得 $\eta_{inh}=6.2$ dL·g^{-1} 的 PPD-T。

另一个重要的芳香族聚酰胺是聚间苯二酰间苯二胺,商品名 Nomex,是用间苯二胺和间苯二甲酰氯在 100 ℃下进行溶液缩聚制备的,利用叔胺吸收产生的 HCl,溶剂是强极性的非质子溶剂如二甲基乙酰胺、N-甲基吡咯烷酮和六甲基磷酰三胺(HMP)等,溶剂须防止聚合物过早沉淀,也要加入氯化锂和氯化钙等作助熔盐以提高聚合物的相对分子质量。这类聚合物可直接纺丝得到纤维。

5. 聚酰亚胺

聚酰亚胺由二酐和二胺缩聚而成。芳族聚酰亚胺刚性大,熔点高,耐热性好,可在

250～300 ℃长期使用,应用于宇航、电子工业等特殊场合。

以均苯四甲酸酐和对苯二胺缩聚成的聚酰亚胺最终产物不溶不熔,相对分子质量很低时就从反应介质中沉析出来,无法加工和成膜,因此,要分成预聚和终缩聚两个阶段来合成。第一步是在 70 ℃下,在二甲基乙酰胺、二甲基甲酰胺、二甲基亚砜等强极性溶剂中,使二酐和对苯二胺进行预缩聚,形成可溶性的较高相对分子质量聚酰胺;第二步将该预聚物成型,如膜、纤维、涂层、层压材料等,然后加热至 150 ℃以上,使残留的胺基和亚胺基继续反应固化。反应式如下:

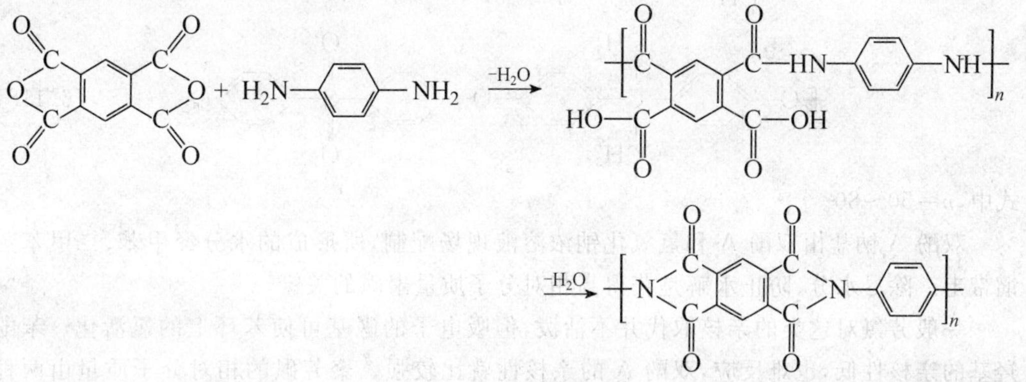

$$(6.116)$$

从式(6.116)看,聚酰亚胺大分子链中有多环和芳环结构,近似半梯形聚合物。如果以 4,4′-二氨基联苯醚 H_2N—C_6H_4—O—C_6H_4—NH_2 代替对苯二胺,则可增加柔性。如果以二元酸和四元胺缩聚,则得到聚苯并咪唑(PBI)。反应式如下:

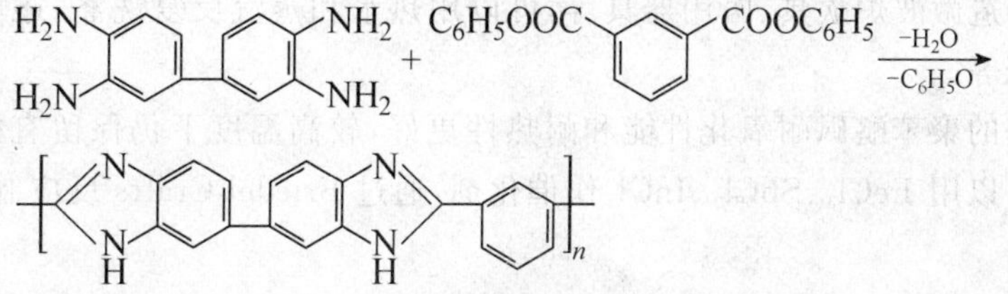

$$(6.117)$$

上述缩聚是亲核取代反应,第一步在 250 ℃形成可溶性氨基-酰胺预聚物,第二步在 350～400 ℃环化固化。

聚苯并咪唑(PBI)也是耐高温聚合物,可用于宇航工业。PBI 分子中联苯部分有一单键,是受热破坏的弱键,而全梯形聚合物(图 6.10)则耐更高的温度。该梯形聚合物有两条主链全交联构成一个整体,一链断裂,还有一链,可以耐更高的温度,但加工成型困难,不得不求其次,选用半梯形聚合物。这类由芳杂环构成主链的耐高温聚合物甚多,这里只作示例介绍。

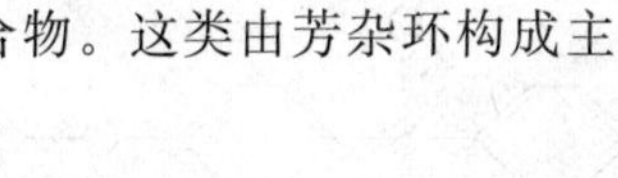

图 6.10 PBI 类全梯形聚合物结构图

6. 聚砜和聚苯醚砜

乙烯和二氧化硫共聚,可以合成脂肪族聚砜,但玻璃化温度较低,应用价值不大。比较重要的聚砜是聚芳砜,其中一种可由双酚 A 和 4,4′-二氯二苯砜经亲核取代反应而成。反应式如下:

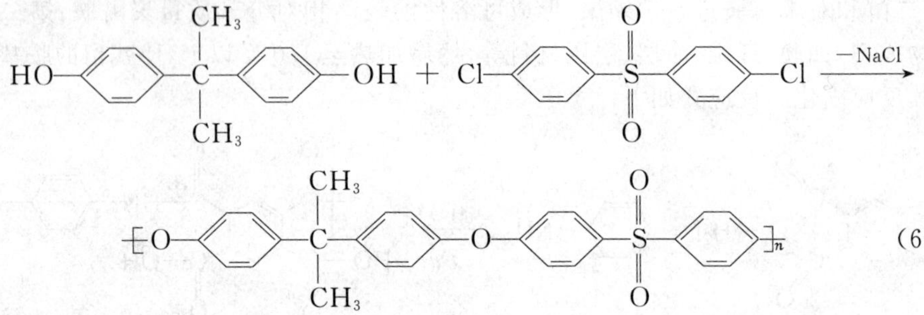

$$\text{(6.118)}$$

式中,$n = 50 \sim 80$。

双酚 A 钠盐由双酚 A 和氢氧化钠浓溶液现场配制,所形成的水分经甲苯、二甲苯蒸馏带走。除尽水分、防止水解是获得高相对分子质量聚砜的关键。

一般芳氯对这类的亲核取代并不活泼,但吸电子的砜基可使苯环上的氯活化。苯酚羟基的亲核性低,也难反应,双酚 A 的亲核性就比较强。聚芳砜的相对分子质量由两种原料官能团数比来控制,最后由氯甲烷作端基封闭剂。可见原料纯度很重要,不能含有单官能团和三官能团酚类。

聚芳砜为无定型聚合物,玻璃化温度为 195 ℃,能在 150 ℃以下长期使用。主链中有较多的苯环,刚性大,耐热和机械性能都比聚碳酸酯好,并有良好的耐氧化性能和抗水解能力。用以制造微波炉炊具、医用器具等,可以用热水和蒸汽反复洗涤,还可用作照相机身和电池外壳等。

无异丙基的聚苯醚砜耐氧化性能和耐热性更好,较高温度下仍保留有机械性能。这类聚苯醚砜可以用 $FeCl_3$、$SbCl_5$、$InCl_3$ 作催化剂,通过 Friedel-Crafts 反应制得,其反应式如下:

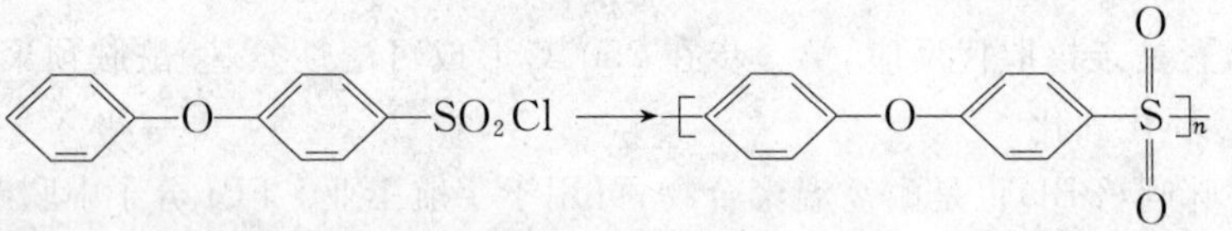

$$\text{(6.119)}$$

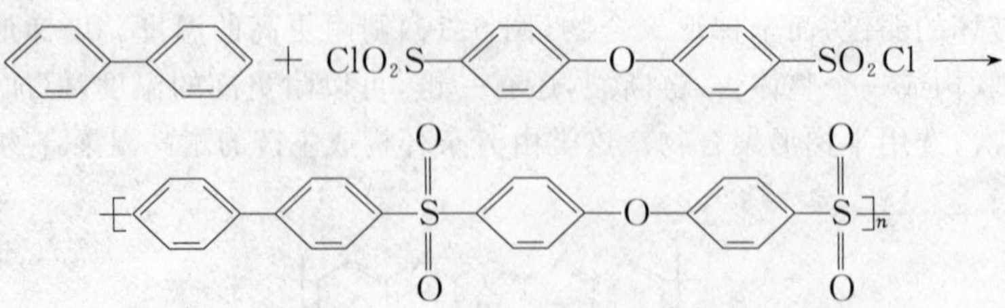

$$\text{(6.120)}$$

7. 聚苯醚(PPO)和聚苯硫醚(PPS)

聚苯醚(PPO)是耐高温塑料,可在 190 ℃下长期使用。PPO 可由 2,6-二甲基苯酚在亚铜-三级胺类催化下,在有机溶剂中经氧化偶合反应而成。其反应式如下:

$$\text{(图: 2,6-二甲基苯酚 + O}_2 \xrightarrow{\text{CuCl–C}_5\text{H}_5\text{N}} \text{聚苯醚 + H}_2\text{O}) \tag{6.121}$$

上述反应是自由基过程,但具有逐步聚合特性。

聚苯醚的耐热性、耐水解、机械性能都比聚碳酸酯、聚砜好,可用作机械零部件。为了降低成本,改善加工性能,聚苯醚常与聚苯乙烯或抗冲聚苯乙烯共混使用。

聚苯硫醚是耐溶剂的耐高温塑料,可在 220 ℃ 以上长期使用。对氯硫酚或对溴硫酚经自缩聚即可制得聚苯硫醚。其反应式如下:

$$\text{Br}\text{—}\!\!\!\!\bigcirc\!\!\!\!\text{—S}^-\text{Na}^+ \longrightarrow \left[\!\!\bigcirc\!\!\text{S}\right]_n + \text{NaBr} \tag{6.122}$$

商业上多由对二氯苯与硫化钠经 Wurtz 反应来合成。其反应式如下:

$$\text{Cl}\text{—}\!\!\!\!\bigcirc\!\!\!\!\text{—Cl} \xrightarrow[\text{S+Na}_2\text{CO}_3]{\text{Na}_2\text{S 或}} \left[\!\!\bigcirc\!\!\text{S}\right]_n \tag{6.123}$$

二苯醚与 SCl_2 或 S_2Cl_2 在氯仿溶液中反应,能制备同时含有醚键和硫键的聚合物,除了耐化学药品和耐热外,还有一定柔性,便于加工。其反应式如下:

$$\bigcirc\!\!\text{—O—}\!\!\bigcirc + S_nCl_2 \xrightarrow{\text{CHCl}_3} \left[\!\!\bigcirc\!\!\text{—O—}\!\!\bigcirc\!\!\text{S}\right]_n \tag{6.124}$$

6.9.2 重要的体形缩聚物

从加工成型的角度,常常把聚合物分成热塑性和热固性两类。简单地说,热塑性聚合物是非交联型的,加热时会变软或流动,而热固性聚合物则是交联型的,加热时不会流动。这两类聚合物的成型技术大不相同,热塑性聚合物的聚合反应是由聚合物制造者完成的,成型加工者把聚合物拿来后,加热、加压使其流动,成型并冷却后就成为产品,加工过程中不发生化学反应,材料可进行再加工。热固性聚合物的成型加工则不同,成型加工者从聚合物制造者那儿得到预聚体(聚合反应没有完成),聚合反应的完成和交联反应是在加工过程中进行的,成型后不能再次加工。

工业上,通常称凝胶点以后的交联反应期为固化期,称交联反应为固化反应。交联反应的速度对产品性能影响是很大的,要根据产品性能决定交联反应速率。例如,在热固性泡沫塑料的生产中,如果凝胶化作用太慢,泡沫结构就会塌瘪;如果交联太快,易产生气泡,各组分之间的结合强度就会降低。

根据反应程度可将热固性聚合物分为甲阶、乙阶和丙阶聚合物。当 $P<P_c$ 时,为甲阶聚合物;当 P 接近凝胶点 P_c 时,为乙阶聚合物;当 $P>P_c$ 时,则为丙阶聚合物。甲阶聚合物是可溶可熔的,乙阶聚合物仍可熔,但几乎不溶,丙阶聚合物是高度交联的不熔不溶物。成型加工者使用的预聚物通常是乙阶聚合物,也可以是甲阶聚合物。

热固性聚合物经常称为树脂,按预聚物合成和交联时的化学反应是否相同可分为两类:一类是早期发展起来的无规交联热固性塑料,它的预聚物是在一定的反应程度(甲阶或乙阶)下降温冷却,使第一阶段聚合反应停止而获得的。在成型加工过程中,加热预聚物使其发生交联作用,从而完成第二阶段的聚合反应,且在两个阶段所发生的化学反应是相同的。这类热固性聚合物的结构难以控制,如酚醛树脂和脲醛树脂等。另一类是后发展起来的结构可控性热固性聚合物,预聚物合成和交联两个阶段发生的化学反应不同。第一阶段预聚物的制备通常是双官能团单体的线形聚合反应,不存在凝胶化问题。成型加工时加入交联剂(多官能团单体)完成第二阶段的交联聚合反应。由于这类热固性聚合物的预聚物合成和交联反应及产物结构更容易控制,所以发展得更快。

下面就常见的一些热固性聚合物作简要介绍。

1. 不饱和聚酯

典型的不饱和聚酯是由马来酸酐和乙二醇聚合而制得,反应式如下:

$$O = \overset{\text{O}}{\overset{\|}{}} \langle \rangle \overset{\text{O}}{\overset{\|}{}} = O + HOCH_2CH_2OH \longrightarrow \left[OCH_2CH_2O\overset{\text{O}}{\overset{\|}{C}}CH = CH\overset{\text{O}}{\overset{\|}{C}} \right]_n \quad (6.125)$$

虽然马来酸酐在聚酯化反应中是一个双官能团单体,但它把碳碳双键引入聚酯链中。在适当的条件下,双键与烯类单体发生自由基共聚反应,从而使聚酯链发生交联。可用的烯类单体有苯乙烯、甲基苯乙烯、甲基丙烯酸甲酯、氰尿酸三烯丙基酯和邻苯二甲酸二烯丙基酯。但是交联时所用烯类单体不同,所得交联产物的力学性能不同,例如不饱和聚酯中含有反式丁烯二酸酯结构单元时,用苯乙烯比用甲基丙烯酸甲酯交联所得产物的硬度及韧性都好,这是因为苯乙烯与反式丁烯二酸酯之间倾向于发生交替共聚,生成的交联链多而短,而甲基丙烯酸甲酯则相反,生成了少而长的交联链。也可以用不饱和二元酸,例如马来酸和衣糠酸代替马来酸酐。

在实际的反应体系中,往往要加入饱和二元酸(如邻、对苯二甲酸或己二酸),用于调节聚合物的交联密度。可用的二元醇单体还有丙二醇、丁二醇、一缩乙二醇和双酚 A 等。在聚合物分子链中引入芳环结构后,提高了聚合物的刚性、硬度和耐热性,引入卤素则提高阻燃性。

不饱和聚酯大部分经玻璃纤维等增强后用作结构材料,它不仅具有良好的抗高温软化和形变性,而且电性能、抗腐蚀性、耐强酸性及耐候性都很好,但只能耐弱碱。液体预聚物通过铸模、压模和喷制等技术很容易加工成热固性产品。在建筑、运输及海洋等多个工业领域中得到广泛应用,如浴缸、沐浴喷具、建筑物门面和地板、化学品储罐、汽车驾驶室及船体都可以用不饱和聚酯来做。

2. 醇酸树脂

醇酸树脂也是不饱和聚酯,不过它的双键在预聚物分子链末端,其反应式如下:

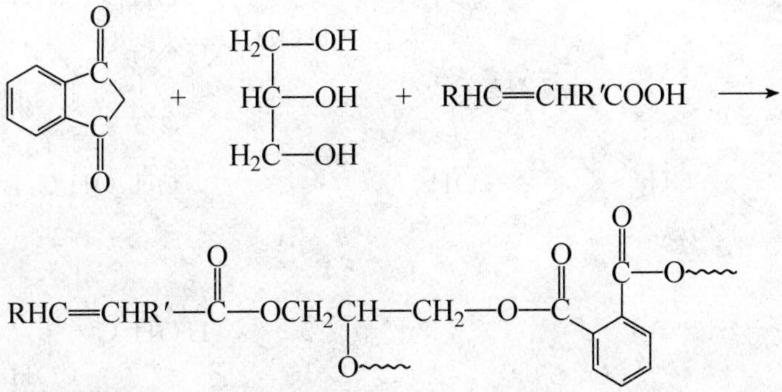

$$\text{(结构式)} \quad \longrightarrow$$

$$\text{(结构式)} \quad (6.126)$$

单官能团不饱和羧酸为油酸、蓖麻醇酸、亚油酸、亚麻酸等,醇单体除了甘油外,也可用其他多元醇。为了调节交联度,经常加入适量的单官能团饱和羧酸,如月桂酸、硬脂酸及苯甲酸等。工业上常把饱和酸称为不干油,不饱和酸称为干性油。预聚物的交联是通过大气中的氧气发生氧化反应后完成的,因此交联过程又称为风干。交联反应与预聚物中不饱和羧酸的含量有关。

几乎所有的醇酸树脂都作为涂料来使用,例如罩光漆及金属制品底漆等,它易干,且黏结性、柔性、强度和耐久性都很好,使用上限温度为 130 ℃。

3. 酚醛树脂

酚醛树脂是世界上最早研制并商品化的合成聚合物,目前在热固性聚合物中仍占有重要的地位。酚醛树脂是由苯酚($f=3$)和甲醛($f=2$)聚合得到的,聚合反应速率与 pH 值有关,在低和高 pH 值时,反应速率都较大。酚醛树脂的生产有两种缩聚方法,一种是碱催化,醛过量,另一种是酸催化,酚过量。

(1)碱催化酚醛树脂

在强碱催化作用下聚合得到的酚醛树脂混合物主要由下列各种结构化合物组成(图6.11)。

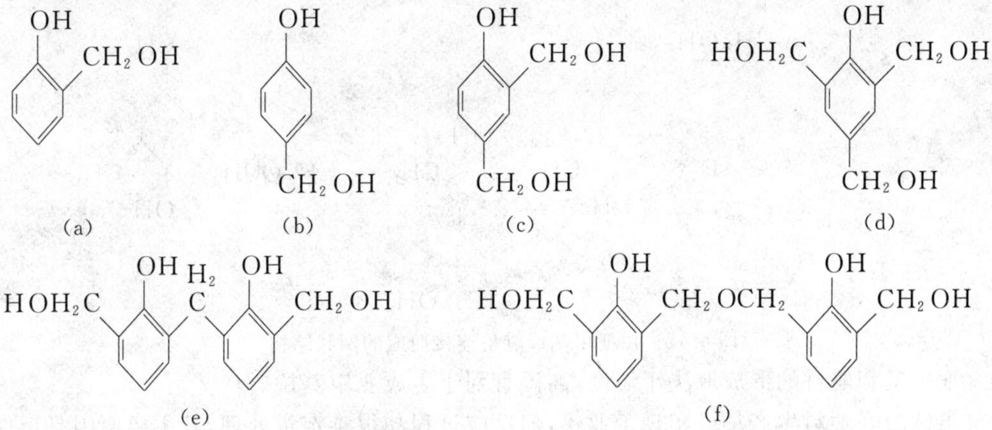

图 6.11 酚醛树脂混合物中可能存在的结构化合物

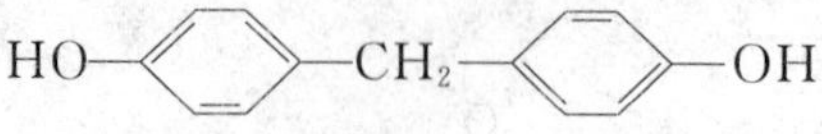

$$HO—\text{苯环}—CH_2—\text{苯环}—OH$$

(g)

（图中结构式）

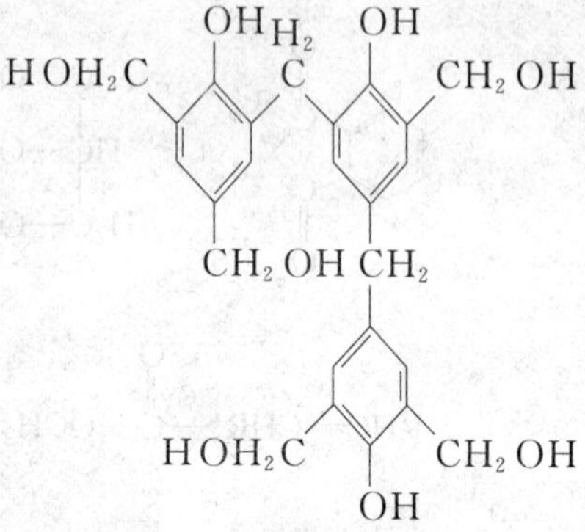

(h)

续图 6.11

聚合反应一般在甲醛与苯酚以（1.2～3.0）∶1 的摩尔比下进行。甲醛用质量分数为 36%～50% 的水溶液（福尔马林），催化剂为 1%～5% 的 NaOH、Ca(OH)$_2$ 或 Ba(OH)$_2$，在 80～95 ℃ 加热反应 3 h 得到预聚物。为了防止反应过度和凝胶化现象的发生，反应进行到一定程度，中和至微酸性，使聚合暂停，并在真空条件下快速脱水。

碱催化制得的酚醛树脂预聚物可以是可溶可熔的（A 阶），也可以更进一步反应，使反应程度接近 P_c（B 阶），适当提高黏度，便于加工，此时溶解性虽然差一些，但仍能够熔融塑化。预聚物相对分子质量一般为 500～5 000，呈微酸性，其水溶性与相对分子质量和组成有关。A 或 B 阶预聚物在成型阶段继续受热反应，交联而固化。pH 值和组成决定着交联反应速率，交联反应（熟化）常在 180 ℃ 下进行，交联和预聚物合成的化学反应是相同的，苯环间由亚甲基或醚桥连接而形成一个网状结构（图 6.12）。

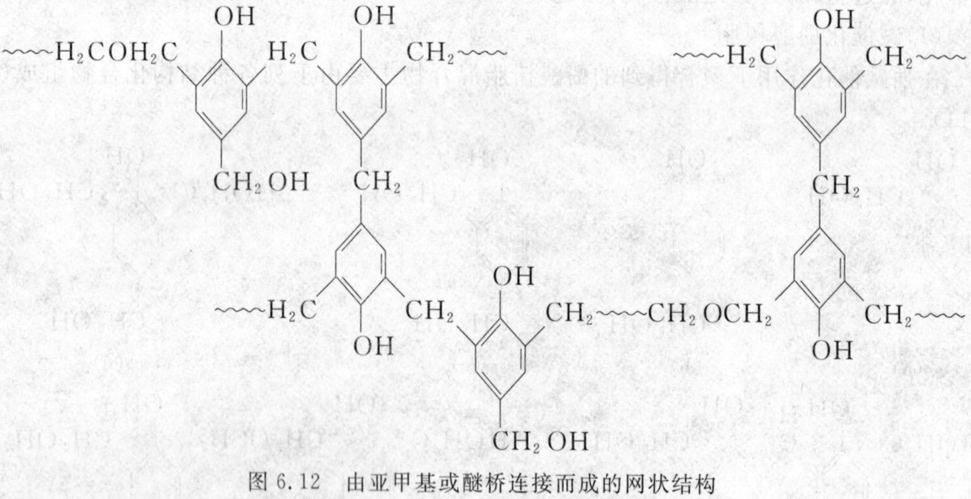

（图中结构式）

图 6.12 由亚甲基或醚桥连接而成的网状结构

亚甲基和醚桥的形成取决于温度，高温有利于生成亚甲基桥。

虽然酚醛塑料生产早已实现工业化，但反应过程却很难定量处理，其主要原因是反应过程中各官能团的反应活性不等同。例如，三羟甲基苯酚的生成有几条途径，而各反应速率常数却都不同。甲醛和苯酚的反应式如下：

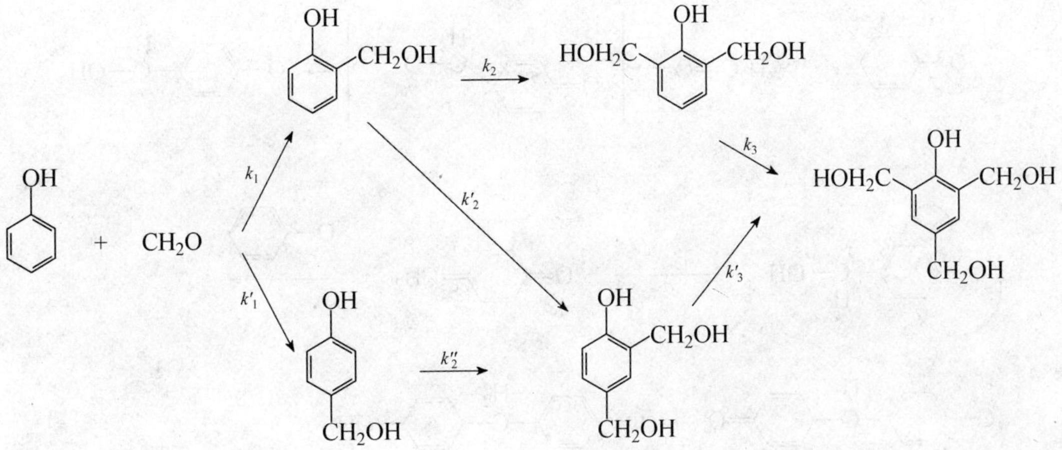

$$(6.127)$$

表 6.5 为苯酚和甲醛各反应的速率常数,反应条件是 pH=8.3,温度为 57 ℃,可见各步反应速率常数不同。

表 6.5 苯酚和甲醛碱催化反应下各步反应速率常数

反应	速率常数$/(10^4 \cdot mol \cdot L^{-1} \cdot s^{-1})$
k_1	14.63
k_1'	7.81
k_2	13.50
k_2'	10.21
k_2''	13.45
k_3	21.34
k_3'	8.43

碱催化下苯酚和甲醛之间的反应是由酚负离子对甲醛的亲核进攻而完成的,而苯酚环上各个位置的反应活性是不同的,羟甲基的推电子作用使苯酚的反应活性增大,是造成各步反应速率常数存在较大差异的重要原因。

下面介绍羟甲基苯酚及其与另一分子苯酚缩合的机理。

虽然还没有获得羟甲基反应活性的动力学数据,但预聚物中含有双苯环和多苯环化合物的量与反应条件相关,表明甲醛的两个官能团的反应活性也是不等的。反应式如下:

$$(6.128)$$

碱性酚醛预聚物溶液多在厂内就地使用，例如与木粉混合铺在基材上，经热压即成合成板。

(2)酸催化酚醛树脂(线形酚醛预聚物)

线形酚醛预聚物是甲醛和苯酚以$(0.75\sim0.85):1$的摩尔比(有时更低)聚合得到的。常用草酸或硫酸作催化剂，加热回流$2\sim4$ h，聚合反应就完成了。催化剂的用量是每100份苯酚加$1\sim2$份草酸或不足1份的硫酸。聚合是通过芳环亲电取代反应进行的：

$$(6.129)$$

与碱催化酚醛预聚物相比，聚合物链中含醚桥结构较少。由于加入甲醛的量少，只能生成低相对分子质量聚合物，相对分子质量为$230\sim1\,000$。

反应混合物在高达160 ℃下脱除水，然后冷却，预聚物粉碎后，混入$5\%\sim15\%$的六亚甲基四胺，就可以销售给加工厂。预聚物在加热时迅速发生交联，由亚甲基和苄胺桥连接成网状结构(图6.13)。

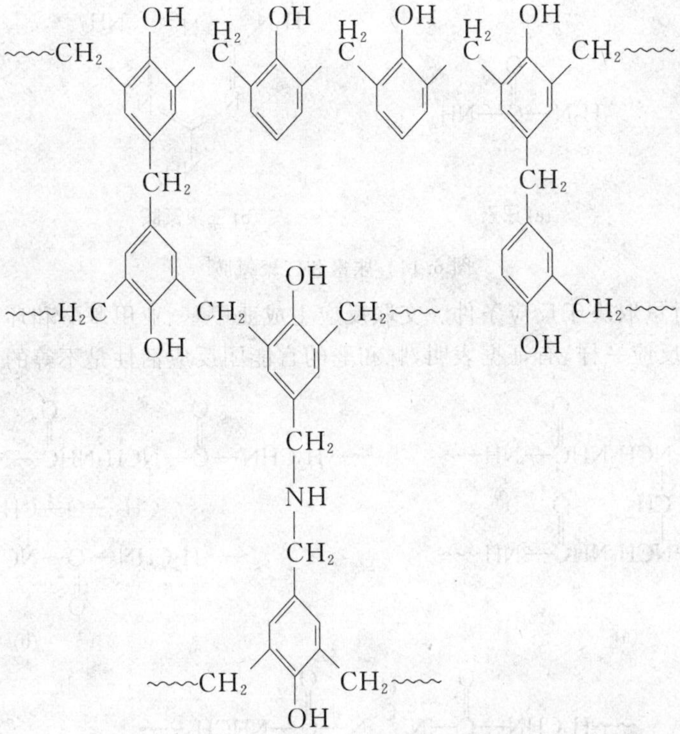

图 6.13　由亚甲基和苄胺桥连接成的网状结构

　　酚醛塑料是第一个商品化的人工合成聚合物,早在 1909 年就由 Bakelite 公司开始生产。它具有高强度和尺寸稳定性好、抗冲击、抗蠕变、抗溶剂和湿气性能良好等优点。大多数酚醛塑料都需要加填料增强。通用级酚醛塑料常用云母、黏土、木粉或矿物质粉、纤维素和短纤维来增强,而工程级酚醛塑料则要用玻璃纤维或有机纤维、弹性体、石墨及聚四氟乙烯来增强,使用温度可达 150~170 ℃。

　　酚醛聚合物大量地用作胶合板和纤维板的黏合剂,也用于黏结氧化铝或碳化硅作砂轮,还用作家具、汽车、建筑和木器制品等工业的黏合剂,还可用作涂料。例如酚醛清漆,将它与醇酸树脂、聚乙烯、环氧树脂等混合使用,性能也很好。含有酚醛树脂的复合材料可以用于航空飞行器,还可以做成开关、插座及机壳等。

　　4. 氨基树脂

　　氨基树脂是甲醛与尿素($f=4$)(图 6.14(a))或甲醛与三聚氰胺($f=6$)(图 6.14(b))聚合反应的产物。聚合反应既可以在碱性条件下,也可以在酸性条件下进行。通过反应温度和 pH 值来控制反应,达到一定反应程度后,冷却反应混合物、中和使 pH 值接近中性,停止聚合反应。预聚物的熟化是在加入酸性催化剂和加热的条件下完成的。在聚合反应过程中,甲醛和脲反应生成了各种羟甲基脲和多聚体。

　　羟甲基脲的结构式如下:

$HOCH_2NHCONH_2$　　$HOCH_2NHCONHCH_2OH$

$(HOCH_2)_2NCONH_2$　　$(HOCH_2)_2NCONHCH_2OH$　　$(HOCH_2)_2NCON(CH_2OH)_2$

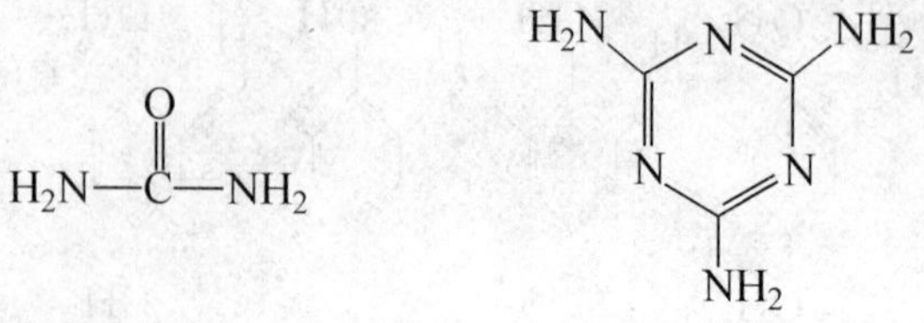

(a) 尿素   (b) 三聚氰胺

图 6.14　尿素和三聚氰胺

它们的相对量取决于反应条件。交联反应生成亚甲基、亚甲基醚和环化桥键结构(图6.15)。像酚醛反应一样,有证据表明,脲和醛的官能团反应活性是不等的。

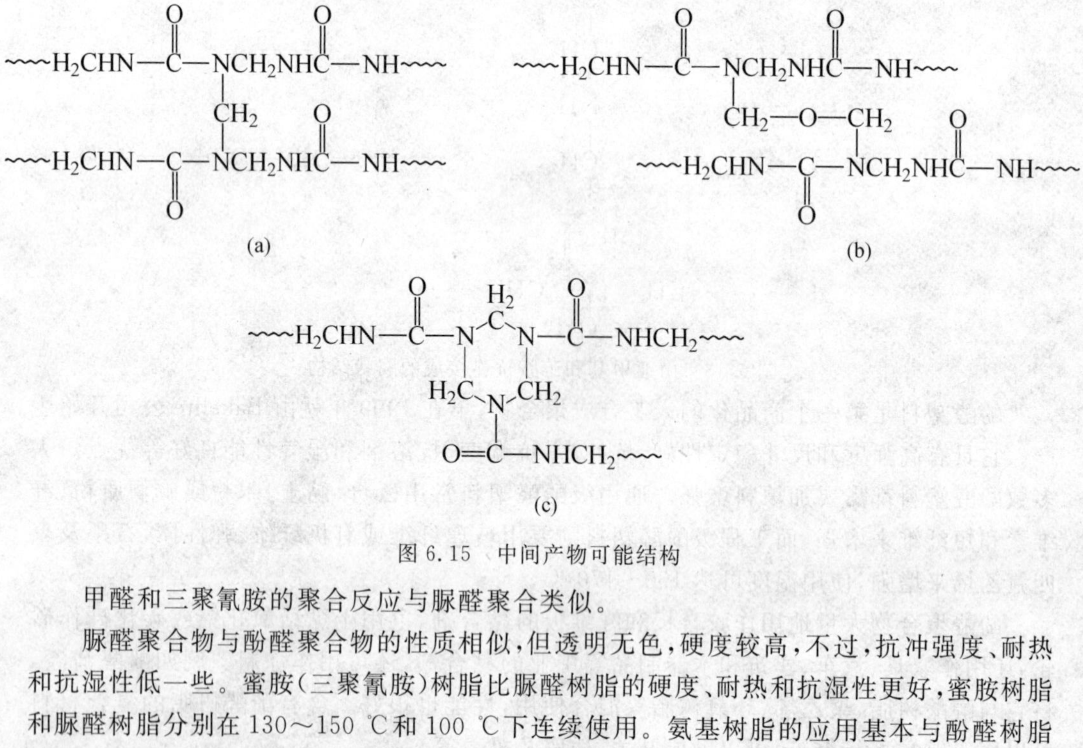

图 6.15　中间产物可能结构

甲醛和三聚氰胺的聚合反应与脲醛聚合类似。

脲醛聚合物与酚醛聚合物的性质相似,但透明无色,硬度较高,不过,抗冲强度、耐热和抗湿性低一些。蜜胺(三聚氰胺)树脂比脲醛树脂的硬度、耐热和抗湿性更好,蜜胺树脂和脲醛树脂分别在 130～150 ℃和 100 ℃下连续使用。氨基树脂的应用基本与酚醛树脂相同,可以用于处理棉纤维,使衣物具有抗皱耐洗性。蜜胺树脂因其透明、无色,又有很好的物理性能,可用于制作彩色餐具;还可以与酚醛树脂结合,生产桌面及柜台面用层压装饰板。酚醛树脂的力学性能好,用作基体,蜜胺树脂透明而坚硬,正好做表层;也可用作汽车漆,以较便宜的脲醛树脂为底漆,蜜胺树脂为面漆。

5. 环氧树脂

典型的环氧树脂是双酚 A 与环氧氯丙烷反应的产物。该反应是在 50～95 ℃和NaOH 存在下进行,通过相对分子质量控制得到液体或固体预聚物,当 n 值小于 1 时为液体预聚物,固体预聚物的 n 值一般为 2～30。反应式如下:

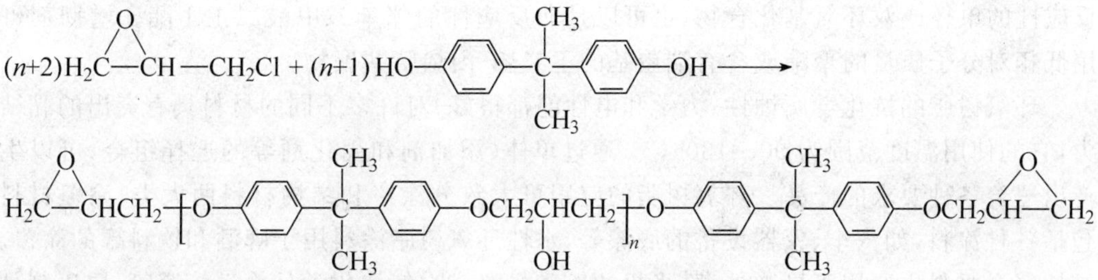

$$(n+2)H_2C\overset{O}{-}CH\overset{}{-}CH_2Cl + (n+1)HO\overset{CH_3}{-}\overset{CH_3}{-}\overset{}{-}OH \longrightarrow$$

$$(6.130)$$

环氧预聚物中的环氧基和羟基可以与固化剂(交联剂)反应使其交联固化,多元胺是常用的固化剂。氨基与环氧加成开环,反应式如下:

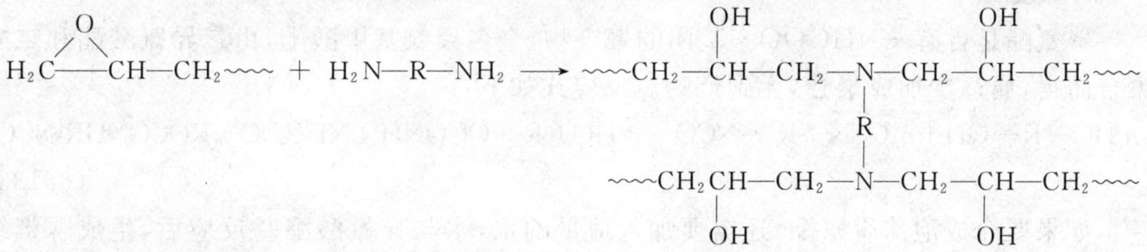

$$(6.131)$$

伯胺比仲胺反应活性高。用作固化剂的胺有二亚乙基三胺($f=5$)、三亚乙基四胺($f=6$)、$4,4'$-二氨基二苯基甲烷($f=4$)和多元胺的酰胺(由二亚乙基三胺与脂肪酸生成的二酰胺)。除胺外,还有多元硫醇、氰基胍、二异氰酸酯和酚醛预聚物等。三级胺常用作固化反应的促进剂,可按化学计量估算固化剂用量。为方便起见,常用环氧值来表示环氧树脂的相对分子质量,所谓环氧值是指 100 g 树脂中含有的环氧基的摩尔数。

环氧塑料要用环氧基含量低的环氧预聚物生产。预聚物中的羟基可与酸酐发生交联反应,如邻苯二甲酸酐、四氢邻苯二甲酸酐等。交联反应式如下:

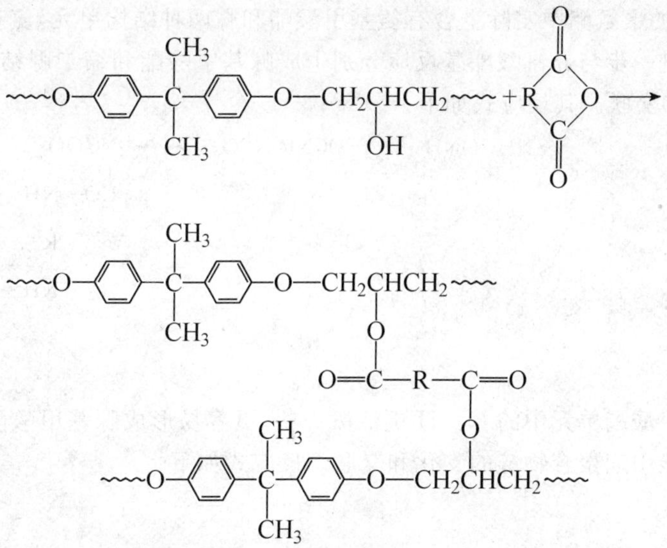

$$(6.132)$$

大多数环氧树脂配方中,都要加入稀释剂、填料或增强材料及增韧剂。稀释剂可以是反应性的单环或双环氧基化合物,也可以是非反应性的邻苯二甲酸二正丁酯。增韧剂可用低相对分子质量的聚酯或含有端羧基的丁二烯-丙烯腈共聚物。

环氧树脂的抗化学腐蚀性、力学和电性能都很好,对许多不同的材料具有突出的黏结力,它的使用温度范围为 90～130 ℃。通过单体、添加剂和固化剂等的选择组合,可以生产出适合各种要求的产品。环氧树脂的应用可大致分涂覆和结构材料两大类,涂覆材料包括各种涂料,如汽车、仪器设备的底漆等,水性环氧树脂涂料用于啤酒和饮料罐的涂覆。结构复合材料主要用于导弹外套,飞机的舵和机翼,油、气和化学品输送管道等;层压制品用于电气和电子工业,如线路板基材和半导体元器件的封装材料。此外,它还是用途广泛的黏合剂,有"万能胶"之称。

6. 聚氨酯

聚氨酯是含有—NHCOO—基团的聚合物,全名聚氨基甲酸酯,由二异氰酸酯和二醇聚合而得,属逐步加成聚合,无副产物。反应式如下:

$$n \text{ HO—R—OH} + n \text{ OCN—R}'\text{—NCO} \longrightarrow \text{HO} \overset{}{(}\text{R—OCONHR}'\text{NHCOO} \overset{}{)}_n \text{ROCONHR}'\text{NCO}$$

$$(6.133)$$

如果要合成泡沫聚氨酯,还需要加入适量的水,水与异氰酸酯基反应后,生成脲键结构并释放出 CO_2,CO_2 作为发泡剂使交联后的聚氨酯形成泡沫结构。发泡剂也可以用一氟三氯甲烷,它被用于生产硬质聚氨酯泡沫产品。在许多聚氨酯合成配方中,二醇和二胺经常并用,二胺与异氰酸酯基反应后也在聚合物链中形成了脲键结构。其反应式如下:

$$2 \text{ }\sim\sim\sim\text{NCO} + H_2O \longrightarrow \text{ }\sim\sim\sim\text{HN}\overset{\overset{\text{O}}{\|}}{-\text{C}-}\text{NH}\sim\sim\sim + CO_2 \qquad (6.134)$$

$$2 \text{ }\sim\sim\sim\text{NCO} + H_2NR'NH_2 \longrightarrow \text{ }\sim\sim\sim\text{HN}\overset{\overset{\text{O}}{\|}}{-\text{C}-}\text{NH—R}'\text{—NH}\overset{\overset{\text{O}}{\|}}{-\text{C}-}\text{NH}\sim\sim\sim$$

$$(6.135)$$

因此,典型的聚氨酯中实际上含有氨基甲酸酯和脲两种结构单元,氨基甲酸酯和脲单元上的 N—H 进一步与异氰酸酯基反应分别生成脲基甲酸酯和缩二脲结构,从而使聚合物链产生支化和交联。其反应式如下:

$$\sim\sim\sim\text{NHCOO}\sim\sim\sim + \sim\sim\sim\text{NHCONH}\sim\sim\sim + \text{OCNR}'\text{NCO} \longrightarrow \sim\sim\sim\text{NCOO}\sim\sim\sim$$
$$|$$
$$\text{CO—NH}$$
$$|$$
$$\text{R}'$$
$$|$$
$$\text{NH—CO}$$
$$|$$
$$\sim\sim\sim\text{NCONH}\sim\sim\sim$$

$$(6.136)$$

由于氨基甲酸酯单元中的 N—H 更活泼一些,更容易形成脲基甲酸酯。异氰酸酯的三聚反应则可能引起聚合物链的支化和交联。反应式如下:

$$3 \sim\!\!\!\sim\!\! R' \!-\! NCO \longrightarrow$$

(6.137)

以上反应的存在,足以说明聚合反应过程的复杂性。但从另一方面讲,也使我们在合成性能各异的聚合物时,对反应物和聚合反应条件有了更多的选择余地。常用的二醇单体有乙二醇、丁二醇、己二醇及对二(2-羟乙氧基)苯。二胺单体有二乙基甲苯二胺、亚甲基双(对氨基苯)和 3,3′-二氯-4,4′-二氨基二苯甲烷。二异氰酸酯单体有六亚甲基二异氰酸酯、2,4-或 2,6-二异氰酸甲苯酯和 1,5-二异氰酸萘酯。催化剂常用亚锡及其他金属的羧酸盐和三级胺。聚合温度接近常温,不能高于 $100 \sim 120$ ℃,否则聚氨酯会发生降解反应,如:

$$\sim\!\!\!\sim\!\! NH\!-\!COOCH_2CH_2 \sim\!\!\!\sim \longrightarrow \sim\!\!\!\sim\!\! NH_2 + CO_2 + H_2C\!=\!CH\!\sim\!\!\!\sim$$

(6.138)

$$\sim\!\!\!\sim\!\! NH\!-\!COOCH_2CH_2 \sim\!\!\!\sim \longrightarrow \sim\!\!\!\sim\!\! NHCH_2CH_2\!\sim\!\!\!\sim + CO_2 \quad (6.139)$$

如果生产泡沫产品,还要控制好交联反应速率,以免出现固化前泡沫结构就已塌陷,影响产品质量。

当选用带有端羟基和异氰酸酯基的预聚物进行反应时,就可以获得聚氨酯的嵌段共聚物。例如,低相对分子质量的聚酯或聚醚与低相对分子质量的聚氨酯反应,生成聚酯-聚氨酯嵌段共聚物或聚醚-聚氨酯嵌段共聚物。

上述共聚物常称为热塑性聚氨酯(TPU),其中一些具有良好的弹性,又称为热塑弹性体(TPE)。通常的弹性体,如橡胶,是经化学反应使聚合物分子链交联后才具有弹性的,而热塑弹性体的弹性来自于聚合物分子链间的物理交联作用。在多嵌段共聚物中,含有聚酯或聚醚链结构,它们长而柔软,常称为软段,而另一种是聚氨酯链,它短而刚硬,常称为硬段。在常温下,硬段容易结晶,还可形成氢键,硬段会聚集形成刚性的微区。在共聚物中这种微区较少,分散在非结晶的柔性链的连续相中,这些分散的刚性微区就像交联点一样,把聚合物分子链拉在一起形成一个网络结构。因此,由此获得的材料呈现弹性体的性质。但是,这种交联点是物理的,而不是化学的,它们在硬段的熔点 T_m 温度以上时,就软化而失去作用,聚合物可以流动,再次冷却时,弹性重现。正因为它的这些特性,克服了普通弹性体不能再加工的缺点,得到了广泛的应用。不过,热塑弹性体抗溶剂和抗温度形变性不如普通弹性体,且只能在 T_m 以下的温度范围内使用。

聚氨酯具有耐摩擦、抗撕裂、抗冲击和抗油脂性好等优点,用途极为广泛,例如用作泡沫塑料、弹性体材料、涂料和黏合剂等。软泡沫塑料用于各种垫子和地毯等,硬泡沫塑料则用于隔音、隔热材料,弹性聚氨酯用于叉车轮胎,汽车部件及体育用品等,还常用于电线的绝缘层等。

7. 聚硅氧烷

聚硅氧烷也称为硅酮,低相对分子质量聚硅氧烷的合成通常采用逐步聚合反应。例如，二甲基二氯硅烷经水解、脱水或脱氯化氢反应就生成了聚二甲基硅氧烷。反应式如下：

$$\underset{\substack{|\\ CH_3}}{\overset{\substack{CH_3\\ |}}{Cl-Si-Cl}} \xrightarrow[-HCl]{H_2O} \underset{\substack{|\\ CH_3}}{\overset{\substack{CH_3\\ |}}{Cl-Si-OH}} + \underset{\substack{|\\ CH_3}}{\overset{\substack{CH_3\\ |}}{HO-Si-OH}} \xrightarrow[-HCl]{-H_2O} \underset{\substack{|\\ CH_3}}{\overset{\substack{CH_3\\ |}}{\Big[Si-O\Big]}}_n$$

$$(6.140)$$

产物是环化低聚体和线形聚合物接近等量的混合物，而且它们之间存在着平衡关系。随反应条件不同，环化产物质量分数可达 20%～80%，主要为四聚体。实际操作时往往在达到初始平衡后，向反应体系中加入封端剂[(CH_3)_2Si]_2O，使线形聚合物封端，以此稳定产物比例。聚合反应可以在酸性或碱性条件下进行，碱性条件有利于生成相对分子质量较高的聚合物，环化产物的含量可以通过减压蒸馏来降低。

当在上述反应体系中加入三官能团单体甲基三氯硅烷时，就可以生成非线形聚硅氧烷。产物从水层中分离后，在催化剂草酸锌的作用下，可使环化物含量降低，并进一步提高相对分子质量。这样得到的硅酮树脂，在应用时再加入碱性催化剂并加热即可交联。

硅酮弹性体分为室温硫化硅橡胶（RTV）（聚合度为 200～1 500）和加热熟化硅橡胶（聚合度为 2 500～11 000），后者是由环状单体开环聚合得到。硫化和熟化与交联都是同义语，但熟化一词具有进一步聚合和交联的含义。单组分室温硫化硅橡胶是由端羟基聚硅氧烷、交联剂（甲基三乙酰氧基硅烷）和催化剂（月桂酸二丁基锡酯）组成，空气中的湿气可使交联剂水解成 CH_3Si(OH)_3 和乙酸，前者可与聚硅氧烷在室温下完成固化过程。反应式如下：

$$3 \; \sim\!\!\sim\!\!SiR_2OH + CH_3Si(OH)_3 \longrightarrow \sim\!\!\sim\!\!SiR_2O\underset{\substack{|\\ O\\ |\\ \sim\!\!\sim\!\!SiR_2}}{\overset{\substack{CH_3\\ |}}{-Si-}}OSiR_2\!\!\sim\!\!\sim \qquad (6.141)$$

双组分室温硫化硅橡胶的两个组分是含乙烯基的聚硅氧烷和交联剂（八甲基四硅氧烷），其交联反应式如下：

$$\underset{\substack{|\\ HC=CH_2}}{\overset{\substack{R\\ |}}{\sim\!\!\sim\!\!Si-O}} + Si[OSi(CH_3)_2H]_4 \longrightarrow Si\Big[OSi(CH_3)_2CH_2CH_2SiR-O\Big]_4\!\!\sim\!\!\sim$$

$$(6.142)$$

在氯铂酸或铂的络合物催化作用下，Si—H 和乙烯基进行加成反应，在锡盐催化作用下 Si—H 和 Si—OH 也可以反应，并有 H_2 放出。

聚硅氧烷在异常宽的温度范围（−100～250 ℃）内，能保持其物理特性，它的 T_g 低至 −127 ℃，因此，具有较好的低温柔韧性。其次，它耐高温、耐氧化，在化学和生理环境中稳定性好，耐候性、斥水性及介电性能也好。聚硅氧烷的用途十分广泛，液体产物被用作消泡剂、纤维憎水整理剂、表面活性剂和润滑剂。树脂被用作清漆、油漆、脱模剂、黏合剂及绝缘材料等。弹性体用作密封材料、电绝缘材料、垫圈及管子等,也可用作医用材料,如人工心脏瓣膜、起搏器、接触眼镜和血浆瓶内涂层等。与其他有机弹性体材料相比,硅酮弹性体强度比较差,所以加入填料增强更为重要。

趣味阅读

华莱士·卡罗瑟斯(Wallace Hume Carothers)美国化学家,1896年4月27日生于衣阿华州柏灵顿,1921年在伊利诺伊大学获硕士学位,1924年获有机化学博士学位。他在伊利诺伊大学香槟分校任教两年后到哈佛大学任教。1928年起,他在美国杜邦公司任职9年,领导基础有机化学的研究工作。他发表过60多篇论文和取得近70项专利。1936年他当选为美国科学院院士,是第一个从产业部门选为该院院士的有机化学家。

1928年2月26日卡罗瑟斯来到杜邦后的第一个目标是合成出一种最早由德国化学家赫尔曼·埃米尔·费歇尔实现合成的相对分子质量超过4 200的聚合物。然而直到1929年6月,卡罗瑟斯带领的研究团队仍未能合成出相对分子质量超过4 000的这种聚合物。1930年4月,卡罗瑟斯的研究组分离得到了生产合成橡胶所用的单体氯丁二烯并合成出了第一种合成橡胶——氯丁橡胶。

1934年卡罗瑟斯将关注转回到纤维的合成上,他的研究团队用二胺代替二醇和二酸缩合合成聚酰胺。由于酰胺比酯基更稳定,所以合成出的聚酰胺比之前合成出的聚酯更稳定,也由于聚酰胺通过氢键作用可以形成结晶态,因此使得它的机械性能增强。因此使得它们比聚酯在日常生活生产中有更广泛和实际的用途,卡罗瑟斯的研究使得一系列新的聚酰胺问世。1935年2月28日,在卡罗瑟斯的指导下Gerard Berchet以己二胺和己二酸为原料合成出了聚合物聚酰胺66,也就是后来为人熟知的尼龙。

卡罗瑟斯在超高相对分子质量聚合物的研究开始时,未受到任何约束且在他的心中也没有任何实际的目标。在研究过程中卡罗瑟斯得到了一些在高温下会变得黏稠的聚合物,观察发现通过将一个棒子插入融化的聚合物中并将棒子从中抽出的方法可以将这种材料纺成细丝。这一发现使得项目的研究重心转移到了这些细丝上,最终尼龙问世。

聚酯和聚酰胺是两种利用逐步聚合进行缩聚合成的典型例子。卡罗瑟斯就此建立起逐步聚合的理论并推导出了卡罗瑟斯方程,该方程可根据单体的转化率计算出通过逐步聚合的方式得到的聚合物所具有的平均聚合度,这个方程表明对于逐步聚合,要得到高相对分子质量的聚合物,需要单体在缩聚反应中有高的转化率。这再次有力地证明了过去所谓的"由小分子经次价键缔合成的胶体"确实是由共价键连接成的真正分子。

习 题

1.写出并描述下列缩聚反应所形成的聚酯结构。

(1) HO—R—COOH

(2) HOOC—R—COOH + HO—R'—OH

(3) HO—R—COOH ＋ HO—R″—OH
$$\overset{|}{\underset{OH}{}}$$

(4) HO—R—COOH ＋ HO—R′—OH ＋ HO—R″—OH
$$\overset{|}{\underset{OH}{}}$$

(2)、(3)、(4)三例中聚合物的结构与反应物质相对量有无关系？如有关系，请说明差别。

2. 讨论下列缩聚环化的可能性，$m＝2\sim10$。

(1) $H_2N{+}(CH_2{)_{m}}COOH$

(2) $HO{+}CH_2{)_2}OH＋HOOC{+}CH_2{)_{m}}COOH$

反应的哪一阶段有环化可能？哪些因素决定环化或线形聚合是主要反应？

3. 己二胺和己二酸进行缩聚，反应程度 P 为 0.500、0.800、0.900、0.950、0.970、0.980、0.990、0.995 时，试求数均聚合度 $\overline{X}_n$ 并作图。

4. 己二胺和己二酸缩聚是无催化反应，两原料等摩尔时，试推导聚合速率方程式。

5. 通过碱滴定法和红外光谱法，同时测得 21.3 g 聚己二酰己二胺试样中含有 $2.50×10^{-3}$ mol 羧基。根据这一数据，计算得数均相对分子质量为 8 520。计算时须作什么假定？如何通过实验来确定其可靠性？如该假定不可靠，如何由实验来测定正确的 $\overline{M}_n$ 值？

6. 等摩尔二元醇和二元酸经外加酸催化缩聚，试证明 P 从 0.98 到 0.99 所需的时间与从开始至 $P＝0.98$ 所需的时间相近。

7. 等摩尔二元醇和二元酸进行缩聚，如平衡常数为 200，在密闭体系内反应，不除去副产物水，问反应程度和聚合度能到达多少？如羧基的起始浓度为 2 mol/L，要使聚合度到达 200，须将 $[H_2O]$ 降低到怎样的程度？

8. 某一耐热性芳族聚酰胺数均相对分子质量为 24 990。聚合物经水解后，得质量分数为 38.91% 的对苯二胺，质量分数为 59.81% 的对苯二甲酸，质量分数为 0.88% 的苯甲酸。试写出该聚合物分子式，计算聚合度和反应程度。如果苯甲酸加倍，试计算对聚合度的影响。

9. 由己二胺和己二酸合成聚酰胺，相对分子质量为 15 000，反应程度为 99.5%，试计算原料比。产物端基是什么？对相对分子质量为 19 000 的聚合物，作同样计算。

10. 尼龙-1010 是根据 1010 盐中过量的癸二酸控制相对分子质量，如果要求相对分子质量为 $2×10^4$，问 1010 盐的酸值（以 mgKOH/g 计）应该是多少？

11. 等摩尔二元醇和二元酸缩聚，另加摩尔分数为 1.5% 醋酸，$P＝0.995$ 或 0.999 时，聚酯的聚合度是多少？加摩尔分数为 1% 醋酸时，结果如何？

12. 等物质的量己二胺和己二酸反应时，试画出 $P＝0.99$ 和 0.995 时的数量分布曲线和质量分布曲线，并计算数均聚合度和重均聚合度，比较两者的相对分子质量分布的宽度。

13. 邻苯二甲酸酐与等物质的量的甘油或季戊四醇缩聚，试求：

(1) 平均官能度；

(2) 按 Carothers 法求凝胶点；

(3)按统计法求凝胶点。

14.试以聚酯化反应过程说明逐步可逆平衡聚合机理的特征。

15.解释下列术语,并说明两者的关系或差异。

(1)反应程度和转化率

(2)缩聚两原料的摩尔系数和过量百分数

(3)平均官能度与凝胶点

(4)界面缩聚和溶液缩聚

16.涤纶通常由对苯二甲酸和乙二醇为主要原料合成,结构式如下:

如以 1,4 -丁二醇完全或部分代替乙二醇,所形成的纤维性能如何? 如以邻苯二甲酸酐或己二酸代替对苯二甲酸,结果又如何?

17.用何种反应方程可合成下列结构的无规和嵌段共聚物。

(1)$\{CO\{CH_2\}_5NH\}_n\{CO\langle\rangle NH\}_m$

(2)$\{CO\langle\rangle COO(CH_2)_2OOC(CH_2)_4COO(CH_2)_2O\}_n$

18.欲使 1 000 g 环氧树脂(环氧值为 0.2)用等物质的量的乙二胺或二次乙基三胺($H_2NCH_2CH_2NHCH_2CH_2NH_2$)固化,以过量 10%计,试计算两种固化剂的用量。

19.苯酚和甲醛采用酸和碱催化缩聚,原料配比、预聚体结构、缩聚时的温度条件和固化方法有哪些不同?

20.不饱和聚酯树脂的主要原料为乙二醇、马来酸酐和邻苯二甲酸酐,试说明 3 种原料各起什么作用,比例调整的原则。用苯乙烯固化的原理是什么? 考虑室温固化时用何种引发体系?

21.解释下列名词:

(1)均缩聚、混缩聚、共缩聚;

(2)平衡缩聚和非平衡缩聚;

(3)$\overline{DP}$ 和 $\overline{X}_n$。

22.现以等摩尔比的二元醇和二元酸为原料某温度下进行封管均相聚合。试问该产品最终的 $\overline{X}_n$ 是多少? 已知该温度下反应平衡常数为 4。

23.将等摩尔比的乙二醇和对苯二甲酸于 280 ℃下进行缩聚反应,已知 $K=4.9$。如达平衡时所得聚酯的 $\overline{X}_n=15$,试问此时体系中残存小分子摩尔分数为多少?

24.生产 100 g 相对分子质量为 10 000 的聚二甲基硅氧烷需要多少 g(CH_3)$_3$SiCl 和(CH_3)$_2$SiCl$_2$?

25.如经酯交换法生产数均相对分子质量大于 $1.5×10^4$ 的聚对苯二甲酸乙二酯,应如何根据缩聚反应原理确定和控制其主要生产工艺参数。已知其平衡常数为 4。

26.凝胶点的计算方法有哪几种? 各有何特点?

27.如取数均相对分子质量分别为 $\overline{M}_{n1}=1×10^4$ 及 $\overline{M}_{n2}=3×10^4$ 的 PET 试样各 1 kg 使其混合,且在加热下进行酯交换反应。假如上述试样具有理想的相对分子质量分布,试

计算酯交换前后的 $\overline{M}_n$ 和 $\overline{M}_w$ 各为多少?

28.假设羟基酸型单体的缩聚物其相对分子质量分布服从 Flory 分布。试问当产物的平均聚合度为 $\overline{X}_n=15$ 时,体系内单体残余的分子数占起始单体分子数的百分数?

29.以 $HO(CH_2)COOH$ 为原料合成聚酯树脂,若反应过程中羧基的离解度一定,反应开始时系统的 pH 值为 2,反应至某一时间后 pH 值变为 4。问此时反应程度 P 是多少? 产物的 $\overline{X}_n$ 是多少?

30.已知在某一聚合条件下,由羟基戊酸经缩聚形成的聚羟基戊酸酯的重均相对分子质量为 18 400,试计算:

(1)已酯化的羧基百分数;

(2)该聚合物的数均相对分子质量;

(3)该聚合物的 $\overline{X}_n$;

(4)反应中生成聚合度为上述 $\overline{X}_n$ 两倍的聚合物的生成概率。

31.据报道一定浓度的氨基庚酸在间-甲酚溶液中经缩聚生成聚酰胺的反应为二级反应。其反应速率常数见表 6.6。

表 6.6 反应速率常数

$T/{}^{\circ}\!C$	150	187
$K/(kg \cdot (mol \cdot min)^{-1})$	1.0×10^{-3}	2.74×10^{-2}

(1)写出单体缩聚成相对分子质量为 12 718 的聚酰胺的化学平衡方程式;

(2)计算该反应的活化能;

(3)欲得数均相对分子质量为 4.24×10^3 的聚酰胺,其反应程度需多大? 欲得重均相对分子质量为 2.22×10^4 的聚酰胺,反应程度又需多大?

32.12-羟基硬脂酸在 433.5 K 下进行熔融聚合,已知其反应混合物在不同时间下的羧基浓度数据见表 6.7。

表 6.7 羧基浓度

t/h	0	0.5	1.0	1.5	2.0	2.5	3.0
$[COOH]/(mol \cdot L^{-1})$	3.1	1.3	0.83	0.61	0.48	0.40	0.34

试问:

(1)上述反应条件下的反应速率常数 K 为何值?

(2)该反应是否加入了催化剂?

(3)反应 1 h 和 5 h 的反应程度各为多少?

33.下列聚合反应各属于何类聚合反应? 如按反应机理分,哪些属于逐步聚合? 哪些属于连锁聚合?

(1)

（2）

$$n \text{（己内酰胺）} \xrightarrow{\text{金属}} -\!\!\left[\text{NH(CH}_2)_4\text{CO}\right]_n$$

（3）

$$n \text{（己内酰胺）} \xrightarrow{\text{H}_2\text{O}} -\!\!\left[\text{NH(CH}_2)_4\text{CO}\right]_n$$

（4）

$$\text{（2,6-二甲基苯酚）}-\text{OH} + \frac{n}{2}\text{O}_2 \xrightarrow{\text{Cu}_2\text{Cl}_2-\text{吡啶}} \left[\text{（2,6-二甲基苯）}-\text{O}\right]_n + n\text{H}_2\text{O}$$

（5）

$$n \text{（四氢呋喃）}-\text{O} \xrightarrow[\text{AgClO}_4, 10\sim23\ ^\circ\text{C}]{\text{ClOC(CH}_2)_8\text{COCl}} -\!\!\left[\text{(CH}_2)_4\text{O}\right]_n$$

（6）

$$\text{（甲苯二异氰酸酯）NCO} + n\text{HOR'OH} \longrightarrow \text{（聚氨酯链节）}$$

（7）

$$\text{HO}-\overset{\underset{\displaystyle CH_3}{|}}{\underset{\underset{\displaystyle CH_3}{|}}{C}}-\text{OH} + \text{COCl}_2 \longrightarrow$$

$$\left[\text{O}-\overset{\underset{\displaystyle CH_3}{|}}{\underset{\underset{\displaystyle CH_3}{|}}{C}}-\text{OCO}\right]_n + n\text{HCl}$$

（8）

$$\text{NaO}-\overset{\underset{\displaystyle CH_3}{|}}{\underset{\underset{\displaystyle CH_3}{|}}{C}}-\text{ONa} + \text{Cl}-\text{}-\text{SO}_2-\text{}-\text{Cl}$$

$$\xrightarrow{-\text{NaCl}} \left[\text{O}-\overset{\underset{\displaystyle CH_3}{|}}{\underset{\underset{\displaystyle CH_3}{|}}{C}}-\text{O}-\text{}-\text{SO}_2-\text{}\right]_n$$

（9）

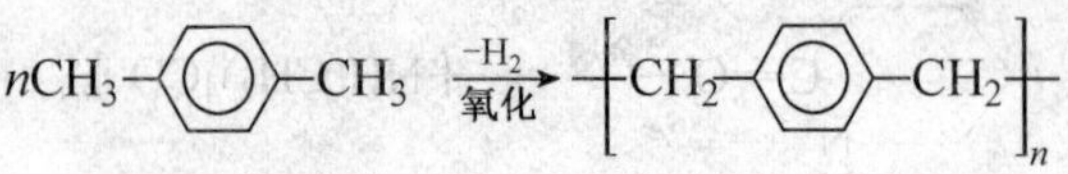

$$n CH_3 \text{—}\langle\text{苯环}\rangle\text{—} CH_3 \xrightarrow[\text{氧化}]{-H_2} \left[CH_2 \text{—}\langle\text{苯环}\rangle\text{—} CH_2 \right]_n$$

（10）

$$n \, \text{（环己烷四亚甲基）} + n \, \text{（对苯醌）} \longrightarrow \left[\text{（稠环醌结构）} \right]_n$$

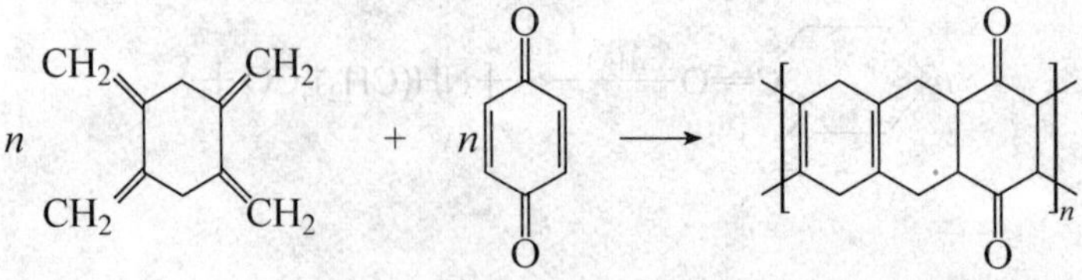

34. 要合成分子链中有以下特征基团的聚合物，应选用哪类单体，并通过何种反应聚合而成？

（1）—NH—CO—

（2）—HN—CO—O—

（3）—NH—CO—HN—

（4）—OCH$_2$CH$_2$—

35. 如何合成含有以下两种重复单元的无规共聚物和嵌段共聚物？

(1) 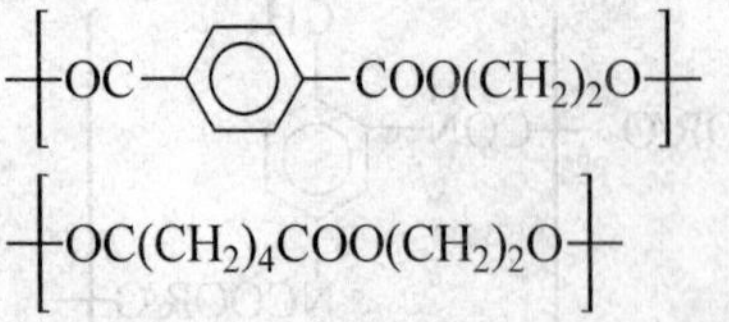
$$\left[OC\text{—}\langle\text{苯环}\rangle\text{—}COO(CH_2)_2O \right]$$
$$\left[OC(CH_2)_4COO(CH_2)_2O \right]$$

(2)
$$\left[OC(CH_2)_5HN \right] \qquad \left[OC\text{—}\langle\text{苯环}\rangle\text{—}NH \right]$$

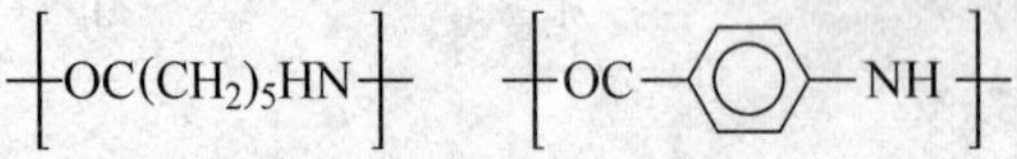

(3) 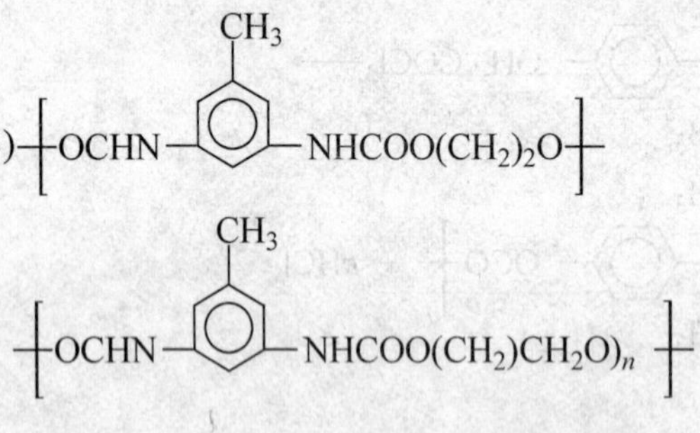
$$\left[OCHN\text{—}\langle\overset{CH_3}{\text{苯环}}\rangle\text{—}NHCOO(CH_2)_2O \right]$$

$$\left[OCHN\text{—}\langle\overset{CH_3}{\text{苯环}}\rangle\text{—}NHCOO(CH_2)CH_2O)_n \right]$$

36. 给出下列聚合物合成时所用原料、合成反应式和聚合物的主要特性和用途。

(1)聚酰亚胺

(2)聚苯醚

(3)聚醚砜

(4)聚醚醚酮

37. 2,2-2 的官能度体系能发生线形缩聚，对吗？

38. 2-2,3-3,2-4 的官能度体系能发生体形缩聚，对吗？

39.由己二胺和己二酸合成聚酰胺,相对分子质量约为 15 000,反应程度为 0.995。试计算两单体原料比。

40.说明缩合反应与线形缩聚、体形缩聚对单体官能度的要求有何不同?

41.缩聚反应中发生的副反应有哪几种?

42.讨论缩聚平衡对聚合度的影响,对于平衡常数较小的缩聚反应,要得较高相对分子质量的聚合物,应采取哪些措施?

43.讨论尼龙-66 合成反应中先采用水溶液缩聚,后采用熔融缩聚的理论论据?

44.聚酯化反应的平衡常数约等于 4,要得到高相对分子质量聚酯应采用哪些措施?

45.涤纶树脂进行纺丝加工前为什么要进行干燥处理?

46.大多数缩聚反应是逐步聚合机理,对吗?

47.按逐步机理进行的聚合反应都是缩聚反应,对吗?

48.1-3,1-4,1-5 的官能度体系只能发生缩合反应,对吗?

49.合成脲醛树脂、蜜胺树脂的原料单体分别是什么?

50.预测凝胶点有什么实际意义?

51.用 Carothers 方程求凝胶点比实测值大,说明其原因。

52.试以聚酯化反应过程说明逐步可逆平衡机理的特征。

53.等摩尔的二元醇和二元酸缩聚,另加 1.5 mol 醋酸,P 为 0.995 或 0.999 时,聚酯的聚合度是多少?

54.为什么涤纶树脂在高温纺丝前,要经过脱水处理?

55.缩聚过程中的副反应有哪几类?

56.已知在某一聚合条件下,由羟基戊本经缩聚形成的聚羟基戊酸酯的重均相对分子质量为 18 400 g/mol。试计算:

(1)反应程度 P;

(2)该聚合物的数均相对分子质量;

(3)该聚合物的聚合度。

57.等摩尔二元胺与二元酸缩聚,若平衡常数为 400,在密封体系反应,计算可能达到的最大反应程度和聚合度,若羧基的起始浓度为 2 mol/L,要使聚合度达到 200,须将水的浓度控制在多少?

58.在不饱和聚酯的生产中,体系中常加入缩乙醇、邻苯二甲酸酐等,这样做的目的是什么?

59.简述缩聚反应的几种实施方法。

60.计算等物质量的二元酸、二元胺反应程度为 0.998 和 0.995 时的聚合度。

61.己二胺与己二酸缩聚生产尼龙-66,常加入少量单官能团单体乙酸封端,若初始原料配比(摩尔)为己二胺:己二酸:乙酸=1:0.99:0.01,试求 $P=1$ 时,产物的聚合度。

62.讨论连锁聚合与逐步聚合之间的区别与联系?

63.生产丁苯橡胶和尼龙-6 时分别加入硫醇和乙二酸作相对分子质量调节剂,其作用原理有何不同?

64. 欲将 1 000 g 环氧树脂(环氧值为 0.2)用等物质量的乙二胺固化,试计算固化剂的用量。(1 000 g 树脂含环氧基团 $0.2 \times 1\ 000/100 = 2$ mol)

65. 聚苯乙烯的数均相对分子质量为 2.08×10^5,求它的数均聚合度。

66. 聚乙烯的数均相对分子质量为 2.8×10^5,求它的数均聚合度。

67. 等物质量的二元胺与二元酸缩聚反应,求反应程度为 0.8 和 0.9 时的数均聚合度 $\overline{X}_n$。

68. 邻苯二甲酸酐与等物质量的甘油缩聚,试求平均聚合度。

69. 邻苯二甲酸酐与等物质量的甘油缩聚,按 Carothers 法求凝胶点。

70. 邻苯二甲酸酐与等物质量的季戊四醇缩聚,试求平均聚合度。

71. 邻苯二甲酸酐与等物质量的季戊四醇缩聚,按 Carothers 法求凝胶点。

第7章　高分子的化学反应

聚合物的化学反应是指涉及聚合物参与的有机化学反应。聚合物的化学反应与前面介绍的低分子单体的聚合反应不同,其种类繁多,除大量的基团反应外,还涉及接枝、嵌段、分子链之间的交联以及老化降解等。

研究聚合物分子链上或分子链间官能团相互转化的化学反应过程,并通过聚合物化学反应制备具有新的或特殊性能的功能高分子材料,可以在很广的范围内改变天然和合成高分子化合物的性能,扩大应用范围;同时研究聚合物的化学结构与性能之间的规律。

有关聚合物化学反应的文献浩繁,内容广泛,本章仅就部分内容进行介绍。

7.1　聚合物的基团反应

聚合物的基团反应是指聚合物的大分子链(主链和支链)上的各种各样能够进行化学反应的官能团所发生的化学反应。聚合物链上的官能团可以进行类似于有机化学中的化学反应,只是受到官能团所处环境的影响较普通的有机化学反应更为复杂,并具有自身的特点。

7.1.1　聚合物基团反应的特点

聚合物的基团反应是有机化学反应在高分子化学领域中的应用和发展。由于聚合物的相对分子质量大,且具有多分散性,使聚合物化学反应有以下特点:

1. 化学反应方程式的局限性

在低分子有机化学反应中,用化学反应方程式就可以表示反应物和产物之间的变化及其定量关系。但是,聚合物的化学反应虽也可用反应式来表示,其意义却有很大的局限性。如聚丙烯酸酯水解,反应式如下:

$$\begin{array}{c} \pmb{\pmb{\vdash}} CH_2{-}CH \pmb{\pmb{\dashv}}_n \xrightarrow[\ OH^-\ ]{\ H_2O\ } \pmb{\pmb{\vdash}} CH_2{-}CH \pmb{\pmb{\dashv}}_n + ROH \\ \quad\ \ | \qquad\qquad\qquad\quad\ \ | \\ \quad\ \ C{=}O \qquad\qquad\qquad\ C{=}O \\ \quad\ \ | \qquad\qquad\qquad\qquad\ | \\ \quad\ \ OR \qquad\qquad\qquad\quad\ OH \end{array} \qquad (7.1)$$

该式仅表示了大分子链上任意结构单元的水解过程,却未能表明分子链上有多少结构单元参与反应,更不能理解为所有酯基全部转化,因此,在聚合物的化学反应中要用官能团转化的百分率(或官能团反应程度)来表示反应进行的程度。

2. 反应产物的不均匀性与复杂性

通过聚合物的化学反应,制取大分子链中含有同一重复单元的"纯的"高分子,是极为困难的,甚至可以说是不可能的。这是因为在聚合物的化学反应中,官能团的转化率不可能达到100%,而且在反应过程中,起始官能团和反应各阶段形成的新官能团,往往同时连接在同一个大分子链上。例如,聚丙烯腈水解制取聚丙烯酸时,水解过程中大分子链上总是同时含有未反应的腈基和其他不同反应阶段的基团,如酰胺基、羧基、环酰亚胺等。反应式如下:

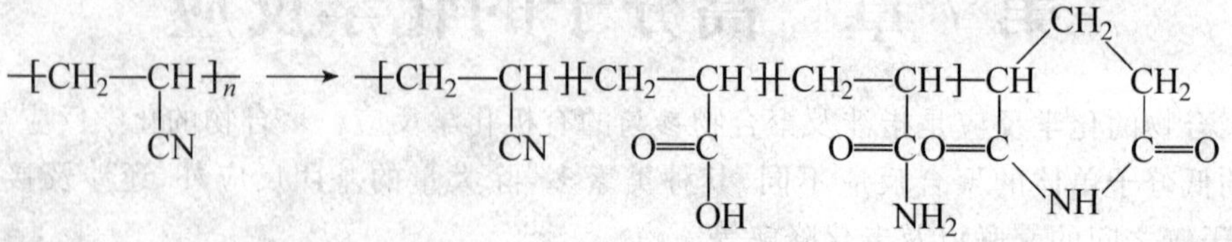

$$
\require{AMScd}
\text{―(CH}_2\text{―CH)}_n\text{―} \longrightarrow \text{―(CH}_2\text{―CH)―(CH}_2\text{―CH)―(CH}_2\text{―CH―CH―CH}_2\text{―}
$$

（7.2）

因此,通过大分子化学反应形成的聚合物为分子链上含有多种不重复的结构单元的异链聚合物。

参加聚合物化学反应的单元不是大分子链本身,而是分子链上的结构单元。在进行反应的过程中,这些结构单元会受到大分子链结构和反应统计性的影响,使得每条大分子链上参与反应的结构单元的位置是非固定的,每个大分子链上官能团转化率也各不相同,因此,某反应的官能团转化率必然具有统计平均的意义,换言之,从每个大分子角度来看反应是不均匀的,产物是复杂的。

3. 聚合物化学反应的速率较低

在缩聚反应中建立了官能团等活性概念,在烯类单体聚合时假定了反应中心的活性与链长无关,这些都是进行动力学分析的基础。在研究聚合物化学反应时,就有机官能团反应而言,也不应受链长的影响,即大分子链上官能团的反应能力应与低分子同系物中官能团的反应能力相似。在某些情况下确实如此,例如,N-异丙基-7-戊内酰胺和聚乙烯基丁内酰胺、醋酸异丙酯和聚乙酸乙烯酯,它们的水解反应速率常数很接近(见表7.1)。但是,在很多情况下,大分子上官能团的反应速率低于同类型的低分子。这是因为在高分子反应的许多场合中,由于大分子形状、聚集态和黏度等因素会妨碍反应物的扩散,而使聚合物化学反应的速率所有降低。

表 7.1　某些聚合物的水解速率常数

名称和结构	k	温度/℃	名称和结构	k	温度/℃
聚乙烯基丁丙烯	4.4×10^2	100	N—异丙基—δ—戊内酰胺	4.8×10^2	100
	3.1×10^3	120		2.7×10^3	120
	4.8×10^3	129		4.7×10^3	129
聚乙酸乙烯酯 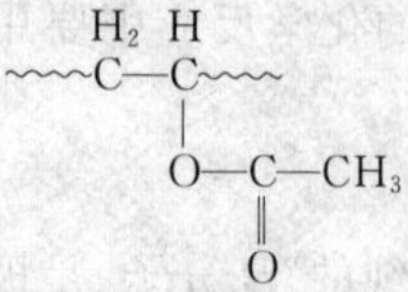	0.37	30	乙酸异丙酯 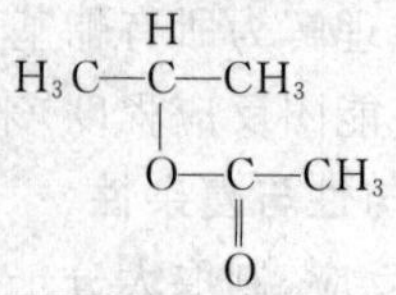	0.57	30

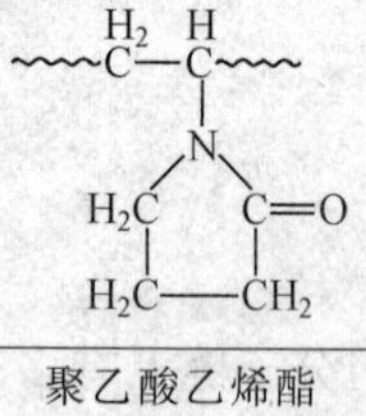

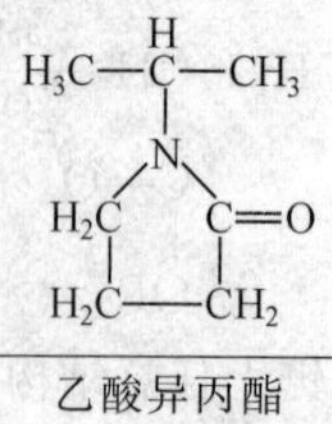

4. 反应过程中大分子链存在不同程度的聚合度改变

在聚合物化学反应过程中,往往会引起聚合度的改变。例如,聚乙酸乙烯酯的水解,

反应式如下:

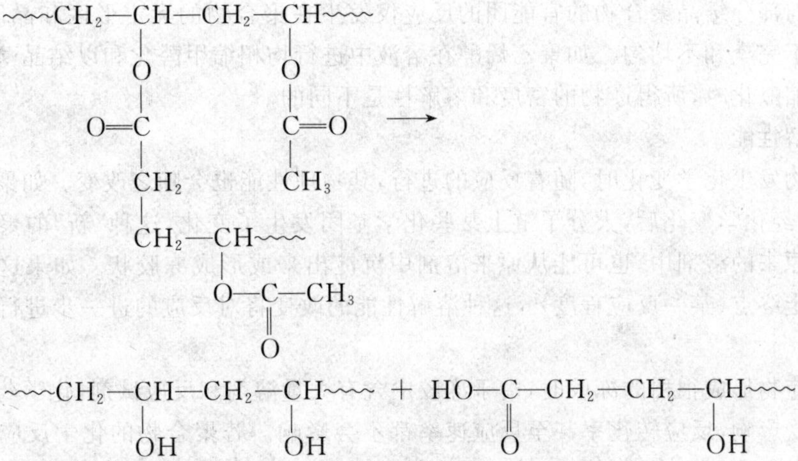

$$
\begin{array}{c}
\sim\!CH_2\!-\!CH\!-\!CH_2\!-\!CH\!\sim \\
\quad\quad\; | \quad\quad\quad\;\; | \\
\quad\quad O \quad\quad\quad\; O \\
\quad\quad\; | \quad\quad\quad\;\; | \\
O\!=\!C \quad\quad\;\; C\!=\!O \quad\longrightarrow \\
\quad\; | \quad\quad\quad\quad | \\
\quad CH_2 \quad\quad\quad CH_3 \\
\quad\; | \\
\quad CH_2\!-\!CH\!\sim \\
\quad\quad\quad\;\; | \\
\quad\quad\quad\; O\!-\!C\!-\!CH_3 \\
\quad\quad\quad\quad\quad | \\
\quad\quad\quad\quad\quad O
\end{array}
\tag{7.3}
$$

$$
\sim\!CH_2\!-\!CH\!-\!CH_2\!-\!CH\!\sim \;+\; HO\!-\!C\!-\!CH_2\!-\!CH_2\!-\!CH\!\sim
$$

（下式带 OH、OH；右侧 C 带 O、CH₂、CH₂、CH—OH）

由于自由基聚合中链转移反应的发生使高分子链上含有支链,当其水解时,支链将脱落,从而使产物聚乙烯醇的聚合度减小。

再如聚乙烯醇的缩醛化反应,除同一大分子链上相邻的两个羟基缩醛化以外,不同大分子链之间的两个羟基也可能进行缩醛化反应,导致产物聚乙烯醇缩醛的聚合度增加。反应式如下:

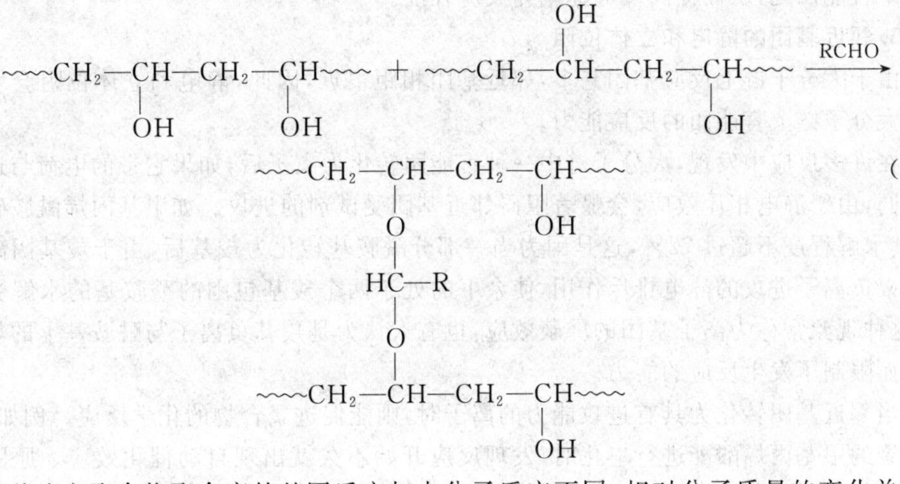

$$
\sim\!CH_2\!-\!CH\!-\!CH_2\!-\!CH\!\sim \;+\; \sim\!CH_2\!-\!CH\!-\!CH_2\!-\!CH\!\sim \xrightarrow{\;RCHO\;}
$$

（左基团带 OH、OH；右基团带 OH、OH）

$$
\begin{array}{c}
\sim\!CH_2\!-\!CH\!-\!CH_2\!-\!CH\!\sim \\
\quad\quad\;\; | \quad\quad\quad\quad | \\
\quad\quad\; O \quad\quad\quad\quad OH \\
\quad\quad\;\; | \\
\quad\quad HC\!-\!R \\
\quad\quad\;\; | \\
\quad\quad\; O \\
\quad\quad\;\; | \\
\sim\!CH_2\!-\!CH\!-\!CH_2\!-\!CH\!\sim \\
\quad\quad\quad\quad\quad\quad\quad | \\
\quad\quad\quad\quad\quad\quad\; OH
\end{array}
\tag{7.4}
$$

这种改变聚合物聚合度的基团反应与小分子反应不同,相对分子质量的变化并不意味着新物质的形成。

7.1.2 影响基团反应能力的因素

原则上大分子链的官能团能进行与相应的小分子同样的化学反应,但正如上面提到的那样,大分子链上的官能团的反应速率和最大转化率一般都低于相应小分子的。影响聚合物基团反应能力的因素主要有:

1.结晶区域

进行化学反应的必要条件是相互作用的基团能够接触。当部分结晶的聚合物进行非均相反应时,化学反应试剂只能渗入到聚合物的无定形区域,无法渗入结晶区之中,于是反应试剂与部分结晶聚合物的官能团的反应仅发生在聚合物的无定形区和晶区的表面,导致反应不完全和不均匀。如聚乙烯醇在溶液中进行均相缩甲醛化和以结晶薄膜方式进行非均相缩醛化时,所得产物的密度和溶解性是不同的。

2. 溶解性能

聚合物发生化学变化时,随着反应的进行,其物理性能也会随之改变。如聚合物原来溶于溶剂,经化学变化后,大分子链上某些化学基团发生了变化,这种"新"的聚合物可能依旧溶于原来的溶剂中,也可能从原来溶剂中沉淀出来或形成冻胶状。如果这时反应尚未达到预定终点(某一反应程度),这种溶解性能的改变将对反应的进一步进行带来很大影响。

当反应物形成很稀的冻胶时,由于冻胶中含有大量溶剂和反应试剂,化学药剂的扩散速度并不受影响,反应转化率甚至反应速率都不会影响。若聚合物的化学反应是产生沉淀或因在不良溶剂中大分子链缠结而呈冻胶状,一般会对反应的进一步进行造成阻碍,使反应速率下降,官能团转化率也不能再得到提高。

聚合物的官能团反应如果始终在黏度不大的溶液中进行,则反应速率与低分子同系物的反应速率相近(见表 7.1);若溶液黏度较大,反应速率就较低。在非均相反应体系中选择适当的溶胀剂,使聚合物处于溶胀状态下进行反应,有利于反应试剂扩散到聚合物分子链中官能团处,从而提高反应速率与反应程度。

3. 邻近基团的静电和立体位阻

由于大分子链上反应基团甚多,邻近基团相距很近,因此,静电和立体位阻会增加或降低大分子链上官能团的反应能力。

在许多反应中发现,大分子链中一种官能团转化为离子后,如果它带的电荷与进攻试剂相同,由于静电相斥效应,会显著阻碍邻近基团受试剂的进攻。如甲基丙烯酰胺碱性水解,其水解程度不超过 72%,这是因为当一部分酰胺基转化为羧基后,由于羧基阴离子对氢氧根负离子进攻的静电排斥作用,使余下的处于两个羧基包围的酰胺基的水解受到限制,这种现象常称为离子基团的屏蔽效应,也有人认为是羧基负离子与酰胺基上的氢形成氢键而限制了发生反应的能力。

当邻近基团转化为具有进攻能力的离子时,则能促进聚合物的化学反应。例如,均聚或共聚的甲基丙烯酸酯进行皂化时,发现反应开始不久就出现自动催化效应。原因是羧基阴离子形成之后,酯基的水解不再是氢氧根负离子的进攻,而是在相邻基团阴离子的作用下,通过形成环状酸酐的过渡形式促进皂化。反应式如下:

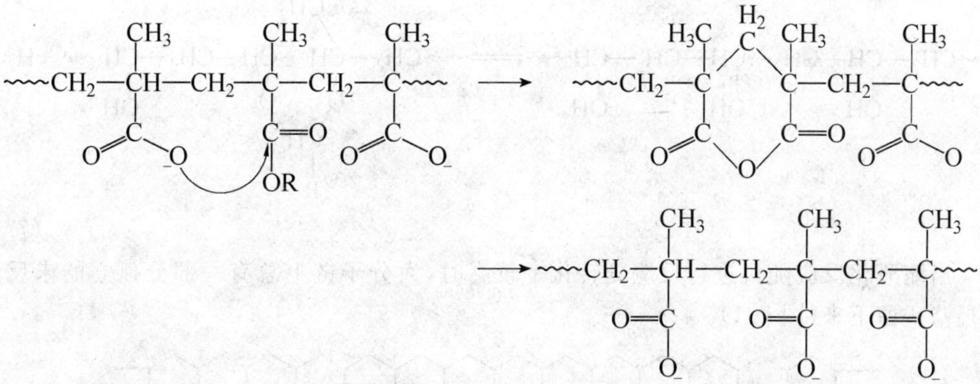

$$(7.5)$$

由于邻近羧基阴离子的亲核性，使酯基活化，从而加速反应。离子基团的这种作用称为离子基团的促进效应。

聚合物的立体结构对大分子官能团反应也会有影响，这种影响常称为立体结构效应。例如，全同立构的聚甲基丙烯酸酯的水解比间同立构或无规立构要快。从离子基团的促进效应来看，在全同立构聚合物中，相邻基团分布得比较有利于环酐的形成，因而促进反应。

邻近基团的空间位阻会引起大分子链上官能团反应程度降低。例如，聚乙烯醇的三苯乙酰化，其最高官能团转化程度只有 50%，显然已酯化的基团使两侧邻近的羟基受到空间位阻的限制，使反应难以继续进行。反应式如下：

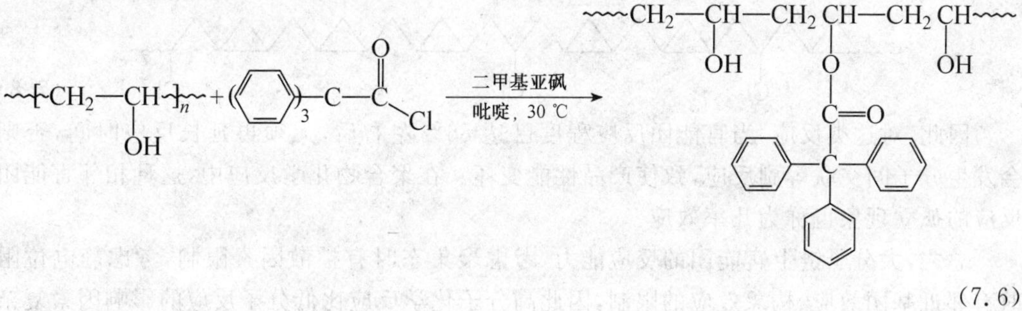

$$(7.6)$$

4. 基团孤立化效应

当一个试剂分子必须和大分子链上相邻的两个基团反应时，反应不能进行到底，因为随机反应的结果使得大分子链上的基团总会有一些被单个地孤立起来，从而失去了相邻两基团与同一反应试剂反应的可能性。例如，聚乙烯醇的缩醛化反应中，假定不考虑分子间的反应，其反应式如下：

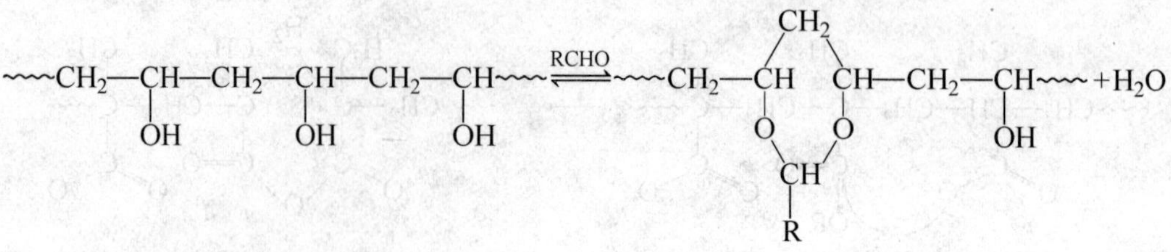

$$\text{~~CH}_2\text{—CH—CH}_2\text{—CH—CH}_2\text{—CH~~} \xleftrightarrow{\text{RCHO}} \text{~~CH}_2\text{—CH}\quad\text{CH—CH}_2\text{—CH~~} + H_2O$$

(7.7)

当缩醛化反应随机进行反应到转化率较高时,大分子链上总有一部分孤立的未反应的羟基残留下来(图 7.1)。

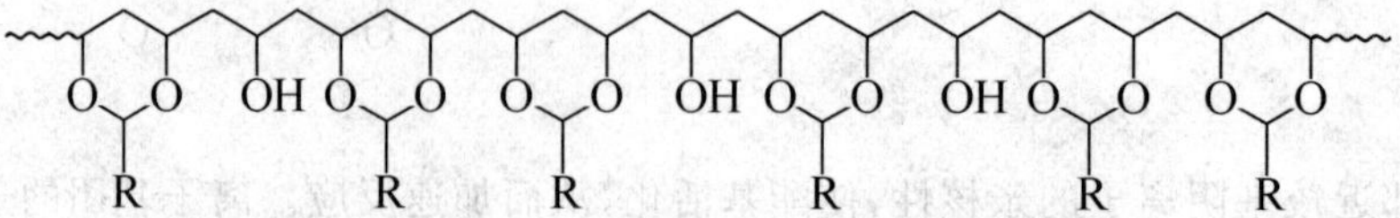

图 7.1 聚乙烯醇缩醛化中间产物的可能结构

按统计计算结果显示,羟基的转化率最高达 86.5%,实验测得为 85%～87%,与理论值相符,86.5% 是基团成对反应的极限值。

聚氯乙烯在锌作用下脱氯反应也有官能团孤立化效应,其极限值也在 86.5% 附近。反应式如下:

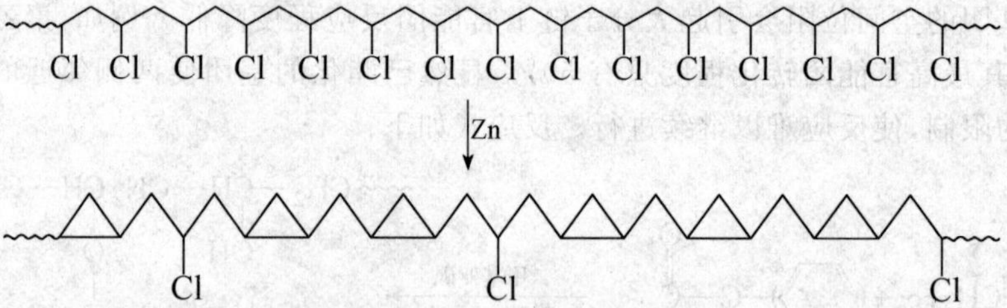

(7.8)

因此,对这类反应,当官能团反应程度已达 86% 左右后,无须再延长反应时间,否则会发生分子间交联等副反应,致使产品性能变坏。在聚合物化学反应中,这种相邻官能团反应的孤立现象也称为几率效应。

总之,大分子链上官能团的反应能力,考虑聚集态时有扩散因素限制,考虑静电位阻时有邻近基团效应、构象效应的限制,因此高分子化学反应比低分子反应的影响因素复杂得多,反应不易完全进行,反应速率一般也比低分子慢。

7.1.3 纤维素的化学改性

纤维素(图 7.2)是天然高分子,由葡萄糖单元 $[C_6H_7O_2(OH)_3]$ 构成,每一单元有 3 个羟基,都可以参与反应,如酯化、醚化等,形成多种衍生物,如粘胶纤维、铜氨纤维、硝化纤维、醋酸纤维、甲基纤维素和羟丙基纤维素等。这些改性都属于侧羟基的基团反应。

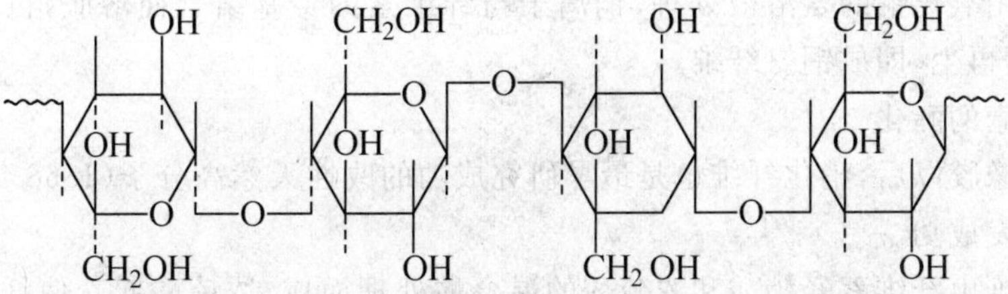

图 7.2 纤维素的分子结构

纤维素分子间有强的氢键,取向度和结晶度高(70%~80%),高温下分解而不熔融,不溶于一般溶剂中,却可溶于质量分数为 17.6%氢氧化钠溶液中,也可被适当浓度的硫酸所溶胀。因此,纤维素在参与化学反应以前,须预先溶解或溶胀,以便化学药剂的渗透。

1. 粘胶纤维和铜氨纤维

纤维素经碱溶胀后用二硫化碳处理而成的再生纤维素称为粘胶纤维,用氧化铜的氨溶液溶胀后再用酸或碱处理而成的再生纤维素则称为铜氨纤维。

粘胶纤维的制备过程大致如下:

室温下用质量分数为 20%氢氧化钠溶液处理棉短绒或木浆纤维素,使溶胀成碱纤维素。大部分氢氧化钠吸附在溶胀的纤维素上,小部分形成醇钠。将多余的碱液从纤维素浆粕中挤出,在室温下放置 2~3 d,使氧化降解至所需的聚合度。然后在 15~30 ℃下用二硫化碳处理碱纤维素,使形成纤维素磺酸钠粘胶。二硫化碳类似二氧化碳,磺酸钠就相当于碳酸钠。磺化程度平均每 3 个羟基约有 0.5 个磺酸根,2、3、6 - 位置的羟基均可黄化。

上述形成的磺酸酯在室温下熟化,使部分黄酸盐水解成羟基,以增加黏度,成为易凝固的纺前粘胶液(水解是磺酸化的逆反应)。将粘胶液纺成丝或制成薄膜,加入 10%~15%硫酸浴,或亚硫酸钠、硫酸锌溶液中,使磺酸盐水解成磺酸,不稳定的纤维素磺酸钠就分解再生成不溶的纤维,经拉伸增强,即成为粘胶纤维,也可加工成玻璃纸,用作包装材料。反应式如下:

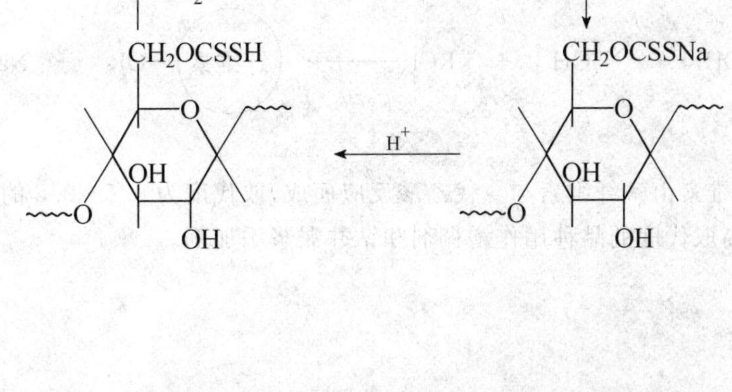

$$(7.9)$$

纤维素用氧化铜的氨溶液处理,铜离子与纤维素的羟基络合而溶胀,再经酸或碱处理,使纤维素再生,即成铜氨纤维。

2. 纤维素的酯化

继硫化橡胶以后,硝化纤维也是最早研究成功的改性天然高分子(1868年),稍后,醋酸纤维也开发成功。

硝化纤维由纤维素经硝酸和浓硫酸的混合酸处理而成,浓硫酸起着使纤维素溶胀和脱水的双重作用,硝酸参与酯化反应。反应式如下:

$$\boxed{纤维素} - OH \ + \ HNO_3 \ \xrightarrow{H_2SO_4} \ \boxed{纤维素} - ONO_2 \ + \ H_2O$$

$$(7.10)$$

硝酸酯化纤维素的反应中,3个羟基并不能全部酯化。每个单元中被取代的羟基数定义为取代度(DS),工业上则以N的质量分数来表示硝化度,理论上硝化纤维的最高硝化度为14.1%(DS=3),实际上低于这一数值。高氮硝化纤维中N的质量分数为12.5%~13.6%,其中N的质量分数为13%的可用作无烟火药,N的质量分数为10.0%~12.5%的称为低氮硝化纤维,其中N的质量分数为11%(DS=2)的用来制作赛璐珞塑料,N的质量分数为12%的用作涂料和照相片基。硝化纤维的取代度或硝化度可以由硝酸的浓度来调节。

不同取代度的硝化纤维都易燃,除用作火药外,其他用途的品种都已被醋酸纤维所取代。醋酸纤维由醋酸和醋酐混合液在浓硫酸存在下反应而成。反应式如下:

$$\boxed{纤维素} - OH \ + \ CH_3COOH \ \xrightarrow{H_2SO_4} \ \boxed{纤维素} - OOCCH_3 \ + \ H_2O$$

$$(7.11)$$

硫酸使纤维素溶胀,并兼作催化剂之用,醋酐帮助脱水使反应向右移动。如果纤维素直接乙酰化,则乙酰化的程度无法控制,也难保证均匀。因此,先使纤维素充分乙酰化成三醋酸纤维素(实际上DS=2.8),三醋酸纤维素能溶于氯仿或二氯甲烷和乙醇的混合物,可制成薄膜或模塑制品。二醋酸纤维素则由三醋酸纤维素部分皂化(水解)而成,部分乙酰化的醋酸纤维强度大,透明,可制作录音带、胶卷、片基、玩具、眼镜架、电器零部件等。

3. 纤维素的醚化

制备纤维素醚类时,首先用碱液使纤维素溶胀,然后由碱纤维与氯甲烷或氯乙烷等醚化剂反应,就形成甲基纤维素或乙基纤维素。甲基纤维素主要用作增稠剂和分散剂。反应式如下:

$$\boxed{纤维素} - OH \ + \ NaOH \ + \ RCl \longrightarrow \boxed{纤维素} - OR \ + \ NaCl \ + \ H_2O$$

$$(7.12)$$

羧甲基纤维素由碱纤维与氯代乙酸反应而成,取代度为0.5~0.8的品种主要用作织物处理剂,高取代度的品种用作增稠剂和钻井泥浆添加剂。

羟乙基或羟丙基纤维素由纤维素与环氧乙烷或环氧丙烷反应而成,主要用作黏结剂和织物处理剂。羟丙基甲基纤维素是悬浮聚合的重要分散剂,顾名思义,其醚化剂是环氧丙烷和氯甲烷。

7.1.4 聚乙酸乙烯酯的醇解

聚乙烯醇是维尼纶的原料,也可用作黏结剂和分散剂。但乙烯醇极不稳定,无法游离存在,因此聚乙烯醇只能通过聚乙酸乙烯酯的醇解(水解)来制备。

在酸或碱的催化下,聚乙酸乙烯酯可用甲醇醇解成聚乙烯醇,碱催化效率较高,副反应少,因此用得较广。反应式如下:

$$\sim\sim CH_2-CH\sim\sim \;+CH_3OH \xrightarrow{\text{NaOH}} \sim\sim CH_2-CH\sim\sim \;+CH_3COOCH_3$$
$$\underset{OCOCH_3}{|} \qquad\qquad\qquad\qquad\qquad \underset{OH}{|}$$

$$(7.13)$$

醇解过程中,并非全部的酯基都转变成羟基,酯基转变羟基的摩尔百分比称为醇解度(DH)。醇解产物的性质如水溶性等都与醇解度有关。纤维用聚乙烯醇要求 $DH>99\%$,用作氯乙烯悬浮聚合分散剂时则要求 $DH=80\%\sim90\%$,这些都是具有水溶性的聚乙烯醇;当聚乙烯醇的 $DH<50\%$,就成为油溶性分散剂了。

聚乙烯醇配成热水溶液后,经纺丝、拉伸即成部分结晶的纤维。晶区虽不溶于热水,但无定型区却亲水,能溶胀,因此尚须以酸作催化剂,进一步与甲醛反应,使之缩醛化。缩醛化时,分子间缩醛化发生交联,分子内缩醛则成环。当缩醛化程度为 $20\%\sim40\%$ 时,纤维吸湿性接近于棉花,但强度比棉花高一倍,并耐酸、碱和微生物侵蚀。缩醛化反应主要在纤维的无定型区域进行。反应式如下:

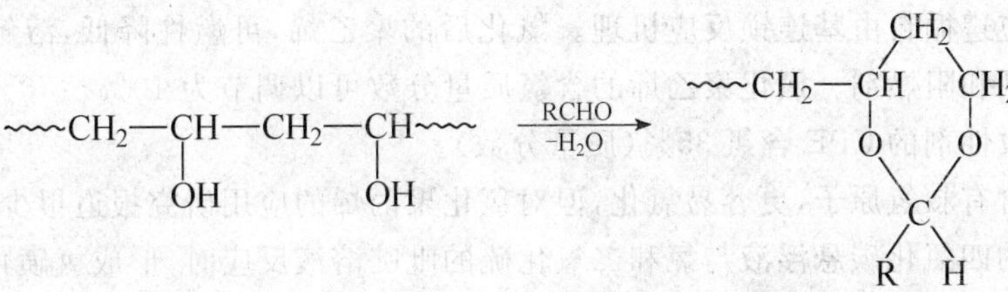

$$(7.14)$$

由于几率效应,缩醛化并不完全,尚有孤立羟基存在。但适当程度的缩醛化,就足以降低亲水性。因而维尼纶的生产过程往往由聚乙酸乙烯酯的醇解、聚乙烯醇的纺丝和热拉伸、缩醛化等工序组成。

聚乙烯醇除与甲醛缩醛化制备维尼纶外,还可以与乙醛、丁醛等脂肪族及芳香族醛进行缩醛化反应。与丁醛、乙醛作用分别得到聚乙烯醇缩丁醛和聚乙烯醇缩乙醛,用作安全玻璃夹层黏合剂、电绝缘膜和涂料。

聚乙烯醇和芳醛作用,形成的聚乙烯醇缩芳醛和重氮化合物偶合后得到聚合物染料——功能高分子。反应式如下:

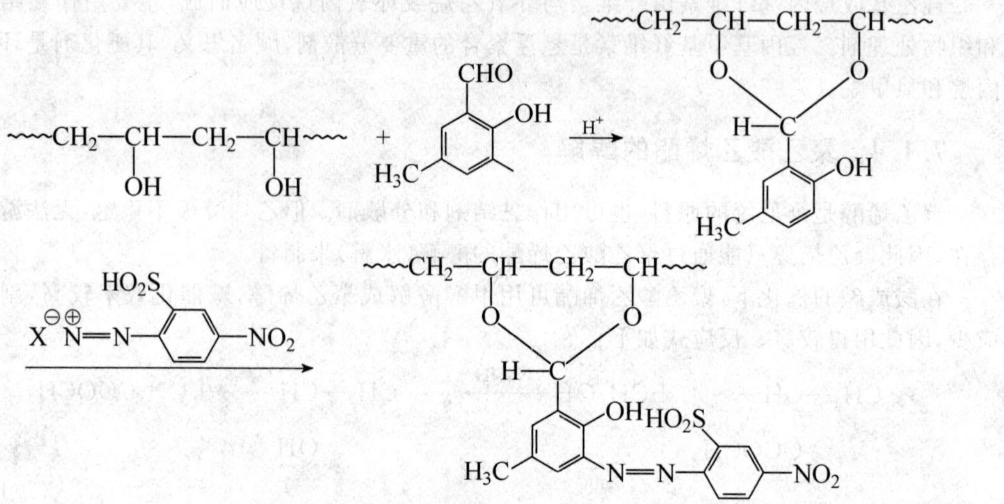

(7.15)

7.1.5 聚乙烯和聚氯乙烯的氯化

聚乙烯或聚氯乙烯氯化后，在大分子主链上直接引入氯原子侧基。

聚乙烯耐酸、耐碱，反映出相当的化学惰性，但在紫外光照射和适当温度下容易被氯化成氯化聚乙烯（CPE）。反应式如下：

$$\sim\sim CH_2-CH_2-CH_2-CH_2\sim\sim \xrightarrow{Cl_2} \sim\sim CH_2-\underset{\displaystyle Cl}{\underset{|}{CH}}-CH_2-\underset{\displaystyle Cl}{\underset{|}{CH}}\sim\sim \quad (7.16)$$

氯化反应遵循自由基连锁反应机理。氯化后的聚乙烯，可燃性降低，溶解性能增加，可用作增塑剂和阻燃剂。氯化聚乙烯的含氯质量分数可以调节为10%～70%，如用作聚氯乙烯抗冲改性剂的CPE含氯35%（质量分数）。

聚丙烯含有叔氢原子，更容易氯化，但对氯化聚丙烯的应用研究报道很少。

聚乙烯的四氯化碳悬浮液与氯和二氧化硫的吡啶溶液反应时，形成氯磺化聚乙烯，大约含氯质量分数为7.5%和含硫质量分数为1.5%，相当于3～4单元有1个氯原子，40～50单元有1个磺酰氯基团（ $-SO_2Cl$ ）。氯的取代破坏了聚乙烯的原有结晶结构，而成为弹形体；少量磺酰氯基团的存在则便于用金属氧化物（氧化铅或氧化锰）进行交联。氯磺化聚乙烯弹性体耐化学药品、耐氧化，在较高温度下仍能保持较好的机械强度，可用于特殊场合的填料和软管。

聚氯乙烯热变形温度低，约为80 ℃，氯化后氯的质量分数从原来的56.8%提高到62%～68%，耐热性可提高10～40 ℃，溶解性能、耐候性、耐腐蚀性、阻燃性等也相应得到改善，因此可用于化工、热水管、涂料等方面。

7.1.6 苯环上的取代反应

聚苯乙烯及其共聚物带有苯环侧基，其中苯环上的氢原子容易进行取代反应。苯乙烯-二乙烯苯交联共聚物(图 7.3)是离子交换树脂的母体,交联的目的只是防止母体溶解,但仍具有适当的溶胀能力。

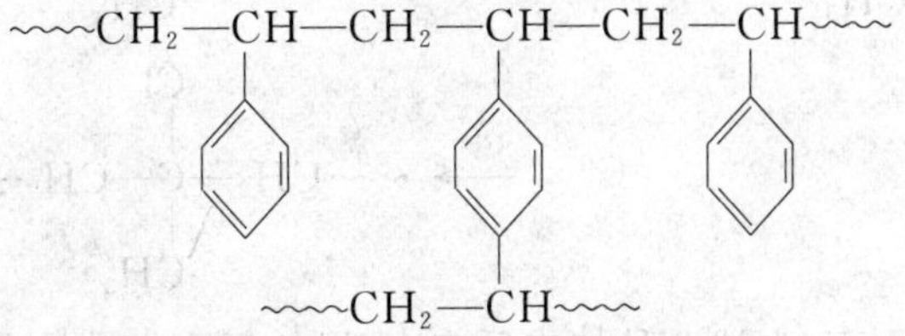

$$\sim\sim CH_2-CH-CH_2-CH-CH_2-CH\sim\sim$$

图 7.3 苯乙烯-二乙烯苯交联共聚物

与苯相似,母体上的苯环容易进行磺化、氯甲基化等取代反应。反应之前,先用适当溶剂使母体溶胀,以便化学药剂扩散。母体经磺化后,就成为阳离子交换树脂;经氯甲基化和进一步反应,就可制成阴离子交换树脂。反应式如下:

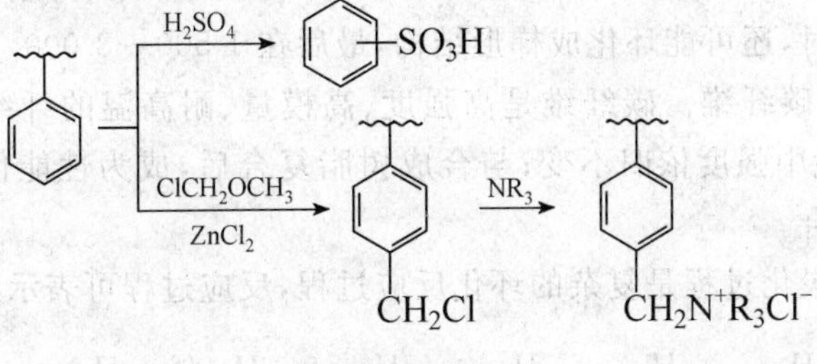

$$\tag{7.17}$$

离子交换树脂能在水中溶胀,有利于离子的迁移扩散。阳离子交换树脂中的 H^+ 与水中盐类的金属阳离子交换,阴离子交换树脂中的 OH^- 与水中的其他阴离子交换,可除去水中的电解质,成为去离子软化水。

暂时失效的阳、阴离子交换树脂分别用酸和碱处理,按上述反应的逆过程,进行再生就可恢复成原来的阳、阴离子交换树脂,继续循环使用。

离子交换树脂的合成和离子交换正逆反应都属于聚合物侧基的基团反应。

7.1.7 二烯类橡胶的氢化、氯化和氢氯化

顺丁橡胶、天然橡胶、丁苯橡胶、SBS(苯乙烯-丁二烯-苯乙烯三嵌段热塑性弹形体)等都是以二烯烃为基础的橡胶,大分子链中保留有双键,成为易氧化和老化的弱点所在。但经加氢成饱和橡胶,就可提高耐候性,部分氢化的橡胶可用作电缆涂层。二烯类橡胶的加氢就成为重要的研究方向,加氢的关键是寻找加氢催化剂(镍或贵金属类),并注意氢的扩散问题。

天然橡胶与氯气的加成反应在 $80\sim100\ ^{\circ}C$ 下、四氯化碳或氯仿溶液中进行,产物含氯质量分数可高达 65%。橡胶氯化反应比较复杂,除了氯加成以外,还可能有取代和环化反应。氯化橡胶不透水,耐无机酸、碱和大部分化学试剂,可用作防腐蚀涂料和黏合剂。

天然橡胶还可以与氯化氢在苯或氯代烃溶液中进行氢氯化加成反应,产物可用作包装薄膜。反应按 Markovnikoff 规则进行,氯加在叔碳原子上,碳阳离子中间体也可能环化。反应式如下:

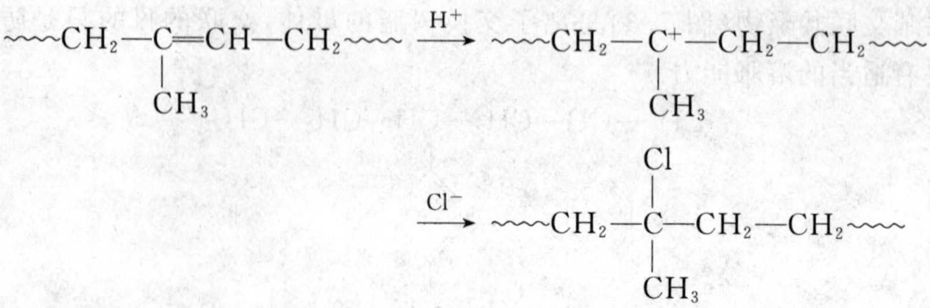

$$\sim\sim CH_2 - \underset{\underset{CH_3}{|}}{C} = CH - CH_2 \sim\sim \quad \xrightarrow{H^+} \quad \sim\sim CH_2 - \underset{\underset{CH_3}{|}}{\overset{+}{C}} - CH_2 - CH_2 \sim\sim$$

$$\xrightarrow{Cl^-} \quad \sim\sim CH_2 - \underset{\underset{CH_3}{|}}{\overset{\overset{Cl}{|}}{C}} - CH_2 - CH_2 \sim\sim \qquad (7.18)$$

对二烯烃类橡胶而言,上述 3 种加成反应中,以加氢反应最具应用价值。

7.1.8　环化反应

有多种反应可使大分子链引入环状单元,如聚氯乙烯与锌粉共热环化、聚乙烯醇缩醛化等都是大分子链与化学药剂作用,从而在大分子链中的环化反应;另一种大分子链中的环化反应是通过大分子链上化学基团间的反应而环化的,如聚丙烯腈的加热环化。

聚丙烯腈热解时,还可能环化成梯形结构,最后在 1 500～3 000 ℃下热解,析出碳以外的所有元素,形成碳纤维。碳纤维是高强度、高模量、耐高温的纤维,在惰性气体中于2 000 ℃以上的环境中强度依旧不变;与合成树脂复合后,成为性能优异的复合材料,可用于宇航和特殊场合。

聚丙烯腈纤维炭化过程是复杂的环化反应过程,反应过程可表示如下:

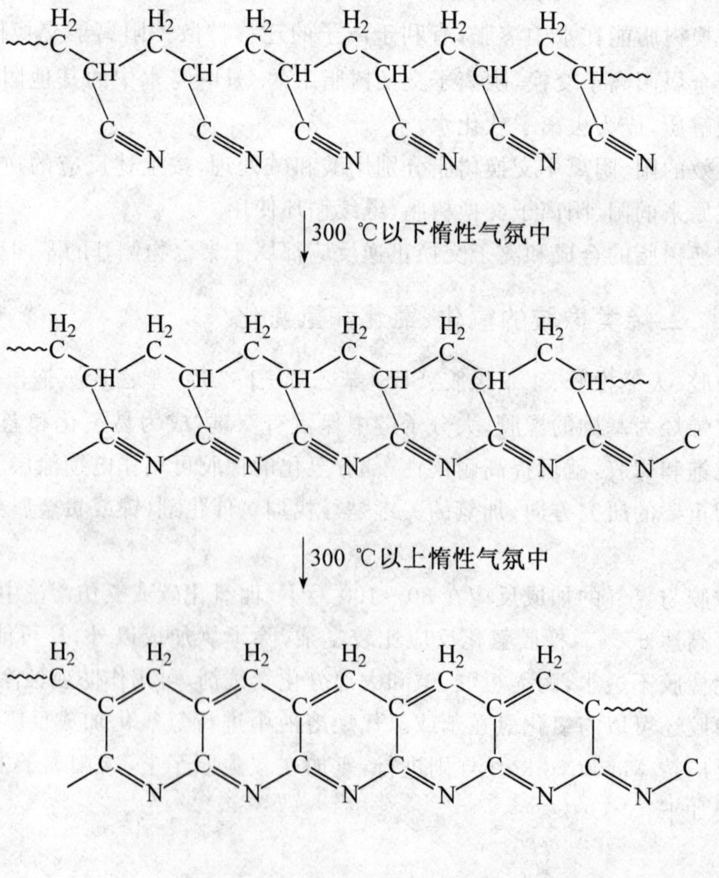

300 ℃以下惰性气氛中

300 ℃以上惰性气氛中

$$(7.19)$$

如果在空气中加热,则环化反应为

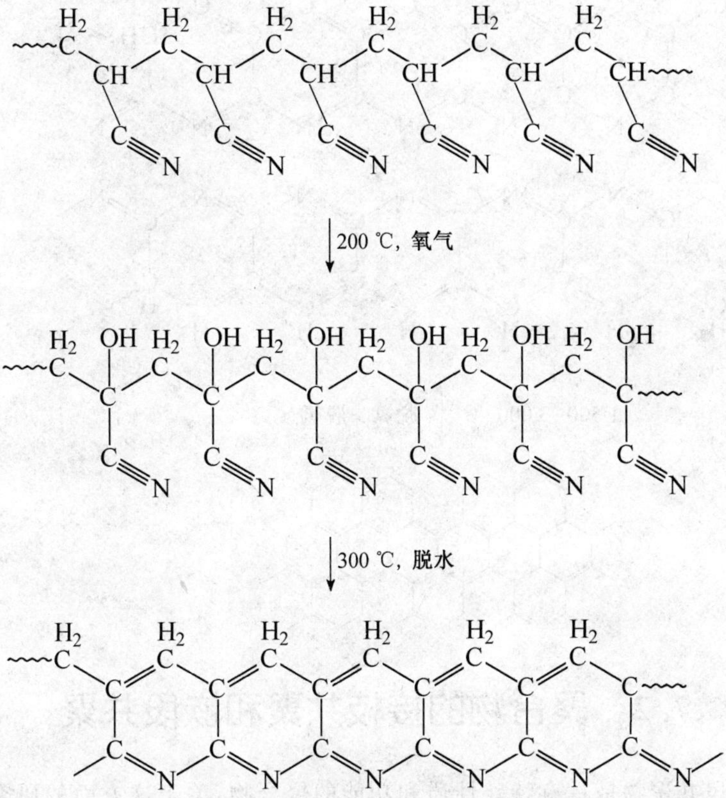

$$\downarrow 200\ ^{\circ}\mathrm{C},\ 氧气$$

$$\downarrow 300\ ^{\circ}\mathrm{C},\ 脱水$$

(7.20)

此聚合物具有高分子化的多环共轭体系,有半导体性质。

在惰性气体中,高温环化的聚丙烯腈发生横向交联,析出碳以外的所有其他元素后真正炭化,形成不含氢和氮的碳纤维。

两分子链间脱 H_2 后的两分子链间成环的碳化聚丙烯腈,反应式如下:

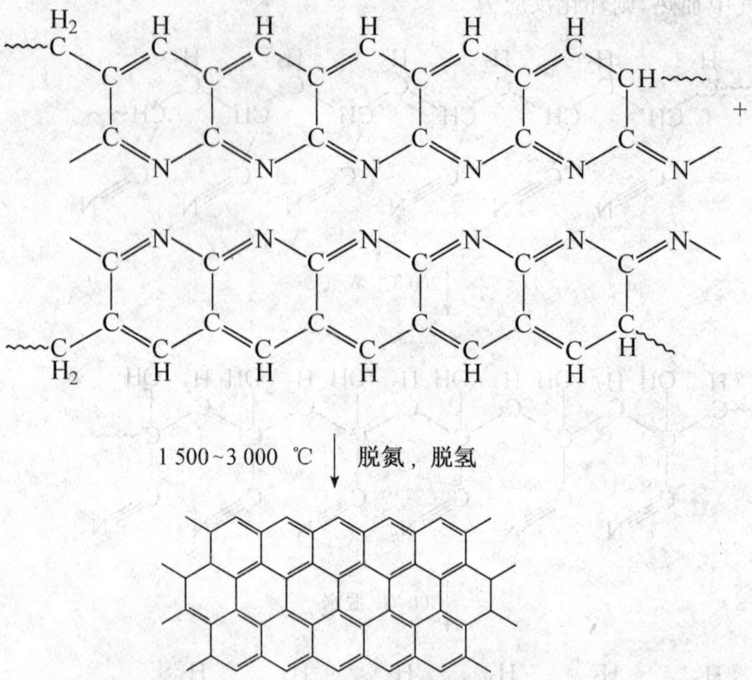

$$\text{(7.21)}$$

7.2 聚合物的接枝共聚和嵌段共聚

接枝和嵌段共聚物是具有特殊性质和功能的聚合物,关于这方面的研究发展很快。接枝和嵌段共聚物有多种合成途径,其中离子型聚合在这方面的应用在前面章节章已有介绍,本节只介绍其他的合成方法。

7.2.1 接枝共聚

将主链聚合物溶解于作为支链的单体中,然后在指定的条件下进行接枝共聚反应,就能得到接枝共聚物。作为接枝用的主链聚合物,其大分子链上应该存在接枝点或能够在反应过程中生成接枝点。

1. 自由基向聚合物链转移接枝

在含有叔氢或者烯丙基氢的聚合物中加入自由基聚合引发剂和另一种单体,加热条件下,引发剂分解产生的初级自由基或引发单体后生成的自由基可以夺取叔碳上的氢原子而发生接枝共聚反应。

例如,聚甲基丙烯酸甲酯溶解在含有过氧化苯甲酰的苯乙烯单体中,加热引发,在高分子链的叔碳上发生接枝共聚反应,反应式如下:

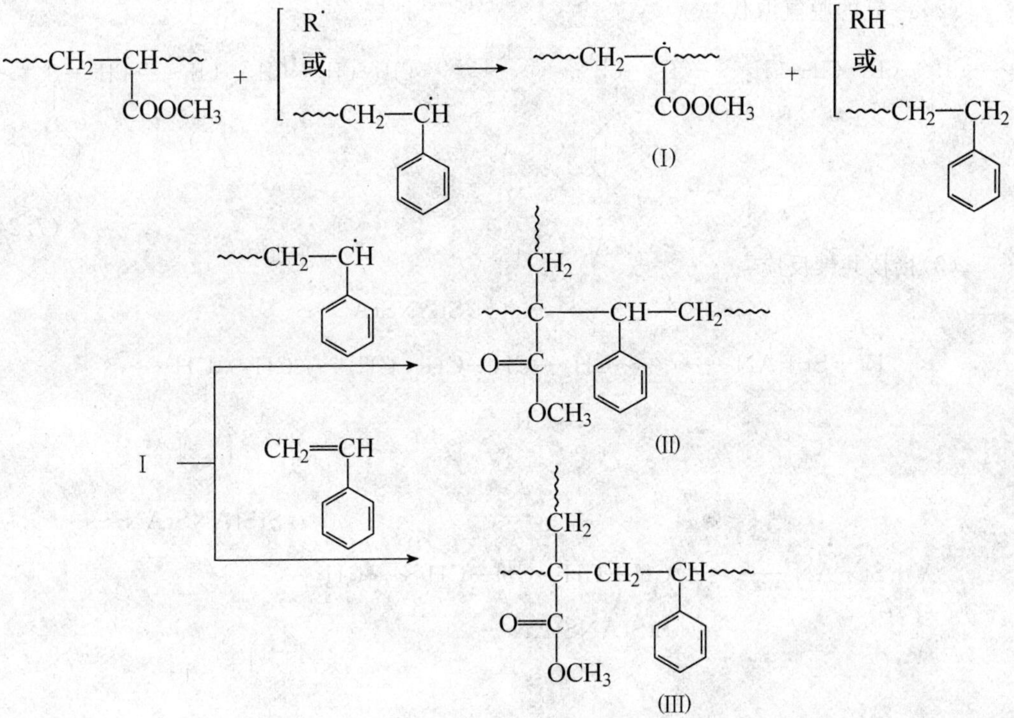

$$(7.22)$$

初级自由基 R· 和链自由基都有可能向主链聚合物产生链转移,结果初级自由基或链自由基终止,生成新的链自由基(I)。它引发苯乙烯聚合或与苯乙烯增长链偶合终止生成接枝共聚物(II)和(III)。很明显,此过程中也会形成苯乙烯均聚物。因此,提出接枝效率的概念:

$$接枝效率(\%) = \frac{接枝在聚合物上的单体质量}{聚合的单体质量} = \frac{W_2 - W_0}{W_1 - W_0} \times 100\%$$

式中,W_0、W_1、W_2 分别为聚合物在接枝前、接枝后以及接枝后经抽提除去均聚物后的质量。一般的接枝共聚反应接枝效率很难达到 100%,但在实际接枝改性中不一定要把均聚物分离出来。

使用该法合成的接枝共聚物有两个重要的工业产品,一是 ABS 树脂,另一个是高抗冲聚苯乙烯(HIPS)。工业生产的 ABS 树脂和抗冲聚苯乙烯多以聚丁二烯及其共聚物溶于苯乙烯(St)和丙烯腈(AN)混合物中,或者溶解在苯乙烯中进行接枝共聚反应。接枝机理用下列化学反应方程式表述。

(1)打开双键

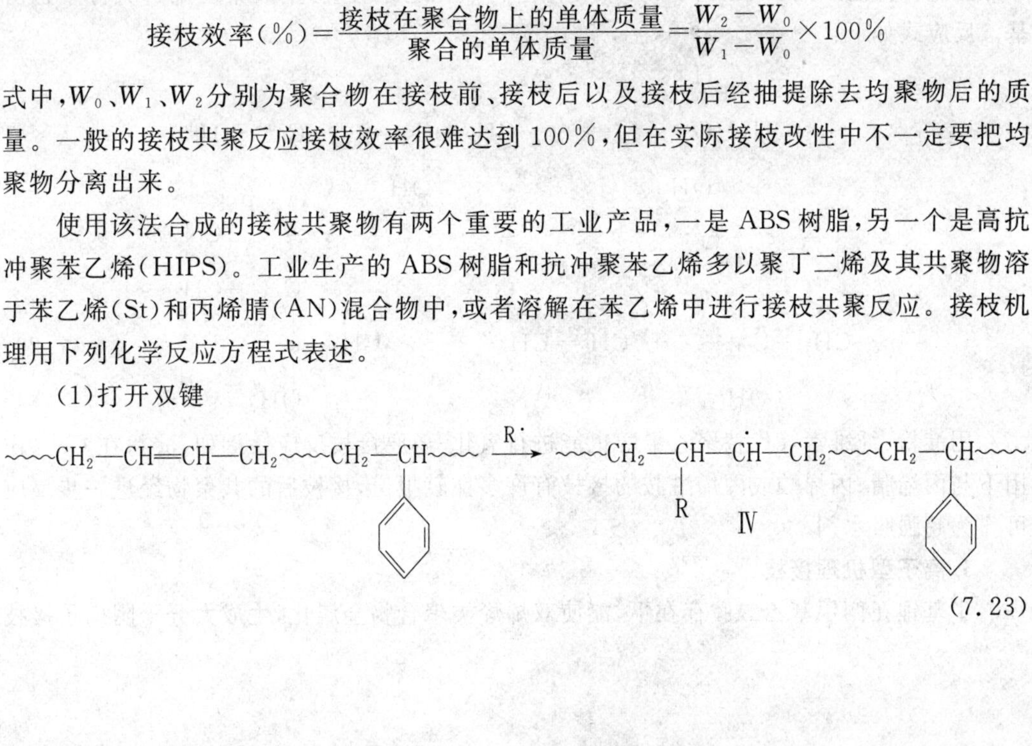

$$(7.23)$$

（2）α-氢的脱氢取代

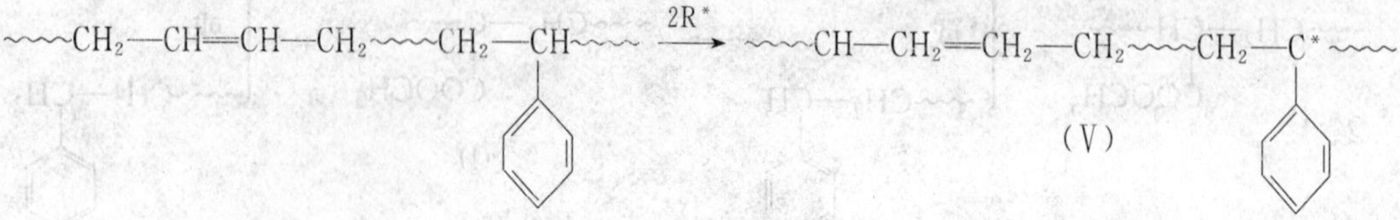

$$\text{～CH}_2\text{—CH=CH—CH}_2\text{～CH}_2\text{—CH～} \xrightarrow{2R^*} \text{～CH—CH}_2\text{～CH}_2\text{～CH}_2\text{—CH}_2\text{—C}^*\text{～}$$

（V）

$$(7.24)$$

（3）接枝共聚反应

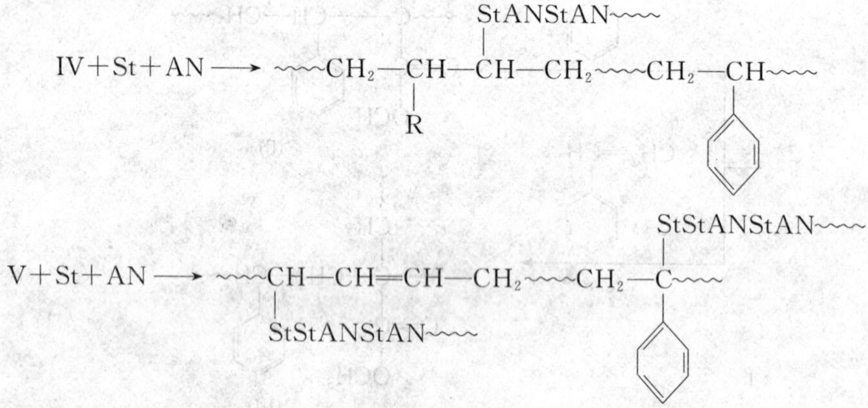

$$\text{Ⅳ+St+AN} \longrightarrow \text{～CH}_2\text{—CH—CH—CH}_2\text{～CH}_2\text{—CH～}$$

$$\text{V+St+AN} \longrightarrow \text{～CH—CH—CH=CH—CH}_2\text{～CH}_2\text{—C～}$$

$$(7.25)$$

2. 氧化-还原反应接枝

聚合物作为还原剂或者氧化剂与小分子的氧化剂或还原剂反应,结果生成聚合物大分子自由基,从而引发单体进行接枝反应。

如聚乙烯醇为主链、聚丙烯腈为支链的接枝共聚物 P(VA-g-AN)的合成中,聚乙烯醇主链作为还原剂、4价铈离子为氧化剂进行氧化还原反应,生成聚乙烯醇大分子自由基。反应式如下:

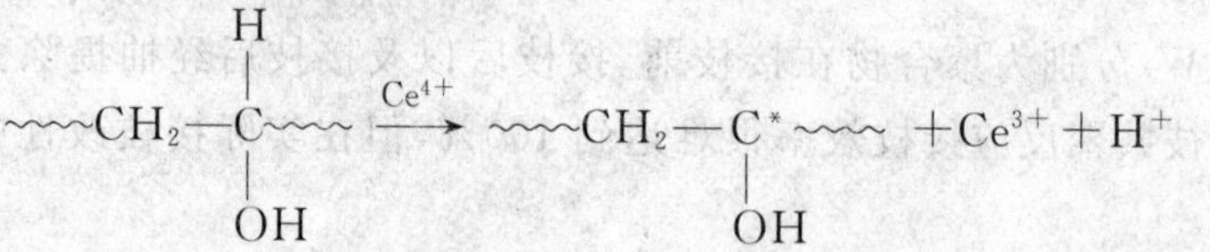

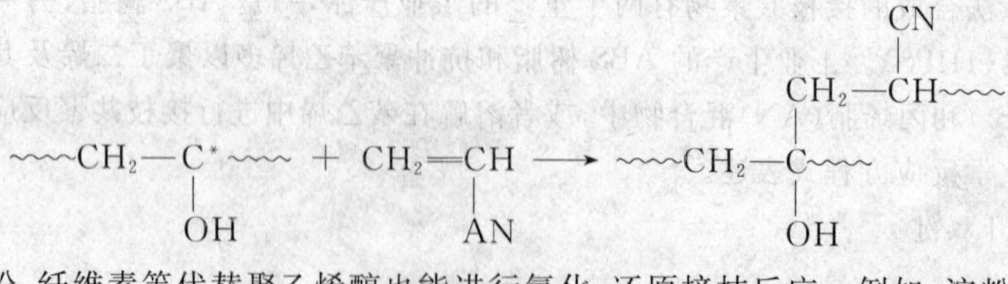

$$\text{～CH}_2\text{—C～} \xrightarrow{Ce^{4+}} \text{～CH}_2\text{—C}^*\text{～} +Ce^{3+}+H^+$$

$$\text{～CH}_2\text{—C}^*\text{～} + \text{CH}_2\text{=CH} \longrightarrow \text{～CH}_2\text{—C～} \qquad (7.26)$$

用淀粉、纤维素等代替聚乙烯醇也能进行氧化-还原接枝反应。例如,淀粉在 Ce^{4+} 作用下与丙烯腈、丙烯酸或丙烯酰胺的接枝有许多文献报道,接枝后的共聚物经进一步反应可作为超强吸水剂。

3. 离子型机理接枝

丁基锂在四甲基乙二胺存在下,能使双烯烃类聚合物金属化,生成大分子阴离子接枝

点,然后引发可以进行阴离子聚合的单体接枝共聚。反应式如下:

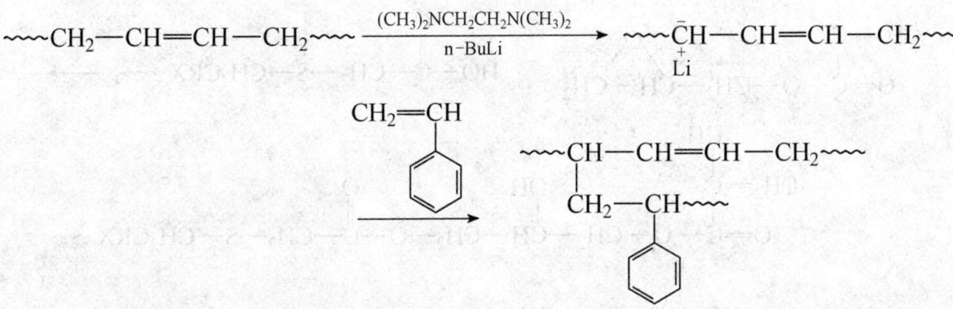

$$
\sim\!\!\text{CH}_2\!-\!\text{CH}\!-\!\text{CH}\!=\!\text{CH}\!-\!\text{CH}_2\!\sim\!\!\xrightarrow[\text{n-BuLi}]{(\text{CH}_3)_2\text{NCH}_2\text{CH}_2\text{N}(\text{CH}_3)_2}\sim\!\!\overset{-}{\text{CH}}\!-\!\text{CH}\!=\!\text{CH}\!-\!\text{CH}_2\!\sim
$$

(7.27)

由于碳阴离子有足够的稳定性,加上丁基锂引发聚丁二烯生成链碳阴离子的速度比较快,因此,先用丁基锂与聚丁二烯作用生成聚丁二烯阴离子,然后再加入苯乙烯单体进行接枝,就可以避免生成苯乙烯均聚物,使接枝效率提高。

4. 主链-支链预聚物相互反应

预先分别合成好主链和支链聚合物,接枝共聚就是把它们结合起来。如主链是丙烯酸酯和少量丙烯酸的共聚物,接枝点为—COOH,支链聚合物为一端是羟基的聚苯乙烯,则其接枝共聚反应为

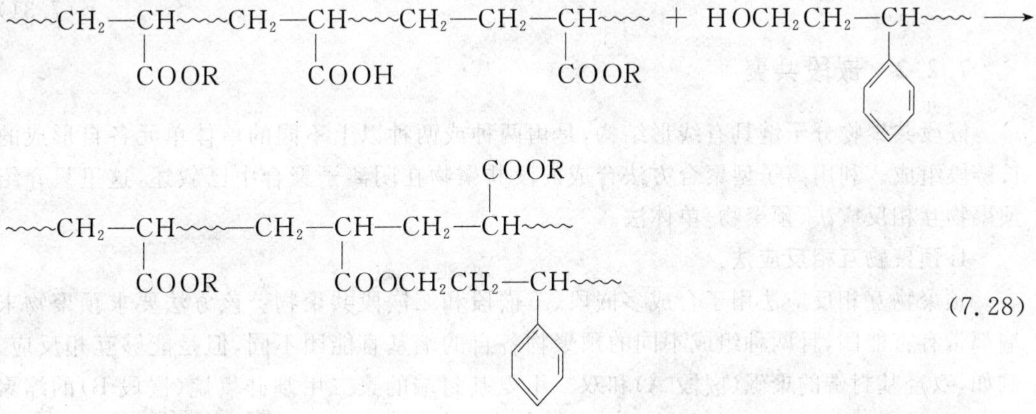

(7.28)

5. 大分子单体的应用

大分子单体应用于合成接枝共聚物,又称为"在支链存在下生成主链的接枝共聚方法"。首先合成一种带有聚合物链的单体,然后进行共聚合反应,形成接枝共聚物,这种单体称为大分子单体。

通常合成大分子单体分两步进行,先合成相对分子质量为 3 000~10 000 的聚合物,然后在该聚合物链的一端引入具有聚合功能的官能团。例如,合成末端基为(甲基)丙烯酸酯基的大分子单体,其过程为

$$
\text{CH}_2\!=\!\text{CRX}\xrightarrow[\text{引发剂,加热}]{\text{HSCH}_2\text{COOH}}\text{HO}\!-\!\overset{\overset{\text{O}}{\|}}{\text{C}}\!-\!\text{CH}_2\!-\!\text{S}\!-\!\text{CH}_2\text{CRX}\sim
$$

(7.29)

然后在聚合物链端引入双键成为大分子单体。反应式如下:

$$\text{CH}_2=\text{C}-\text{C}-\text{O}-\text{CH}_2-\text{CH}-\text{CH}_2 \quad + \quad \text{HO}-\text{C}-\text{CH}_2-\text{S}-\text{CH}_2\text{CRX}\sim\sim \longrightarrow$$

$$\text{CH}_2=\text{C}-\text{C}-\text{O}-\text{CH}_2-\text{CH}-\text{CH}_2-\text{O}-\text{C}-\text{CH}_2-\text{S}-\text{CH}_2\text{CRX}\sim\sim$$

$$(7.30)$$

大分子单体与小分单体进行共聚合反应,生成接枝共聚物。反应式如下:

$$\text{CH}_2=\text{CRY} \quad + \quad \overset{\text{CH}_3}{\underset{}{\text{C}}}=\text{C}-\text{O}-\text{CH}_2-\text{CH}-\text{CH}_2-\text{O}-\text{C}-\text{CH}_2-\text{S}-\text{CH}_2\text{CRX}\sim\sim$$

$$\xrightarrow{\text{引发剂}} \sim\sim\text{CH}_2-\text{CRY}-\text{CH}_2-\overset{\text{CH}_3}{\underset{}{\text{C}}}\sim\sim$$

$$\overset{}{\text{C}}=\text{C}-\text{O}-\text{CH}_2-\text{CH}-\text{CH}_2-\text{O}-\text{C}-\text{CH}_2-\text{S}-\text{CH}_2\text{CRX}\sim\sim$$

$$(7.31)$$

7.2.2 嵌段共聚

嵌段共聚物分子链具有线形结构,是由两种或两种以上不同的单体单元各自形成的长链段组成。利用离子型聚合方法合成嵌段共聚物在阴离子聚合中已叙述,这里只介绍预聚物互相反应法、预聚物-单体法。

1. 预聚物互相反应法

预聚物互相反应法用于合成多嵌段、三嵌段和二嵌段共聚物。该方法要求预聚物末端都带有官能团,且两种组成不同的预聚物各自的端基官能团不同,但是能够互相反应。例如,双羟基封端的聚砜(嵌段 A)和双二甲氨基封端的聚二甲基硅氧烷(嵌段 B)的缩聚反应为

$$\text{HO}\left[\begin{array}{c}\text{CH}_3 \\ \text{C} \\ \text{CH}_3\end{array}\right.\cdots\left.\begin{array}{c}\text{O} \\ \text{S} \\ \text{O}\end{array}\cdots\begin{array}{c}\text{CH}_3 \\ \text{C} \\ \text{CH}_3\end{array}\right]_a\text{OH}$$

$$+ (\text{H}_3\text{C})_2\text{N}-\overset{\text{CH}_3}{\underset{\text{CH}_3}{\text{Si}}}-\left[\text{O}-\overset{\text{CH}_3}{\underset{\text{CH}_3}{\text{Si}}}\right]_b\text{N}(\text{CH}_3)_2 \xrightarrow{-\text{HN}(\text{CH}_3)_2}$$

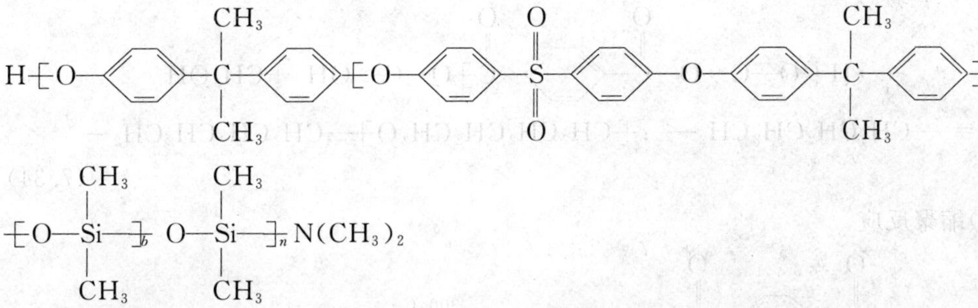

$$（7.32）$$

所得嵌段共聚物分子链上两种预聚物链段交替排列。两种预聚物链端的官能团相同时，可以通过加入偶合剂，进行偶合反应制备嵌段共聚物。例如，双羟基封端的双酚 A 型聚碳酸酯与双羟基封端的聚环氧乙烷，用光气作为偶联剂制备嵌段共聚物。反应式如下：

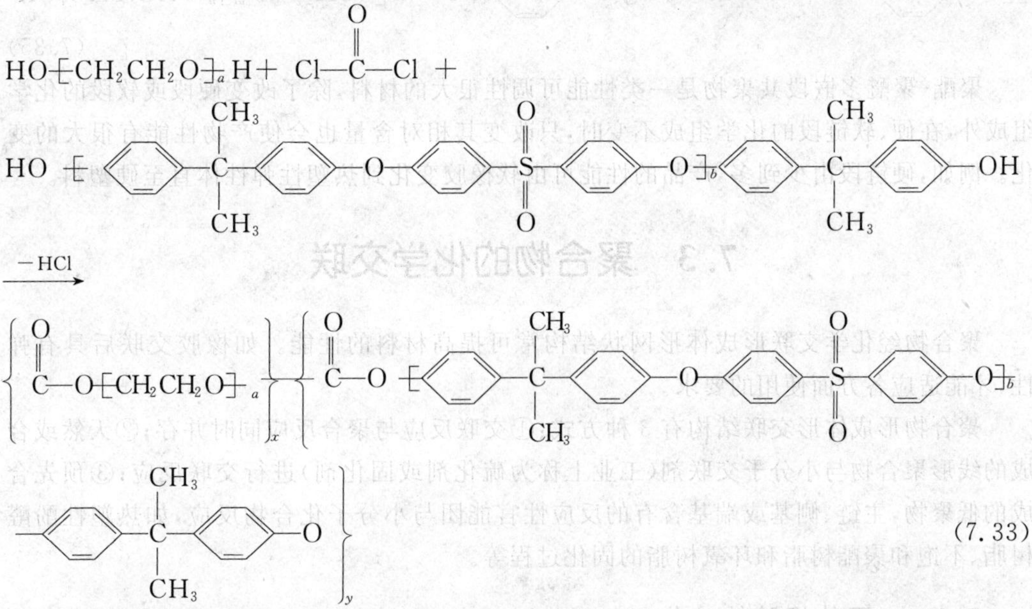

$$HO\!-\!\!(\!CH_2CH_2O\!)_a\!H + Cl\!-\!\!\overset{O}{\underset{}{C}}\!-\!Cl +$$

$$（7.33）$$

偶联剂既能偶合组成不同的链段，也能把组成相同的链段偶合在一起，因此产物分子链上不一定是 $x/y=1$。

2. 预聚物-单体法

预聚物-单体法主要应用于制备多嵌段共聚物，聚氨酯和聚酯-聚醚等高性能的高分子材料属于多嵌段共聚物，均用本法合成。这里介绍聚醚-聚酯多嵌段共聚物的合成。

聚酯-聚醚多嵌段共聚物是指大分子链的一个链段是芳香族聚酯（硬链段），另一个链段是脂肪族聚醚（软链段），硬段和软段在聚合物的分子链上交替排列。预聚物-单体法中软段为预先合成的双羟基封端的聚醚，而硬段聚酯是在嵌段共聚过程中生成的。

（1）酯交换反应

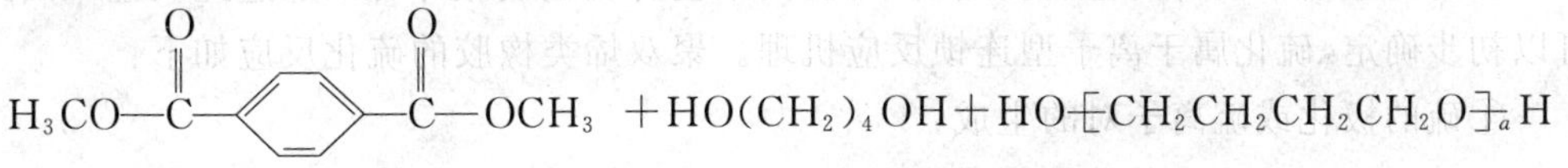

$$H_3CO\!-\!\overset{O}{\underset{}{C}}\!-\!\!\bigcirc\!\!-\!\overset{O}{\underset{}{C}}\!-\!OCH_3 + HO(CH_2)_4OH + HO\!-\!\!(\!CH_2CH_2CH_2CH_2O\!)_a\!H$$

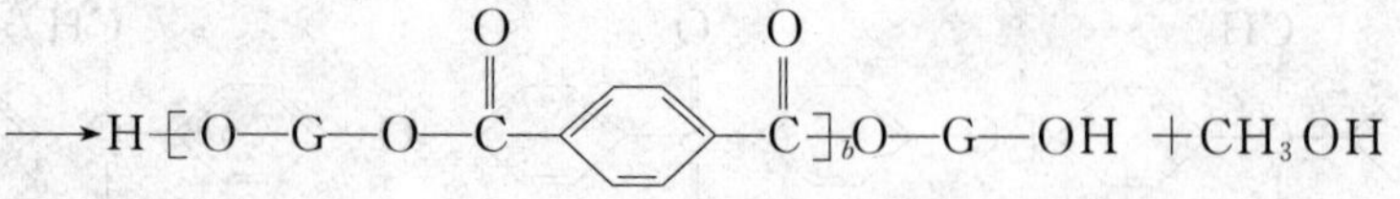

$$\longrightarrow H \left[O-G-O-C-\bigcirc-C \right]_n O-G-OH \ +CH_3OH$$

$$G= \ -CH_2CH_2CH_2CH_2- \ ;\left[CH_2CH_2CH_2CH_2O \right]_{a-1}CH_2CH_2CH_2CH_2-$$

$$\text{(7.34)}$$

（2）缩聚反应

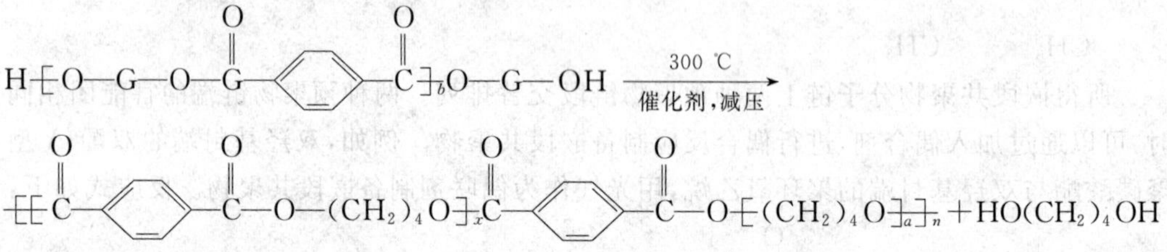

$$H \left[O-G-O-G-\bigcirc-C \right]_n O-G-OH \xrightarrow[\text{催化剂,减压}]{300\ ℃}$$

$$\left[C-\bigcirc-C-O-(CH_2)_4O \right]_x C-\bigcirc-C-O \left[(CH_2)_4O \right]_{a}\Big]_n +HO(CH_2)_4OH$$

$$\text{(7.35)}$$

聚酯-聚醚多嵌段共聚物是一类性能可调性很大的材料,除了改变硬段或软段的化学组成外,在硬、软链段的化学组成不变时,只改变其相对含量也会使产物性能有很大的变化。例如,硬链段由少到多,产品的性能可由软橡胶变化到热塑性弹性体直至硬塑料。

7.3　聚合物的化学交联

聚合物经化学交联形成体形网状结构常可提高材料的性能。如橡胶交联后具有弹性,才能适应各方面使用的要求。

聚合物形成体形交联结构有3种方式:①交联反应与聚合反应同时并存;②天然或合成的线形聚合物与小分子交联剂(工业上称为硫化剂或固化剂)进行交联反应;③预先合成的低聚物,主链、侧基或端基含有的反应性官能团与小分子化合物反应,如热塑性酚醛树脂、不饱和聚酯树脂和环氧树脂的固化过程等。

7.3.1　固体橡胶的硫化

天然或合成橡胶在硫化前是相对分子质量很大的高分子,但其抗张强度低、弹性差、容易氧化,只有在形成交联结构后(橡胶工业中交联反应称为硫化)才具有高弹性、足够的强度和一定的耐热性。这是由于硫化使大分子间交联生成一定程度网状结构所起的作用。橡胶的交联剂有硫黄、含硫化合物、有机过氧化物和金属氧化物等。

1. 硫黄硫化

橡胶的硫黄硫化已有百余年的历史,研究工作也很多。但是,由于橡胶硫化过程极其复杂,以前曾被认为是自由基反应机理。后来,顺磁共振研究却未能发现自由基的存在,而且硫化反应也不被自由基捕捉剂所干扰,而某些有机酸或碱却可以加速此反应。因此,可以初步确定,硫化属于离子型连锁反应机理。聚双烯类橡胶的硫化反应如下:

①硫的极化或硫离子对的生成:

$$S_8 \xrightarrow{\text{加热}} S_m^+ \cdots\cdots S_n^- \quad \text{或} \quad S_m^+ + S_n^- \quad (n+m=8)$$

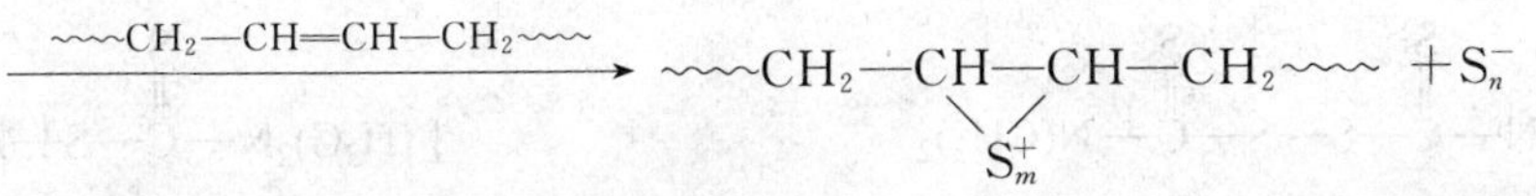

$$\sim\sim CH_2-CH=CH-CH_2\sim\sim \longrightarrow \sim\sim CH_2-\underset{\underset{S_m^+}{|}}{CH}-CH-CH_2\sim\sim +S_n^- \quad (7.36)$$

②生成的硫离子夺取双烯分子中的烯丙基氢原子:

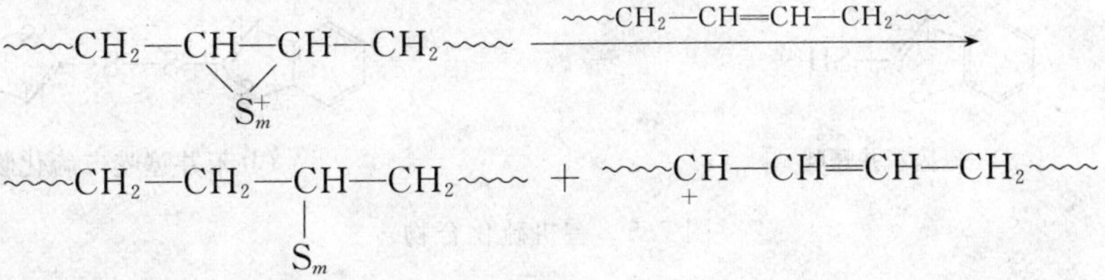

$$\sim\sim CH_2-\underset{\underset{S_m^+}{|}}{CH}-CH-CH_2\sim\sim \xrightarrow{\ \sim\sim CH_2-CH=CH-CH_2\sim\sim\ }$$

$$\sim\sim CH_2-CH_2-\underset{\underset{S_m}{|}}{CH}-CH_2\sim\sim + \underset{+}{\sim\sim CH}-CH-CH=CH-CH_2\sim\sim \quad (7.37)$$

③生成的聚双烯分子的阳离子与硫作用发生交联反应:

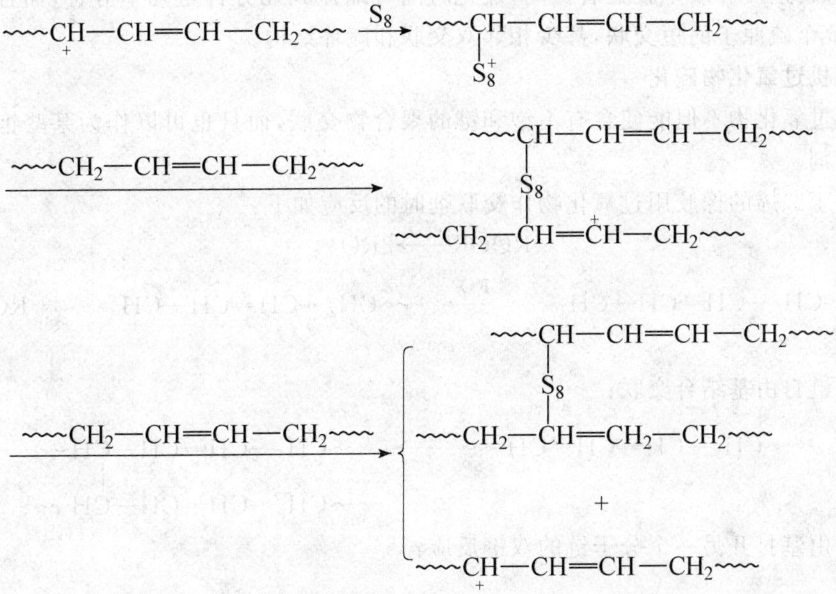

$$\underset{+}{\sim\sim CH}-CH=CH-CH_2\sim\sim \xrightarrow{S_8} \sim\sim\underset{\underset{S_8^+}{|}}{CH}-CH=CH-CH_2\sim\sim$$

$$\xrightarrow{\ \sim\sim CH_2-CH=CH-CH_2\sim\sim\ } \sim\sim\underset{\underset{S_8}{|}}{CH}-CH=CH-CH_2\sim\sim$$
$$\sim\sim CH_2-\underset{+}{CH}=CH-CH_2\sim\sim$$

$$\xrightarrow{\ \sim\sim CH_2-CH=CH-CH_2\sim\sim\ } \left\{ \begin{array}{l} \sim\sim\underset{\underset{S_8}{|}}{CH}-CH=CH-CH_2\sim\sim \\ \sim\sim CH_2-CH=CH_2-CH_2\sim\sim \\ + \\ \sim\sim\underset{+}{CH}-CH=CH-CH_2\sim\sim \end{array} \right. \quad (7.38)$$

单独使用硫黄硫化聚二烯烃时,硫化速度和硫的利用效率都较低,这是因为形成了多个硫原子(40~50 个)的交联链,也会形成邻位交联链以及大分子内的含硫环状结构等(图 7.4)。

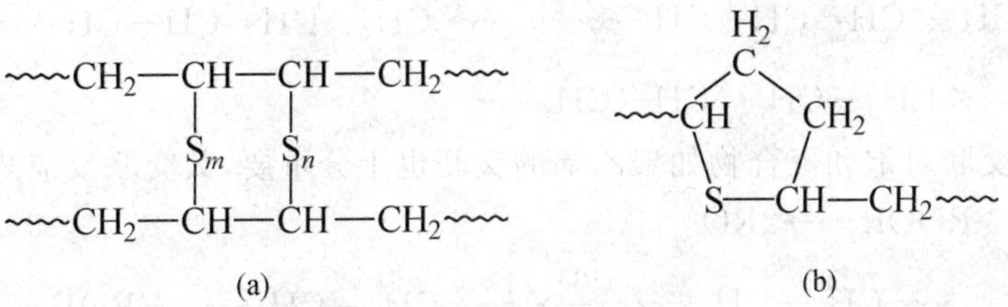

图 7.4 邻位交联链以及大分子内的含硫环状结构

工业上橡胶硫化常常加入硫化促进剂,以增加硫化速率和硫的利用效率。常用的促进剂是有机硫化合物,如图 7.5 所示。

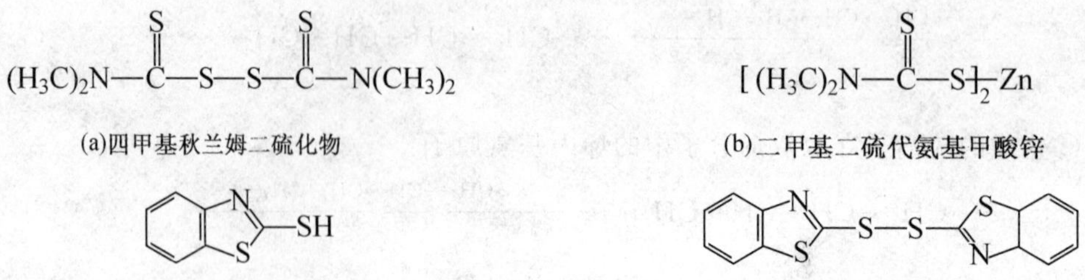

$(H_3C)_2N-\overset{\overset{\displaystyle S}{\|}}{C}-S-S-\overset{\overset{\displaystyle S}{\|}}{C}-N(CH_3)_2$

(a)四甲基秋兰姆二硫化物

$[(H_3C)_2N-\overset{\overset{\displaystyle S}{\|}}{C}-S]_2Zn$

(b)二甲基二硫代氨基甲酸锌

(c)2-巯基苯并噻唑

(d)苯并噻唑二硫化物

图 7.5　有机硫化合物

单质硫和促进剂共用时,硫化速度和效率仍不十分理想。但是,添加氧化锌和硬脂酸等活化剂后,速度和效率就显著提高,硫化时间可缩短到几分钟至几十分钟,而且大多数只含 1~5 个硫原子的短交联,甚少相邻双交联和硫环结构。

2. 有机过氧化物硫化

有机过氧化物不但能使含有不饱和键的聚合物交联,而且也可以作为某些饱和聚合物的交联剂。

含有丁二烯的橡胶用过氧化物作交联剂时的反应如下:

$$ROOR \longrightarrow 2RO^*$$

$$\sim\sim CH_2-CH=CH-CH_2 \sim\sim \xrightarrow{RO^*} \sim\sim CH_2-CH=CH-\overset{*}{CH}\sim\sim +ROH$$

$$(7.39)$$

两个链自由基结合交联:

$$2\sim\sim CH_2-CH=CH-\overset{*}{CH}\sim\sim \longrightarrow \begin{array}{c}\sim\sim CH_2-CH=CH-CH\sim\sim \\ | \\ \sim\sim CH_2-CH=CH-CH\sim\sim\end{array} \qquad (7.40)$$

链自由基打开另一个分子链的双键反应:

$$\begin{array}{c}\sim\sim CH_2-CH=CH-\overset{*}{CH}\sim\sim \\ + \sim\sim CH_2-CH=CH-CH_2\sim\sim\end{array}$$

$$\longrightarrow \begin{array}{c}\sim\sim CH_2-CH=CH-CH\sim\sim \\ | \\ \sim\sim CH_2-CH=CH-CH_2\sim\sim\end{array} \quad \xrightarrow{\sim\sim CH_2-CH=CH-CH_2\sim\sim}$$

$$\begin{array}{c}\sim\sim CH_2-CH=CH-CH\sim\sim \\ | \\ \sim\sim CH_2-CH_2-CH-CH_2\sim\sim\end{array} + \sim\sim CH_2-CH=CH-\overset{*}{CH}\sim\sim \qquad (7.41)$$

过氧化物交联对饱和聚合物如聚乙烯的交联也十分重要,其交联反应式如下:

$$ROOR \longrightarrow 2RO^*$$

$$\sim\sim CH_2-CH_2\sim\sim \xrightarrow{RO^*} \sim\sim CH_2-\overset{*}{CH}\sim\sim +ROH$$

$$2\sim\sim CH_2-\overset{*}{CH}\sim\sim \longrightarrow \begin{array}{c}\sim\sim CH_2-\overset{*}{CH}\sim\sim \\ | \\ \sim\sim CH_2-CH\sim\sim\end{array} \qquad (7.42)$$

通常作橡胶硫化剂的过氧化物有过氧化二苯甲酰、特丁基过氧化物和异丙苯过氧化物等。

一般而言,交联键的键能越大,硫化胶的耐热性就越好,而硫化胶的机械性能主要取决于交联密度。过氧化物交联产生的是碳碳键($346.9\ kJ\cdot mol^{-1}$),而硫黄硫化的交联键($284.2\ kJ\cdot mol^{-1}$),因此,用过氧化物交联的橡胶具有更好的热稳定性。但过氧化物价格比硫黄贵,所以工业上多用硫黄作硫化剂,只有那些用硫黄不能硫化的体系,例如饱和聚烯烃等,才采用过氧化物作硫化剂。

值得注意的是,聚异丁烯不能采用过氧化物作硫化剂,因为聚异丁烯主链上的侧甲基多,过氧化物的作用往往不是交联而是断链造成聚异丁烯的降解(图 7.6)。

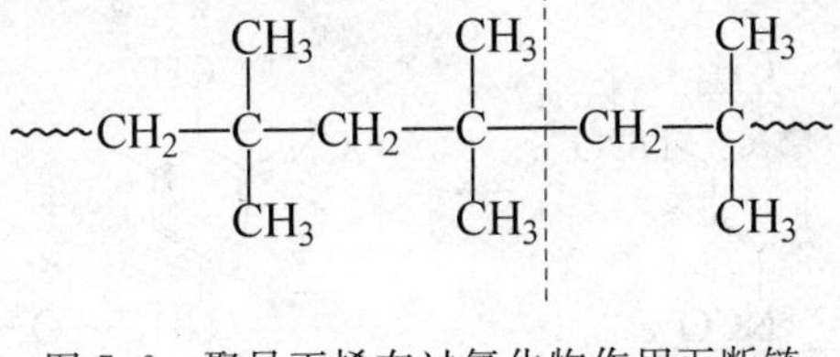

图 7.6 聚异丁烯在过氧化物作用下断链

所以实际上丁基橡胶是含有质量分数为 2% 的异戊二烯结构单元的异丁烯的共聚物,分子链上不饱和键可用硫黄硫化。

7.3.2 低聚物固化反应

广义地讲,低聚物是指相对分子质量在 10^4 以下的聚合物,最常使用的相对分子质量范围是 $10^3 \sim 10^4$。低聚物通过固化反应才能获得实际应用的例子很多,如环氧树脂黏合剂、酚醛树脂的模塑粉、铸塑塑料、涂料以及不饱和树脂层压玻璃钢等。20 世纪 70 年代,遥爪液体聚丁二烯及其共聚物成功地应用于制作固体火箭推进剂后,使"液体橡胶"的研究和应用得到了进一步的发展。液体橡胶是指低相对分子质量的橡胶,经固化可制成各种橡胶制品,如火箭固体推进剂、环氧树脂的增韧剂、黏合剂、密封剂和涂料等。

液体橡胶有遥爪型液体橡胶和无官能团橡胶两类。遥爪液体橡胶为分子链两端有官能团的低聚物,如链两端有羟基的聚丁二烯低聚物(HTPB)和链端有羧基的丁腈低聚物(CTBN),无官能团液体橡胶指分子链端无可反应官能团的低聚物,但链内有不饱和键,故可像固体橡胶一样硫化或通过与双键的反应在链上引入官能团。

1. 遥爪型液体橡胶的固化

遥爪型液体橡胶是通过官能团反应来实现固化的,不同官能团的聚合物采用不同的固化剂。固化端羧基聚合物常用的固化剂是氮丙啶类化合物和环氧树脂,其反应式如下:

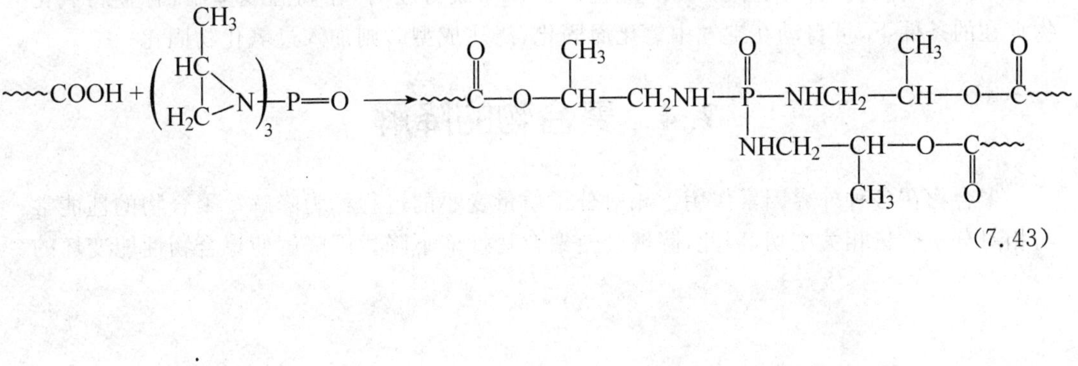

$$(7.43)$$

环氧树脂广泛用作 CTPB(两端为羧基的聚丁二烯低聚物)和 CTBN 的固化剂,其反应式如下:

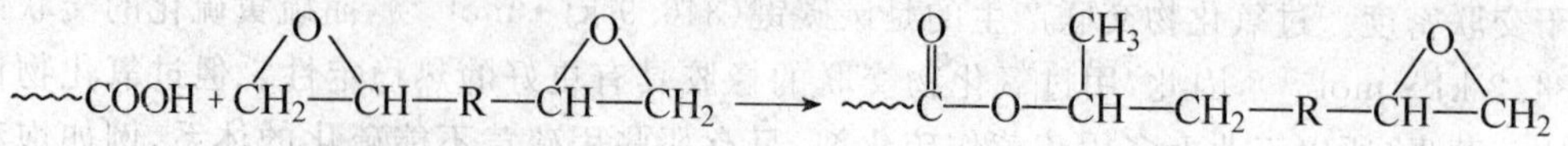

$$(7.44)$$

所生成的羟基可以进一步与环氧基反应,产生交联。

端羟基液体橡胶 HTPB 等所用固化剂主要是二异氰酸酯或多异氰酸酯。反应式如下:

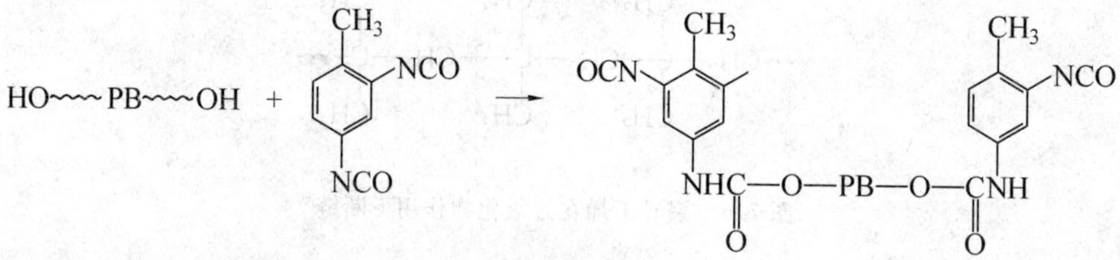

(VI)

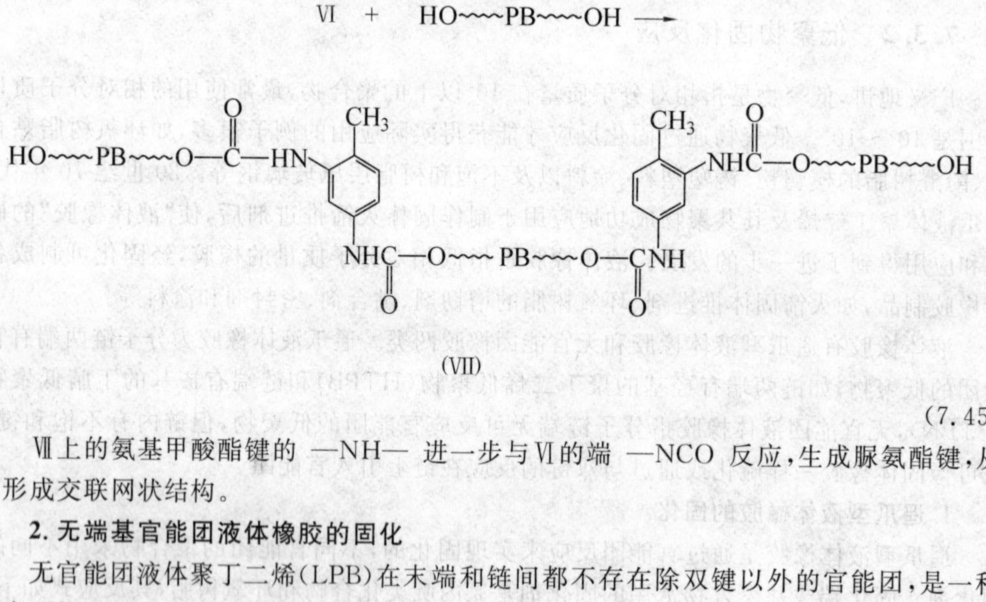

VI + HO~~~PB~~~OH ⟶

(VII)

$$(7.45)$$

VII 上的氨基甲酸酯键的 —NH— 进一步与 VI 的端 —NCO 反应,生成脲氨酯键,从而形成交联网状结构。

2. 无端基官能团液体橡胶的固化

无官能团液体聚丁二烯(LPB)在末端和链间都不存在除双键以外的官能团,是一种高度不饱和的黏稠液体聚合物,易于硫化。它在涂成薄膜时,在高温或室温、有金属氧化物存在的条件下,可自动在空气中氧化而固化,浇注成型时则加入过氧化物固化。

7.4 聚合物的降解

聚合物在各种外界因素作用下相对分子质量变小的过程称为降解。聚合物的性能常与相对分子质量相关密切,因此,降解会使聚合物性能下降。因降解使聚合物性能变坏的过程也称为"老化"。研究聚合物降解的意义在于：

①可以了解聚合物老化过程，进而采取措施，延长聚合物的使用寿命。

②研究聚合物结构，例如天然橡胶的臭氧化研究确定其单体单元为异戊二烯。

③回收单体，如有机玻璃热降解单体回收率高达 95% 以上，杂链聚合物如聚酯水解可以生成相应的二元醇和二元酸。

④制备遥爪低聚物，如含有双键的高聚物与臭氧反应后，再经还原，就能生成带端羟基的遥爪低聚物。

⑤制备小分子产品，如纤维素和淀粉的水解都可得到葡萄糖。

降解反应一般是指高分子的主链发生断裂的化学过程，当然也包括侧基的消除反应，通常情况下聚合物降解都是多种因素同时作用的结果。但高分子链的组成及结构不同对外界条件的敏感程度也不同，其间存在相当大的差异。杂链聚合物容易在化学因素作用下进行化学降解，而碳链聚合物一般对化学药剂是稳定的，但容易受物理因素以及氧的影响而发生降解反应。

7.4.1 热降解

聚合物热降解包括主链的断裂和侧基的消除反应。

1. 主链断链热降解

主链断链热降解是聚合物热降解的主要形式。主链降解又分无规降解和链式降解两种。

（1）无规降解

在聚合物主链中，结构相同的键具有相同的键能，断裂活化能也相同，在受热降解时，每个键断裂的概率相同，因而断裂的部位是无规的。例如，聚乙烯的无规热降解反应式如下：

$$\sim\sim CH_2-CH_2-CH_2-CH_2\sim\sim \xrightarrow{\text{加热}} \sim\sim CH_2-\overset{*}{C}H_2 + \overset{*}{C}H_2-CH_2\sim\sim$$
$$\longrightarrow \sim\sim CH=CH_2 + CH_3-CH_2\sim\sim$$

$$(7.46)$$

断链后的产物是稳定的，可以利用不同阶段的中间产物来研究聚合物的结构。降解反应是逐步进行的，对每个阶段的样品进行相对分子质量测定，发现随着降解进行相对分子质量迅速降低，极端情况下不形成单体。

很多聚合物如聚乙烯、聚丙烯和聚丙烯酸甲酯等的降解反应都按无规降解机理进行。

（2）链式降解

聚合物链式降解反应又称为解聚反应，其过程为在热的作用下，聚合物分子链断裂形成链自由基，然后按链式机理迅速逐一脱除单体而降解。解聚反应可以看成自由基链式增长反应的逆反应。

聚甲基丙烯酸甲酯的热降解是典型的链式解聚反应。反应式如下：

$$\cdots CH_2-\overset{\overset{\displaystyle CH_3}{|}}{\underset{\underset{\displaystyle COOCH_3}{|}}{C}}-CH_2-\overset{\overset{\displaystyle CH_3}{|}}{\underset{\underset{\displaystyle COOCH_3}{|}}{C^*}} \longrightarrow \cdots CH_2-\overset{\overset{\displaystyle CH_3}{|}}{\underset{\underset{\displaystyle COOCH_3}{|}}{C^*}} + CH_2=\overset{\overset{\displaystyle CH_3}{|}}{\underset{\underset{\displaystyle COOCH_3}{|}}{C}}$$

$$(7.47)$$

链自由基的生成有两种可能,一种情况是由大分子链末端引起的,聚甲基丙烯酸甲酯有部分是歧化终止产物,其分子链的一端带有烯丙基,与烯丙基相连的碳碳键不稳定,容易断裂产生链自由基。链自由基一旦生成,解聚反应立即开始直至大分子链消失,所以在解聚过程中,单体回收率不断增加,而残余物的相对分子质量保持不变。另一种情况是在热的作用下,分子链无规断裂产生链自由基。解聚温度高于 270 ℃ 或者聚甲基丙烯酸甲酯的相对分子质量很大(650 000 以上),末端基较少时,链自由基的生成主要是分子链中间无规断裂的结果,分子链中间断裂的反应式如下:

$$\cdots CH_2-\overset{\overset{\displaystyle CH_3}{|}}{\underset{\underset{\displaystyle OCH_3}{|}}{C}}-CH_2-\overset{\overset{\displaystyle CH_3}{|}}{\underset{\underset{\displaystyle OCH_3}{|}}{C}}-CH_2-\overset{\overset{\displaystyle CH_3}{|}}{\underset{\underset{\displaystyle OCH_3}{|}}{C}}\cdots \longrightarrow \cdots CH_2-\overset{\overset{\displaystyle CH_3}{|}}{\underset{\underset{\displaystyle OCH_3}{|}}{C}}-CH_2-\overset{\overset{\displaystyle CH_3}{|}}{\underset{\underset{\displaystyle OCH_3}{|}}{C\cdot}} + \dot{C}H_2-\overset{\overset{\displaystyle CH_3}{|}}{\underset{\underset{\displaystyle OCH_3}{|}}{C}}\cdots$$

$$\text{(Ⅷ)} \qquad \text{(Ⅸ)}$$

$$(7.48)$$

链自由基Ⅸ的活性很大,易夺得氢原子而终止;链自由基Ⅷ则继续进行解聚,生成单体。因此,体系热降解过程既有单体不断生成,也伴随着低相对分子质量产物残留在体系中。实际上这是无规降解与解聚反应同时发生的体系。聚苯乙烯的热解就属于这种类型。

2. 侧基消除反应

含有活泼侧基的聚合物,如聚氯乙烯、聚醋酸乙烯酯、聚乙烯醇和聚甲基丙烯酸特丁酯等,在热的作用下发生侧基的消除反应,并引起主链结构的变化。

聚氯乙烯的热降解反应生成 HCl 和具有共轭双键的聚多烯烃,降解反应机理主要有自由基型和离子型两种。

(1)自由基型机理

聚氯乙烯试样中含有自由基或有可以形成自由基的物质时,高温下的热分解属于自由基机理。

R・为树脂本身或引发剂等分解产生的自由基时:

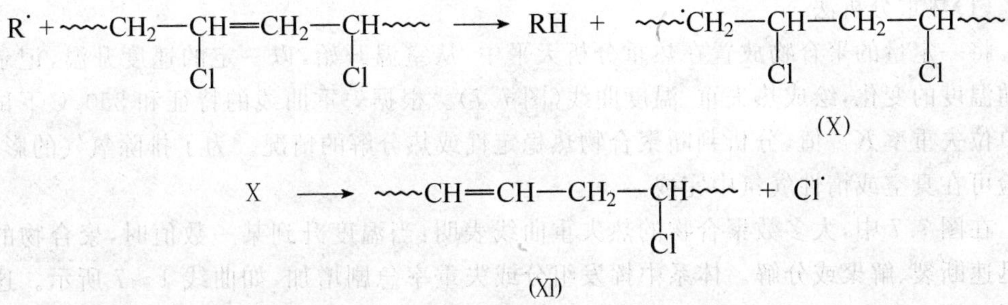

$$R^{\cdot} + \text{~~}CH_2-CH=CH_2-CH\text{~~} \longrightarrow RH + \text{~~}\overset{\cdot}{C}H_2-CH-CH_2-CH\text{~~}$$

（X）

$$X \longrightarrow \text{~~}CH=CH-CH_2-CH\text{~~} + Cl^{\cdot}$$

（XI）

$$(7.49)$$

XI 双键的 α-位置（烯丙基位置）上的C—H键键能低，易发生转移反应，进一步生成自由基。反应式如下：

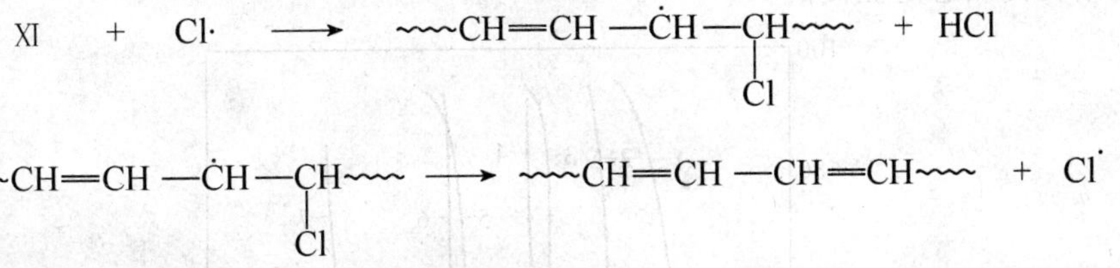

$$XI + Cl^{\cdot} \longrightarrow \text{~~}CH=CH-\overset{\cdot}{C}H-CH\text{~~} + HCl$$

$$\text{~~}CH=CH-\overset{\cdot}{C}H-CH\text{~~} \longrightarrow \text{~~}CH=CH-CH=CH\text{~~} + Cl^{\cdot}$$

$$(7.50)$$

如此反复，高分子链形成了共轭双键，同时，也会有断链与交联发生。

（2）离子型机理

还有人认为聚氯乙烯的热分解为离子型，如同烷基氯化物，由于氯原子存在一对电子的转移，使得氯原子带负电荷，这一过程称为"隐电离"。反应式如下：

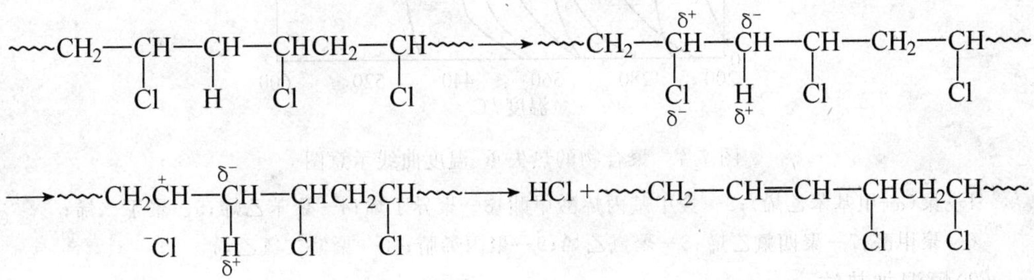

$$(7.51)$$

PVC 脱除了氯化氢形成双键，烯丙基上氯原子因电子云密度增大而活化，促进上述反应"链式"进行。反应式如下：

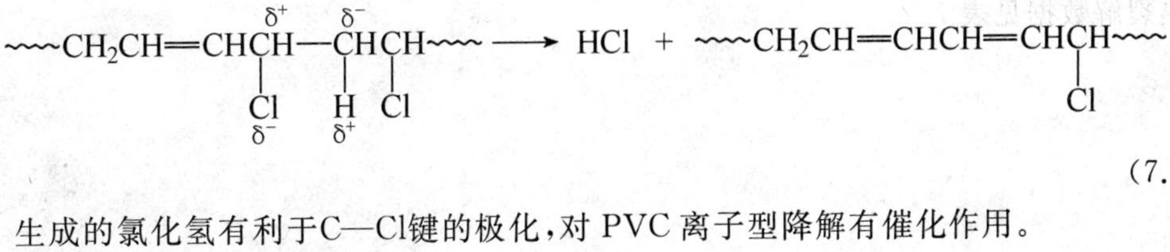

$$(7.52)$$

生成的氯化氢有利于C—Cl键的极化，对 PVC 离子型降解有催化作用。

3. 聚合物热稳定性的表征

利用热降解反应可以表征各种聚合物的热稳定性。

(1)热重分析法

将一定量的聚合物放置在热重分析天平中,从室温开始,以一定的速度升温,记录失重随温度的变化,绘成热失重-温度曲线(图 7.7)。根据失重曲线的特征和 350 ℃下试样的单位失重率 K_{350} 值,分析判断聚合物热稳定性或热分解的情况。为了排除氧气的影响,实验可在真空或惰性气氛中完成。

在图 7.7 中,大多数聚合物的热失重曲线表明:当温度升到某一数值时,聚合物的主链迅速断裂、解聚或分解。体系中挥发组分或失重率急剧增加,如曲线 1～7 所示。这种情形是属于所介绍的第一、第二类热降解反应。曲线 8～10 表示的是侧基消除反应所引起的热裂解过程,特点是一开始失重率就缓慢增加,当到达一定温度时失重率经过一段剧增之后,曲线便出现平台,失重率不再变化。平台的出现是因为消除反应形成的共轭双键或交联结构使热稳定性提高。

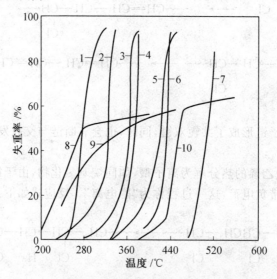

图 7.7　聚合物的热失重-温度曲线示意图

1—聚(α-甲基苯乙烯);2—聚甲基丙烯酸甲酯;3—聚异丁烯;4—聚苯乙烯;5—聚丁二烯;

6—聚甲醛;7—聚四氟乙烯;8—聚氯乙烯;9—聚丙烯腈;10—聚偏二氯乙烯

(2)恒温加热法

将聚合物试样在恒温真空下加热 40～45(或 30) min,定义质量减少一半时的温度为半衰期温度 T_h,以此来评价热稳定性。

一般情况下,K_{350} 越小,聚合物的热稳定性越高;T_h 越高,热稳定性越好。常见聚合物的热裂解数据见表 7.2。

表 7.2　常见聚合物的热裂解数据

聚合物结构	T_h /℃	K_{350} (%, min⁻¹)	活化能 /(mol·L⁻¹)	热降解产物	单体收率	热降解类型
$-\!\!+\!CF_2\!-\!CF_2\!+\!_n$	509	0.000 02	81	单体	>95%	解聚反应
$-\!\!+\!CH_2\!-\!\underset{COOCH_3}{\overset{CH_3}{C}}\!+\!_n$	327	5.2	52	单体	>95%	解聚反应
$-\!\!+\!CH_2\!-\!\underset{}{\overset{CH_3}{CH}}\!+\!_n$（苯基）	286	228	55	单体	>95%	解聚反应
$-\!\!+\!CH_2\!-\!CH_2\!+\!_n$	414	0.004	72	相对分子质量较大碎片	<0.1%	
$-\!\!+\!CH_2\!-\!CH\!=\!CH\!-\!CH_2\!+\!_n$	407	0.022	62	相对分子质量较大碎片	~2%	
$-\!\!+\!CH_2\!-\!CH_2\!+\!_m$（支化）	404	0.008	63	相对分子质量较大碎片	<0.03%	
$-\!\!+\!CH_2\!-\!\underset{CH_3}{CH}\!+$	387	0.069	58	相对分子质量较大碎片	<0.2%	无规降解反应
$-\!\!+\!CH_2\!-\!CFCl\!+\!_n$	380	0.044	57	单体	~27%	
$-\!\!+\!CH_2\!-\!CH_2\!+\!_n$（苯基）	364	0.24	55	二、三、四聚体	~65%	
$-\!\!+\!CH_2\!-\!\underset{CH_3}{\overset{CH_3}{C}}\!+\!_n$	348	2.7	49	二、三、四聚体	~20%	
$-\!\!+\!CH_2\!-\!\underset{COOCH_3}{CH}\!+\!_n$	328	10	34	相对分子质量较大碎片	0	

续表 7.2

聚合物结构	T_h /℃	K_{350} (%,min^{-1})	活化能 /(mol·L^{-1})	热降解产物	单体收率	热降解类型
$\begin{matrix}+CH_2-OH\end{matrix}_n$ $\mid$ COOCH$_3$	269	17		乙酸>95%	0	
$\begin{matrix}+CH_2-CH\end{matrix}_n$ $\mid$ OH	268			H_2O	0	侧基 清除 反应
$\begin{matrix}+CH_2-CH\end{matrix}_n$ $\mid$ Cl	260	170	32	HCl>95%	0	

表 7.2 中数据表明,主链上不同 C—C 键和不同取代基的相对强度和热稳定性有如下次序:

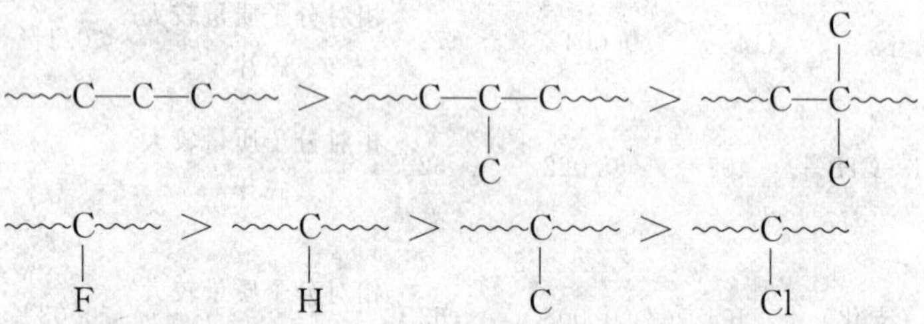

在热降解中,单体的回收率与聚合物的结构有很大关系。例如,聚甲基丙烯酸甲酯链节中只比聚丙烯酸甲酯多了一个甲基,可是单体回收率就提高了 90 多倍;聚 α-甲基苯乙烯的单体回收率也比聚苯乙烯高得多。这表明凡是链节中含有季碳原子的聚合物就容易进行解聚反应,因而单体回收率就高;而凡含有叔碳原子的聚合物就容易发生无规降解,因而单体回收率就低。其原因在于解聚反应一般都是自由基链式反应,当带有独电子的碳原子是季碳原子时,自由基链只可能发生分子内歧化反应生成单体。反应式如下:

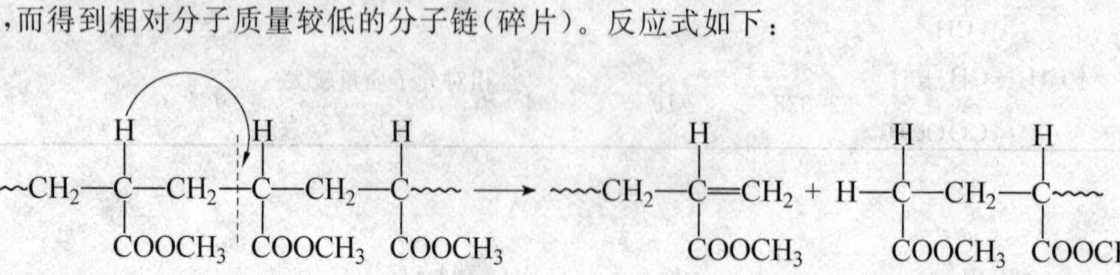

$$(7.53)$$

含有叔碳原子的聚合物分子链断裂后,由于叔氢原子向链自由基转移,因而不产生单体,而得到相对分子质量较低的分子链(碎片)。反应式如下:

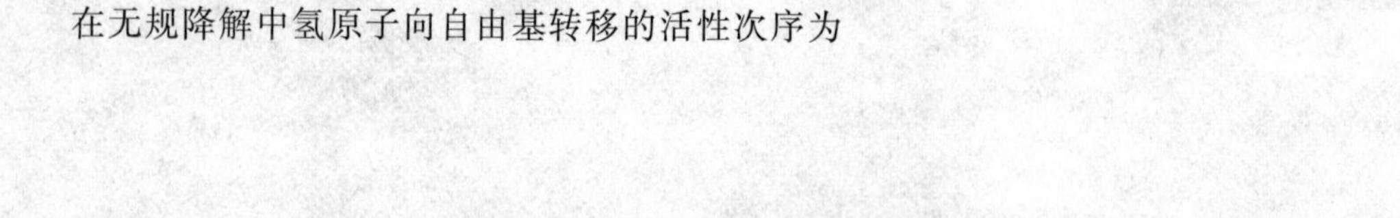

$$(7.54)$$

在无规降解中氢原子向自由基转移的活性次序为

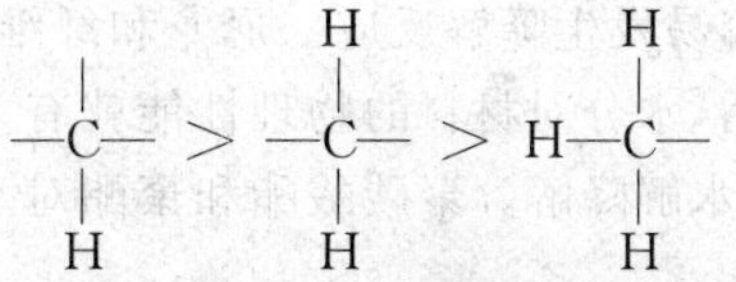

$$-\overset{\underset{|}{H}}{\underset{|}{C}}- \;\;>\;\; -\overset{\underset{|}{H}}{\underset{|}{C}}- \;\;>\;\; H-\overset{\underset{|}{H}}{\underset{|}{C}}-$$

换言之,主链上的叔碳原子最容易形成自由基,仲碳原子次之,伯碳原子最难。大分子链一旦形成自由基,和自由基相隔的C—C或C—H键的键能就大为降低,就将产生一系列的断裂反应(图 7.8)。前者的键能由 346.9 kJ · mol^{-1} 降低到 112.8 kJ · mol^{-1},后者的键能由 409.6 kJ · mol^{-1} 降低到 167.2 kJ · mol^{-1}。

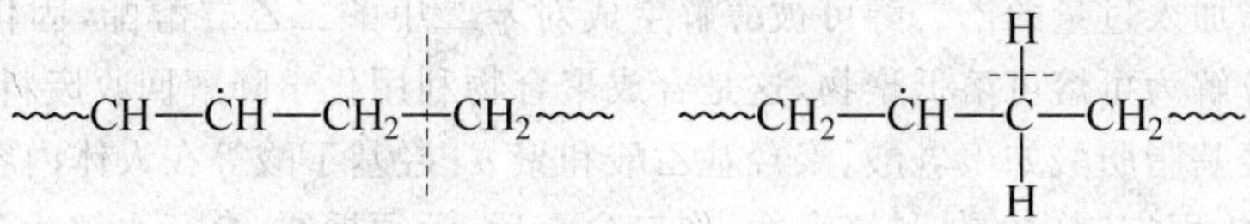

$$\sim\!\sim\!\!CH-\overset{.}{C}H-CH_2\!\!\vdots CH_2\!\!\sim\!\sim \qquad \sim\!\sim\!\!CH_2-\overset{.}{C}H-\overset{H}{\underset{H}{C}}\!\!\vdots CH_2\!\!\sim\!\sim$$

图 7.8　C—C和C—H键的断裂

常见热固性聚合物的恒温加热曲线如图 7.9 所示。

从图 7.9 可见,热固性聚合物由于生成了网状结构,曲线在较高温度下才出现平台,因而热稳定性一般都比较高,其中以有机硅树脂和酚醛树脂最高,它们的热降解反应比较复杂,通常只有在分解温度附近才有明显的变化。

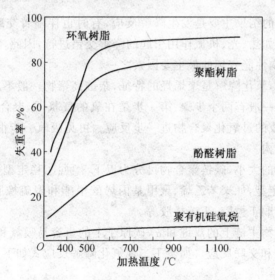

图 7.9　热固性聚合物的恒温加热曲线

7.4.2　化学降解

聚合物的化学降解包括聚合物对水、化学药剂(如醇、酸和碱)等的稳定性和在酶作用下的生物降解过程。其中以研究水对聚合物的作用最为重要,因为聚合物在加工、储藏和使用过程中难免与潮湿空气接触。

通常烯烃类聚合物对水比较稳定,浸在水溶液中不引起分子链的降解,只对材料的电性能产生较显著的影响。杂链聚合物因含有C—O、C—N、C—S和Si—O等杂原子的极性键,在水或化学试剂作用下容易发生降解反应。尼龙和纤维素在室温和含水量不高的条件下,经过较长一段时间之后,水分对材料的物理性能就有一定的影响,而温度较高和相对湿度较大时将引起材料的水解降解。聚碳酸酯和聚酯对水也很敏感,通常在加工前需要适当干燥。

利用化学降解,可使天然的或合成的杂链高聚物转变成低聚体或单体。如纤维素和淀粉酸性水解成葡萄糖时以无规方式断裂为主,反应式如下:

$$\text{---}C_6H_7O_2(OH)_3\text{---}_n \xrightarrow[H^+]{\text{水解}} nC_6H_{12}O_6 \tag{7.55}$$

涤纶树脂加入过量的乙二醇可被醇解生成对苯二甲酸二乙二醇酯,固化的酚醛树脂也可用苯酚分解为可熔可溶低聚物,这是合成聚合物利用化学降解回收废料的两个实例。

某些聚羟基脂肪酸如聚乳酸、聚羟基乙酸和聚 α-羟基丁酸等在人体内容易进行生物降解生成单体,用它制成的外科缝合线,伤口愈合后,无须拆线,自行水解为羟基酸后被吸收,参与人体的新陈代谢。

为了消除高分子垃圾的污染与公害,已开始研究合成可在微生物催化下自行分解的高分子材料,例如制备光降解和生物降解的聚烯烃、完全生物降解的聚酯等。

7.4.3 氧化降解

聚合物受氧作用的结果主要是发生降解反应,有时也伴随着交联反应。氧化降解往往又与其他物理因素如热、光、机械作用引起的降解交错进行,因此,氧化降解的作用是极为复杂的,也是聚合物性能变坏的最主要因素之一。

与化学降解相反,氧化降解是聚烯烃的特征,杂链高聚物一般不发生此反应。碳链聚合物的氧化降解过程一般有两个步骤:第一步是在氧的气氛下,聚合物吸氧,生成过氧化物结构;第二步为生成的过氧化聚合物进一步反应。可见吸氧一步很重要,吸氧速率主要取决于聚合物自身结构。

按照对氧稳定性的大小,碳链聚合物可分为以下 3 种:①稳定型,如聚四氟乙烯、聚三氟氯乙烯等;②较稳定型,如聚苯乙烯、聚甲基丙烯酸甲酯和聚硫橡胶等;③不稳定型,如天然橡胶、聚异丁烯、顺丁橡胶、丁苯橡胶等。

不饱和碳链聚合物主链上的双键和 α-碳原子上的氢容易吸氧和被氧化,故聚双烯类很容易发生氧化降解和交联反应。如聚丁二烯氧化降解反应式如下:

$$\sim\!\!\sim\!\!CH_2-CH=CH-CH_2-CH_2\!\!\sim\!\!\sim \xrightarrow{[O_2]} \sim\!\!\sim\!\!CH_2-CH=CH-CH-CH_2\!\!\sim\!\!\sim$$
$$\underset{\displaystyle OOH}{|}$$

$$\xrightarrow{\text{过氧键分解}} \sim\!\!\sim\!\!CH_2-CH=CH-CH-CH_2\!\!\sim\!\!\sim + \overset{*}{O}H$$
$$\underset{\displaystyle \overset{|}{O}_*}{}$$

$$\sim\!\!\sim\!\!CH_2-CH=CH-CH-CH_2\!\!\sim\!\!\sim \xrightarrow{\text{断裂}} \sim\!\!\sim\!\!CH_2-CH=CH-CH + \overset{*}{C}H_2\!\!\sim\!\!\sim$$
$$\underset{\displaystyle \overset{|}{O}_*}{} \qquad\qquad\qquad \underset{\displaystyle \overset{\|}{O}}{}$$

$$\sim\!\!\sim\!\!CH_2-CH=CH-CH_2-CH_2\!\!\sim\!\!\sim \xrightarrow{[O_2]} \sim\!\!\sim\!\!CH_2-CH-CH-CH_2-CH_2\!\!\sim\!\!\sim$$
$$\underset{\displaystyle O-O}{|\quad\;|}$$

$$\xrightarrow{\text{过氧键断裂}} \sim\!\!\sim\!\!CH_2-CH-CH-CH_2-CH_2\!\!\sim\!\!\sim \xrightarrow{\text{断裂}}$$
$$\underset{\displaystyle *O \quad O_*}{\;|\quad\;|}$$

$$\sim\!\!\sim\!\!CH_2-C-H + H-C-CH_2-CH_2\!\!\sim\!\!\sim$$
$$\underset{\displaystyle \overset{\|}{O}}{} \qquad\quad \underset{\displaystyle \overset{\|}{O}}{}$$

$$(7.56)$$

聚丁二烯氧化交联反应如下：

$$\sim\!\!\sim\!\!CH_2-CH=CH-CH-CH_2\!\!\sim\!\!\sim + \sim\!\!\sim\!\!CH_2-CH=CH-CH_2-CH_2\!\!\sim\!\!\sim \longrightarrow$$
$$\underset{\displaystyle \overset{|}{O}_*}{}$$

$$\sim\!\!\sim\!\!CH_2-CH=CH-CH-CH_2\!\!\sim\!\!\sim$$
$$\underset{\displaystyle \overset{|}{O}}{}$$
$$\sim\!\!\sim\!\!CH_2-CH-\overset{*}{C}H-CH_2-CH_2\!\!\sim\!\!\sim$$

$$(7.57)$$

或者

$$\sim\!\!\sim\!\!CH_2-CH=CH-CH_2\!\!\sim\!\!\sim + \sim\!\!\sim\!\!CH_2-CH=CH-CH_2\!\!\sim\!\!\sim \xrightarrow{[O_2]}$$

$$\sim\!\!\sim\!\!CH_2-CH-CH-CH_2\!\!\sim\!\!\sim$$
$$\underset{\displaystyle O \quad\; O}{\;|\quad\;|}$$
$$\sim\!\!\sim\!\!CH_2-CH-CH-CH_2\!\!\sim\!\!\sim$$

$$(7.58)$$

臭氧对不饱和聚烯烃具有更大的氧化能力,臭氧极不稳定,易分解出氧原子,其氧化性比通常的氧气强得多,能直接氧化各类不饱和橡胶,使之老化。反应式如下：

$$\sim\!CH_2\!-\!\underset{\underset{CH_3}{|}}{C}\!=\!CH\!-\!CH_2\!\sim \xrightarrow{\;O_3\;} \sim\!CH_2\!-\!\underset{\underset{CH_3}{|}}{C}\!\underset{\underset{O\!-\!O}{}}{\overset{O\!-\!O}{\diagup}}\!CH\!-\!CH_2\!\sim$$

$$\longrightarrow \ \sim\!CH_2\!-\!\underset{\underset{CH_3}{|}}{C}\!=\!O \ + \ HO\!-\!\underset{\overset{\parallel}{O}}{C}\!-\!CH_2\!\sim \tag{7.59}$$

不饱和聚烯烃受氧作用的结果,或使材料相对分子质量明显下降,强度变差,或氧化交联失去原有的弹性,变成脆性物。一般说两者兼而有之,为延缓氧化过程,在橡胶加工中要加入抗氧化剂。

饱和碳链高聚物对氧的稳定性要好得多,若有其他物理因素如光、热等同时作用时,其氧化作用也不可忽视。例如,聚苯乙烯在 100 ℃长时间置于空气中氧化很少,但在紫外线存在时,将加速氧化反应,可以检测到材料表面有羰基和羟基,其氧化过程可能是:

$$\tag{7.60}$$

大分子链上的叔碳原子氧化成氢过氧化物,氢过氧化物分解产生自由基,链自由基断裂形成羰基化合物和活性链自由基,链转移又形成羟基和新的活性链,如此重复,降解反应不断进行。

7.4.4 光降解

在阳光作用下,聚合物也会发生某种程度的降解与交联反应。

到达地面的阳光包括波长为 300～400 nm 的近紫外光和波长为 400 nm 以上的可见光。表 7.3 是波长与能量的关系。由表 7.3 中数据可知,太阳光中近紫外光的光量子所具有的能量足以打断大部分有机化合物的化学键。但实际上,聚合物在太阳光作用下,发生降解的速率并不明显,有些还比较稳定。这是因为有些物质在吸收了足够的能量之后,不一定发生化学反应,而将这部分能量以热能、荧光或磷光等形式释放出去了。到底何种聚合物在吸收光能后会发生化学反应,这与聚合物的分子结构有关。实验表明,分子链中含有醛与酮羰基、过氧化氢基或双键的聚合物最容易吸收紫外光的能量,并引起光化学反应。

$$E = N_0 v = \frac{N_0 h_0}{\lambda} = \frac{120\ 000}{\lambda}$$

表 7.3 波长与能量的关系

波长/nm	750	600	500	400	350	300	250	200
能量/(kJ·mol^{-1})	159.7	199.4	239.1	299.7	342.8	399.6	480.7	597.7
相应的化学键		N—N		C—N	C—H		C—C	
					C—O		C—O	
		O—O		C—Cl	C—C		C—H	
光谱区		可见光区			近紫外光区		远紫外光区	

表 7.4 列出了常见聚合物对紫外光最敏感的波长范围。聚饱和烃类在合成、热加工、长期存放和使用过程中往往容易被氧化而带有醛与酮的羰基、过氧化氢基或双键。因此,大多数聚烃类材料实际上是不耐紫外光的。

表 7.4 常见聚合物对紫外光最敏感的波长范围

聚合物	最敏感波长/nm	聚合物	最敏感波长/nm
聚乙烯	300	不饱和聚酯	325
聚丙烯	310	聚碳酸酯	295
聚苯乙烯	318	聚乙烯醇缩醛	300～320
聚氯乙烯	310	有机玻璃	290～315
热塑性聚酯	290～320	氯乙烯-乙酸乙烯酯共聚物	322～364

7.5 聚合物的老化和防老化

聚合物的老化是多种外界因素共同作用的结果,而且不同的高聚物或不同的使用条件,对某种因素会较为敏感。例如,聚氯乙烯的防老化主要是抑制脱 HCl 的裂解反应,聚烯烃主要是减少光氧化作用,含炭黑的橡胶制品防止热氧化老化更为重要,含杂原子的聚合物主要是提高其耐水、耐化学试剂性等。总之,对聚合物的防老化必须考虑到聚合物本身的结构以及其使用条件,有针对性地采取防老化措施。

7.5.1 聚氯乙烯的防老化

聚氯乙烯(PVC)不耐老化,PVC 制品一般用 2～3 年就变硬发脆,以致开裂。若在户外使用或经常受光照射则使用寿命更短,所以要采取防老化等措施。

1. 中和 HCl

已经知道,PVC 树脂分解出的 HCl 对树脂进一步降解有催化作用,所以添加的稳定剂一般都能把 HCl 吸收掉(中和)。常用的稳定剂有弱有机酸的碱金属或碱土金属盐类、无机酸的碱式盐、有机锡化合物、环氧化合物、胺类、金属醇盐和酚盐及金属硫醇盐等,其吸收 HCl 的过程可表示为:

(1)铅盐类

$$PbO + HCl \longrightarrow PbCl_2 + H_2O \tag{7.61}$$

(2)有机酸金属皂类

$$M(RCOO)_n + nHCl \longrightarrow MCl_n + nRCOOH \tag{7.62}$$

式中,M 代表金属;R 代表烷基。

(3)有机锡化合物

$$S_nR_2Y_2 + 2HCl \longrightarrow S_nR_2Cl_2 + 2HY \tag{7.63}$$

式中,R 表示甲基、丁基、辛基等烷基;Y 为含氧或含硫原子的基团,通常为阴离子,如月桂酸根、马来酸根及硫醇类等。

(4)环氧类

$$\text{CH}\!-\!\text{CH}_2 + HCl \longrightarrow \text{CH}\!-\!\text{CH}_2\text{Cl} \tag{7.64}$$

(5)胺类

$$RNH_2 + HCl \longrightarrow RNH_3Cl \tag{7.65}$$

(6)醇盐类

$$ROM + HCl \longrightarrow ROH + MCl \tag{7.66}$$

(7)硫醇盐类

$$RSM + HCl \longrightarrow RSH + MCl \tag{7.67}$$

2. 取代活泼氯原子

PVC 分子链上活泼氯原子的存在,降低了 PVC 的稳定性。加入某种稳定剂与活泼氯原子发生置换反应,使之起到内稳定作用,使"拉链式"的 HCl 脱出作用受阻。例如,镉或锌的皂类可以与 PVC 分子链上的叔氯原子或烯丙基氯原子起置换反应。反应式如下:

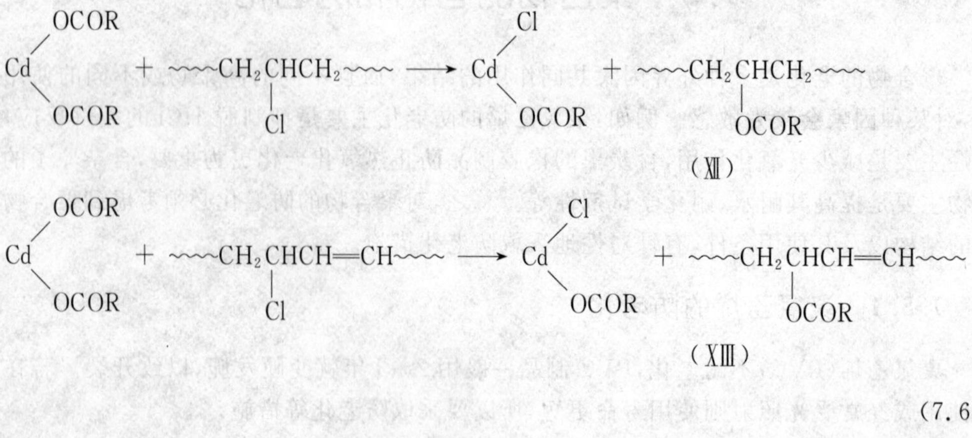

(XII)

(XIII)

$$\tag{7.68}$$

镉或锌盐的两个羧酸根均被 Cl 原子置换后，生成的 $CdCl_2$ 或 $ZnCl_2$ 能使 C—Cl 键活化，对脱 HCl 起催化作用，所以在 PVC 的加工中，常将镉皂与钡皂同时使用，因为生成的 ⅩⅢ 与钡皂作用，重新生成钡皂，生成的 $BaCl_2$ 对 PVC 降解没有催化作用。同样的道理，锌皂与钙皂的复合体系对 PVC 的稳定作用也有"协同效应"。

3. 与 PVC 中不饱和部位的反应

稳定作用的另一个途径是使一种稳定基团与 PVC 分子链上的双键起反应。如金属硫醇盐类稳定剂与 HCl 起反应，生成的硫醇能直接加到双键上去形成硫醚键。反应式如下：

$$RSH+ \sim\sim\sim CH_2{-}CH_2{-}CH{=}CH\sim\sim \longrightarrow \sim\sim\sim CH_2{-}CH_2{-}CH_2{-}\underset{\underset{SR}{|}}{CH}\sim\sim$$

$$(7.69)$$

由此可见，金属硫醇盐稳定剂还能使 PVC 已变色的共轭双键发生褪色。

4. 光稳定剂

PVC 经紫外线照射，一般都会均裂成双自由基。反应式如下：

$$\sim\sim\sim CH_2{-}\underset{\underset{Cl}{|}}{CH}{-}CH_2{-}\underset{\underset{Cl}{|}}{CH}\sim\sim \xrightarrow{h\nu} \sim\sim\sim CH_2{-}\underset{\underset{Cl}{|}}{\overset{*}{CH}} + {}^{*}CH_2{-}\underset{\underset{Cl}{|}}{CH}\sim\sim$$

$$\sim\sim\sim CH_2{-}\underset{\underset{Cl}{|}}{CH}\sim\sim \xrightarrow{h\nu} \sim\sim\sim CH_2{-}\overset{*}{CH}\sim\sim +Cl^{*} \qquad (7.70)$$

在有氧存在下，大分子自由基与氧形成过氧化物自由基，并进一步按自由基机理进行光氧化降解，生成羰基、羟基及醛基等，并使聚合物形成支链和交联结构，因此要加入光稳定剂。

PVC 的光稳定剂有 3 类：

(1)紫外线吸收剂

作为 PVC 的紫外线吸收剂有水杨酸酯类、二苯酮类、苯并三唑、三嗪和取代丙烯腈等。此外，还有一类反应型的紫外线吸收剂，其代表品种为 4-(2-羟基-3-甲基丙烯酰氧基丙氧基)二苯甲酮(简称 UV_{356})，其结构式如图 7.10 所示。

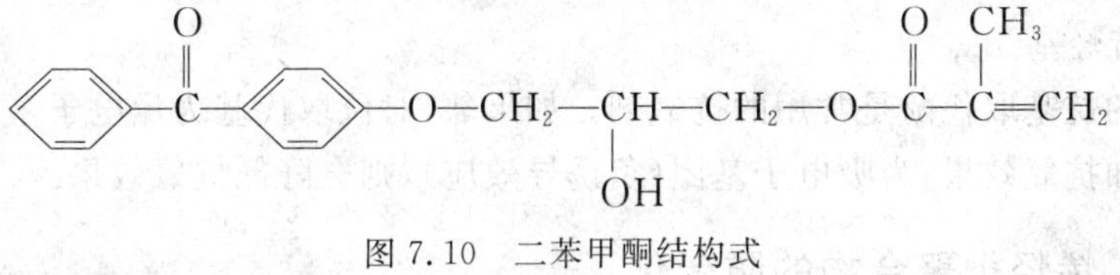

图 7.10 二苯甲酮结构式

反应型紫外线吸收剂是带有反应性基团的紫外吸收剂，它们可以与单体共聚，或与高分子接枝，不会因挥发、迁移或溶剂抽提而丧失作用。目前，反应型紫外线吸收剂多属于二苯甲酮和苯并三唑结构，其反应性基团多是"丙烯酰基类型的双键"。

(2)光屏蔽剂

光屏蔽剂主要是一些颜料，例如炭黑、二氧化钛(钛白粉)、氧化锌(锌白)或锌钡白(硫化锌和硫酸钡的混合物)等，主要作用是使辐射线在 PVC 制品表面被吸收或反射，阻碍辐射线向内部侵入,如同在光源和 PVC 制品间加一个屏障。光屏蔽剂主要用于不透明的 PVC 制品中。

（3）淬灭剂

淬灭剂本身不是紫外线吸收剂,但能转移聚合物分子吸收紫外线后所产生的激发态能,终止聚合物由于吸收紫外线而产生的自由基,即对 PVC 光解时发展的二次过程进行化学稳定。这类物质主要是二价镍的有机螯合物,例如肟类与二价镍的螯合物。在实际应用中常与紫外线吸收剂并用。

5. 抗氧剂

PVC 在氧或空气中引起的降解称为氧化降解。在氧存在下 PVC 的热或光降解,因为氧的催化作用会更加严重。氧对 PVC 的催化降解过程可能是按照自由基机理进行的。为了提高 PVC 的稳定性,可在加工过程中加入微量的抗氧剂$(0.05\% \sim 0.1\%)$,主要起捕获降解过程产生的自由基的作用。凡是具有较大的酚类和多环芳香胺类化合物,只要它们能够给出氢原子自由基,而自身成为不活泼的自由基的化合物均可作为抗氧剂使用,如图 7.11 所示。

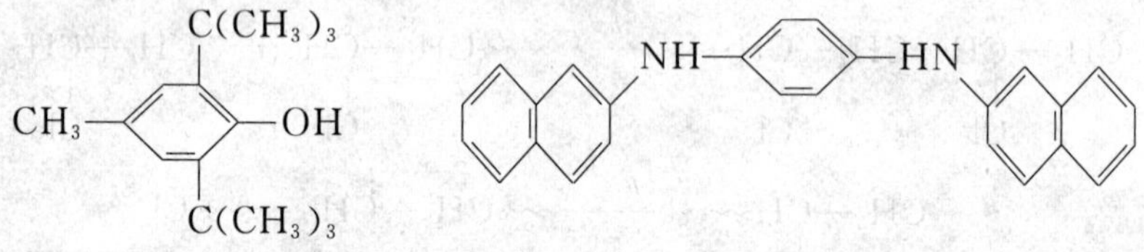

图 7.11　抗氧剂

其作用机制为抗氧剂给出的氢原子自由基与 PVC 大分子自由基偶合,形成不能再与氧反应的物质。反应式如下:

$$\sim\sim CH_2\!-\!\overset{*}{C}H + ArOH \longrightarrow \sim\sim CH_2\!-\!CH_2 + ArO^*$$
$$\quad\quad\quad | \qquad\qquad\qquad\qquad\qquad\quad |$$
$$\quad\quad\quad Cl \qquad\qquad\qquad\qquad\qquad\quad Cl$$

$$\sim\sim CH_2\!-\!\overset{*}{C}H + ArNH_2 \longrightarrow \sim\sim CH_2\!-\!CH_2 + Ar\overset{*}{N}H \qquad (7.71)$$
$$\quad\quad\quad | \qquad\qquad\qquad\qquad\qquad\quad |$$
$$\quad\quad\quad Cl \qquad\qquad\qquad\qquad\qquad\quad Cl$$

式中,Ar 为芳烃基。

邻对位的烷基取代酚是常用的抗氧剂。如果邻、对位取代基为斥电子基团(正诱导效应)时,能增加抗氧效果;为吸电子基团(负诱导效应),则会降低抗氧效果。

7.5.2　烯烃类聚合物的防老化

聚烯烃或聚二烯烃耐各种老化性能都比较差,特别是对光氧化与热氧化的稳定性最差,因为它们的分子链中存在弱键,如叔碳上的氢原子(键能为 355.3 kJ·mol^{-1})及双键 α-碳上的氢原子(键能为 321.9 kJ·mol^{-1}),其键能比一般的 C—H 键键能(392.9 kJ·mol^{-1})低,所以,光、热或氧的作用首先使这两种弱键发生断裂。

在聚烯烃中,聚乙烯对热氧老化性能比较好,乙烯-丙烯共聚物次之,聚丙烯最差。如不加入抗氧剂,聚丙烯就不能进行热加工及在稍高温度下在户外使用,这是因为聚丙烯分子链上的每个结构单元都含有一个叔碳原子。

此外,聚烯烃耐老化性能随相对分子质量增加而提高,随相对分子质量分布变宽而降低。这是因为聚合物的结晶度随相对分子质量增高而相应提高,故吸氧速率降低;相对分子质量分布宽,则低相对分子质量部分增多,端基数目也多,吸氧量增大。

聚二烯烃类橡胶,由于双键密度很大,多至每个结构单元含有一个双键。这样在室温下也会因氧化而变质,所以加工时一定要加入适当种类和用量的抗氧剂。橡胶硫化后耐热氧老化性能有所提高。但是,橡胶的防老化问题仍有待进一步研究解决。

实际上橡胶的品种不同,其结构有所变化,氧化速率也有很大的差别,天然橡胶(顺式-1,4-聚异戊二烯)的氧化速率比丁基橡胶(异丁烯-异戊二烯共聚物)的氧化速率高60倍。

7.6 聚合物的燃烧性和阻燃剂

日常生活中,聚合物的使用量日益增多,防火阻燃是一个重要的研究课题。可燃物、氧和温度是燃烧的三要素,缺一不可。有机高分子基本都是可燃物,但可燃性能却有差异。聚合物的燃烧性能是用氧指数表征的。

氧指数的测定方法是将聚合物试样放在一玻璃管内,上方缓慢通过氧氮的混合气流,氧氮比例可以调节,能够保证稳定燃烧的最低氧含量就定义为氧指数。氧指数越高,表明材料越难燃烧,借此评价聚合物燃烧的难易程度和和阻燃剂的效率。

聚乙烯氧指数仅为 0.18,极易燃烧;聚烯烃、乙丙橡胶、丁苯橡胶等与木材相似,其薄片用一根火柴就可以点燃;聚氯乙烯的氧指数为 0.4,较难燃烧,但热解释放出来的窒息毒性氯化氢气体对人体有害;聚氨酯、聚丙烯腈等燃烧时释放一氧化碳(CO)和氰化氢(HCN)等有毒气体;聚酯纤维燃烧时的熔融,对人的生命有很大的危害性。因此,聚合物的燃烧不仅会造成火灾等经济损失,还会对环境产生极大的污染。

聚合物的燃烧过程大致如下:聚合物受热降解成可燃的挥发性物质,挥发性物质遇氧气燃烧产生火焰,所产生的燃烧热进一步促进聚合物分解和燃烧,如此循环加剧,如图 7.12 所示。

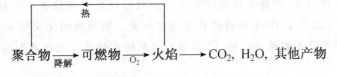

图 7.12 聚合物的燃烧过程

根据图 7.12,可以从凝聚相和气相(火焰)两个方面来考虑阻燃问题,两者的阻燃原理有些区别。燃烧是自由基反应过程,有机溴和氧化锑可以与自由基反应,起到气相阻燃的作用,常用作阻燃剂添加在聚合物加工配方中,两者复合使用时,更有协同效应。氧化铝三水合物受热时释放出水,降低了温度,因而对凝聚相起到阻燃作用。碳酸钠受热时释放出二氧化碳,可以使反应物与氧隔离。芳香族聚合物受热时容易炭化,起隔离氧的作用,并可阻碍可燃挥发物的扩散;磷、硼化合物对炭化有催化作用。

此外,含溴、氯或磷元素的单体参与聚合物的合成,可制备阻燃性聚合物。如四溴邻苯二甲酸酐与乙二醇缩聚,就可制成阻燃性聚酯。

趣味阅读

皮埃尔-吉勒·德热纳(Pierre-Gilles de Gennes),1991 年诺贝尔物理奖得主,他的成就不仅仅在高分子化学方面,而且对超导、液晶、聚合物及其界面等材料科学方面广有研究。

1932 年,De Gennes 出生于法国巴黎。1955 年在 Normale 完成本科学业。1955~1959 年,身为原子能机构的工程师,他主要研究中子散射和磁现象。1959 年他在伯克利大学担任访问博士后,接下来在法国军队中服役了 27 个月。1961 年他成为 Orsay 的助理教授,并且马上在学校组织了关于超导体的研究小组。1968 年他又开始了对液晶的研究。1971 年他升职为教授,并且成为 STRASACOL 的参与者。De Gennes 在 1974 年出版了《液晶物理学》,这本书至今仍是液晶领域内的基准权威教材,可读性极强,非常有利于知识普及。例如,液晶的排列就在书中被比喻为篮子里的苹果,当"篮子"晃动的时候,液晶就会重新排列。

1976 年,De Gennes 开始任巴黎物理和化学学院院长。1980 年以后,他又开始研究界面问题,特别是湿润的动力学研究,很快,这一问题也得到了物理化学理论方面的支持。De Gennes 还在 20 世纪 80 年代研究了胶体和聚合物的分子链问题,并对超强力胶水非常着迷,还预言未来的飞机将使用胶水组装,而不是螺钉。

P.G. de Gennes 获得过由英法化学联合会颁发的 Holweck Prize;法国科学协会的 Ampere Prize;法国 CNRS 颁发的金质奖章;意大利科学院颁发的 Matteuci Medal;以色列颁发的 Harvey Prize 和 Wolf Prizel;荷兰艺术与科学协会的 Lorentz Medal 以及美国物理协会和美国化学协会颁发的 Polymer Awards,他所获得的奖项如此众多,正如他的成就一样丰富多彩。

另外,他还是众多科学组织的成员,这其中包括法国科学院、荷兰艺术与科学协会、皇家科学院、美国艺术与科学协会和美国科学院。

特别值得一提的是,诺贝尔物理学奖通常会同时颁发给两位甚至三位杰出的物理学家,而 De Gennes 独享了 1991 年的诺贝尔物理学奖。因为他的主要贡献在于:为研究简单系统中的有序现象而创造的方法,并能够推广到研究较复杂的物质形态,特别是液晶和聚合物等物质。

习 题

1. 纤维素经化学反应,合成部分取代的硝化纤维、醋酸纤维和甲基纤维素,写出反应式并简述合成原理和过程有何异同。

2. 从单体醋酸乙烯酯到维尼纶纤维,须经过哪些反应? 每一反应的要点和关键是什么？写出反应式。纤维用和悬浮聚合分散剂用的聚乙烯醇有何差别？

3.写出强酸型聚苯乙烯阳离子交换树脂的合成和交换反应的反应式。简述合成和交换反应的原理。用作离子交换反应和催化反应时有何差别？

4.高分子试剂、高分子催化剂、高分子基质有何不同？举例说明。

5.下列聚合物用哪一类反应进行交联。

(1)乙二醇和马来酸酐合成的聚酯

(2)顺-1,4-聚异戊二烯

(3)聚二甲基硅烷

(4)聚乙烯

(5)乙丙二元胶

(6)环氧树脂

(7)氯磺化聚乙烯

(8)线形酚醛树脂

6.简述下列聚合物的合成方法：

(1)聚丁二烯接上苯乙烯支链(抗冲聚苯乙烯)；

(2)SBS 嵌段共聚物(苯乙烯-丁二烯-苯乙烯热塑性弹性体)；

(3)丁二烯型液体橡胶(遥爪聚合物)。

7.聚甲基丙烯酸甲酯、聚苯乙烯、聚乙烯、聚氯乙烯 4 种聚合物热解的特点和差异有哪些？

8.解释 2,6-二特丁基-p-甲酚的抗氧机理和 2-羟基二苯甲酮的光稳定机理。这两种物质有无不足之处，如何弥补？

9.聚合物化学反应有哪些特征？与低分子化学反应有什么区别？

10.聚合物化学反应有哪两种基本类型？

11.聚合物降解有几种类型？热降解有几种情况？评价聚合物的热稳定性的指标是什么？

12.用化学反应式表示下列各反应：

(1)聚乙烯的氯化；

(2)1,4-聚异戊二烯的氯化；

(3)聚乙烯的氯磺化；

(4)SBS 加氢；

(5)在 HBr 作用下 1,4-聚异戊二烯的环化。

13.写出下列各聚合物进行水解时的活性顺序：

(1)聚乙烯

(2)聚甲醛

(3)尼龙-66

14.合成下列物质：

(1)具有—$CON(COCF_3)$—功能基团的聚酰胺载体；

(2)具有—$P(C_6H_5)_2PtCl_2$ 催化基团的聚苯乙烯载体。

15. 完成下列反应：

(1) $\sim\sim\sim CH_2CH(OH)CH(OH)CH_2\sim\sim\sim + 3NaIO_3 \longrightarrow$

(2) $\sim\sim\sim CH_2CH(Cl)CH_2CH(Cl)CH_2CH(Cl) + Zn \longrightarrow$

(3)

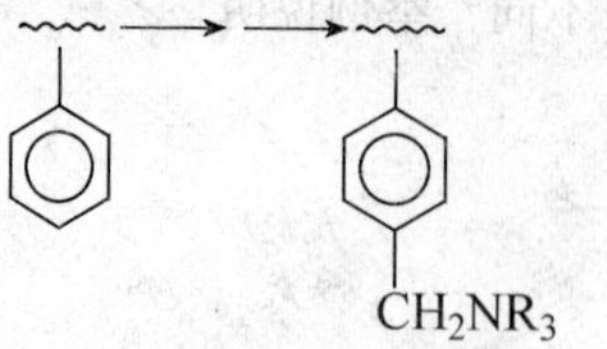

(4) $\sim\sim\sim CH_2CHC_6H_5 \xrightarrow{\quad CH_2=C(C_6H_5)_2 \quad} \xrightarrow{\quad nMMA \quad}$

(5)

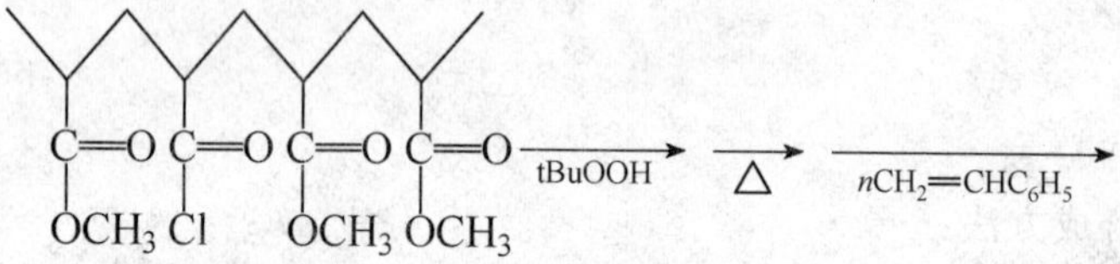

(6) $CellOH + Ce^{4+} \longrightarrow \xrightarrow{\quad n\,CH_2=CHCN \quad}$

(7) $\displaystyle \leftarrow CH_2-C(CH_3)=CH-CH_2 \xrightarrow{}_{m} \xrightarrow[\text{光}]{O_2}$

(8) $\displaystyle \leftarrow NH(CH_2)_6NHCO(CH_2)_4CO \xrightarrow{}_{n} + H_2N(CH_2)_6NH_2 \longrightarrow$

(9) $\displaystyle \leftarrow O(CH_2)_2OCOC_6H_5CO \xrightarrow{}_{n} + 2nNaOH \longrightarrow$

(10)

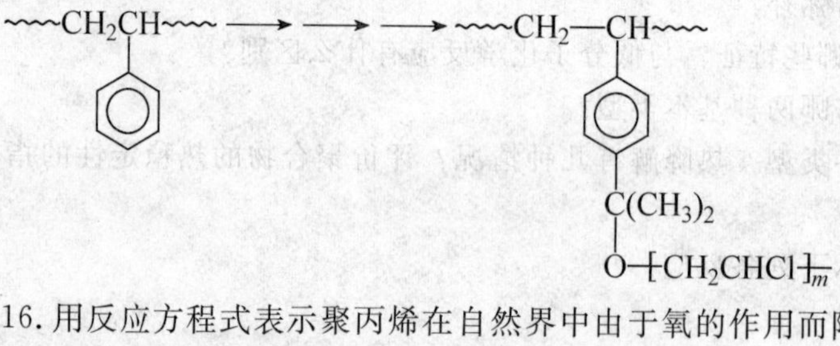

16. 用反应方程式表示聚丙烯在自然界中由于氧的作用而降解。

17. 举例说明什么是功能高分子。

18. 举例说明什么是聚合物的相似转移。

19. 举例说明什么是聚合度变大的化学转变。

20. 写出醋酸乙烯为原料制备聚乙烯醇缩甲醛的各步反应式。

21. 写出聚苯乙烯制备阳离子交换树脂的反应方程式？

22. 制备功能高分子有哪几种方法？

23. 什么是功能高分子？

24. 聚合物化学反应有哪几种基本类型？

25. 聚合物降解有几种类型？

26. 聚合物老化的原因有哪些？

27. 什么是老化？

参考文献

[1]张邦华,朱常英,郭天瑛. 近代高分子科学[M]. 北京:化学工业出版社,2006.

[2]董炎明,张海良. 高分子科学教程[M]. 北京:科学出版社,2004.

[3]王久芬. 高分子化学[M]. 哈尔滨:哈尔滨工业大学出版社,2004.

[4]卢江,梁晖. 高分子化学[M]. 北京:化学工业出版社,2005.

[5]潘祖仁. 高分子化学[M]. 4版. 北京:化学工业出版社,2008.

[6]师奇松,于建香. 高分子化学试题精选与解答[M]. 北京:化学工业出版社,2010.

[7]张兴英,程钰,赵京波. 高分子化学[M]. 北京:化学工业出版社,2006.

[8]潘才元. 高分子化学[M]. 合肥:中国科学技术大学出版社,1997.

[9]贾红兵. 高分子化学导读与题解[M]. 北京:化学工业出版社,2009.

[10]焦书科. 高分子化学[M]. 北京:纺织工业出版社,1997.

[11]王槐三. 高分子化学教程[M]. 北京:科学出版社,2007.